编委会

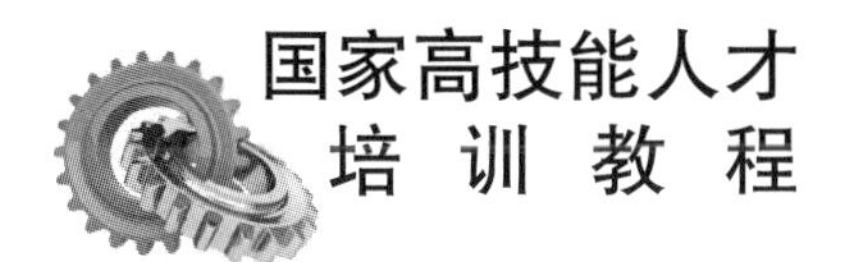

现代制造技术
一体化实训教程

XIANDAI ZHIZAO JISHU
YITIHUA SHIXUN JIAOCHENG

主　编　金之椰
副主编　张彦青　张之强

云南大学出版社
YUNNAN UNIVERSITY PRESS

图书在版编目（CIP）数据

现代制造技术一体化实训教程 / 金之椰主编 . -- 昆明 : 云南大学出版社 , 2020
国家高技能人才培训教程
ISBN 978-7-5482-4150-8

Ⅰ . ①现… Ⅱ . ①金… Ⅲ . ①机械制造工艺—高等职业教育—教材 Ⅳ . ① TH16

中国版本图书馆 CIP 数据核字 (2020) 第 192429 号

策　　划：朱　军　孙吟峰
责任编辑：张　松
装帧设计：王婳一

国家高技能人才培训教程

现代制造技术一体化实训教程

主　编　金之椰
副主编　张彦青　张之强

出版发行：云南大学出版社
印　　装：昆明理煋印务有限公司
开　　本：787mm × 1092mm　1/16
印　　张：13.75
字　　数：312 千
版　　次：2020 年 11 月第 1 版
印　　次：2020 年 11 月第 1 次印刷
书　　号：ISBN 978-7-5482-4150-8
定　　价：55.00 元

社　　址：云南省昆明市翠湖北路 2 号云南大学英华园内（650091）
电　　话：（0871）65033307　65033244
网　　址：http://www.ynup.com
E – mail：market@ynup.com

前　言

为了加强专业建设，使学生掌握现代制造技术，提高动手操作能力，全面提升教学质量，培养复合型高技能人才，根据学院现有数控新设备，我们编写了本教材。教材从激光雕刻、数控线切割加工技术、电火花成型加工技术、精密测量技术、车削中心、四轴加工中心、五轴数控加工和3D打印技术八个方面进行了编写。本书内容侧重综合性、操作性和实践性，目的是让学生掌握新技术、新方法，拓展学生的知识面，提高学生技能的综合应用能力。

本书具有如下几个主要特点：

（1）简单实用，通俗易懂。本书以例题和图示的形式来讲解各种加工技术的原理及应用，将一个个深奥的加工原理讲述得详细而且浅显易懂。

（2）内容新颖，覆盖全面。本书中内容涵盖了目前比较实用的先进技术及测量方法，并且都是结合自身实践得来的经验成果，可供广大的学子们学习实践，争取再上一个技术新台阶。

本书涉及的内容较为广泛，由于时间仓促，加之我们水平有限，书中难免存在错误和不妥之处，恳请广大读者给予批评指正。

编　者

2020年5月

目 录

模块一　激光雕刻

◇模块介绍◇

激光雕刻机是当今世界上的高新科技产品之一，产品光、机、电一体化技术含量很高。20 世纪 90 年代中后期，随着激光雕刻技术的成功研发，雕刻行业便开始迅速发展起来。到目前为止，雕刻机的应用几乎遍布每个行业，成为我们日常工作中司空见惯的设备。现在，它主要被应用于广告业、工艺业、模具业、建筑业、印刷包装业、木工业、装饰业、皮革业……下面主要为大家介绍激光雕刻机在几个常见行业内的应用。

◇学习目标◇

1. 了解激光加工原理。
2. 了解激光加工的机床的组成。
3. 了解激光加工的应用范围及特点。

◇知识要点◇

一、激光雕刻机在装饰业中的应用

激光雕刻机在装饰业上的应用可谓是琳琅满目，下面针对其对木材的雕刻（图 1–1–1）为大家做介绍：

图 1–1–1

首先是原木。原木就是没有经过加工的木材。它是我们日常生活中最常见的一种激光加工材料，它很容易被雕刻和切割。例如浅色的木材像桦木、樱桃木或者枫木等，它们很容易被气化，因而比较适合雕刻。不过由于每种木材都有其自身的特点，因而在挑选木材时，要根据所要雕刻的具体实物做选择。我们建议，在雕刻不太熟悉的木材前，要首先研究雕刻机的特性。

其次是胶合板。它是一种人造木板，也是家具常用材料之一。在胶合板上雕刻，其实与在木材上雕刻没有太大的区别，只是有一点要注意，雕刻深度不可太深。切割后的胶合板边缘也会像木材那样发黑，但其发黑程度，关键是看胶合板是使用哪种木材制造的。

一般来讲，在木材上的雕刻通常是阴雕，而且雕刻深度一般要求都比较深，这样雕刻机功率一般都会设置得比较高。如果遇到较硬的木材，可能会使雕刻后的图形痕迹变得更深。如想使颜色浅一些，可提高雕刻速度，试着多雕几遍。某些木材在雕刻时会产生一些油烟，附在木头表面，若木材上已刷油漆，可用湿布将其小心擦去，如果未上漆可能会擦不干净，造成成品表面污损。这样情况下可以使用细砂纸对加工好的表面进行打磨，将残留在木材表面的污渍去除掉。

二、激光雕刻机在印刷包装业上的应用

随着激光雕刻机的广泛应用，印刷包装业印版也逐渐应用上了激光雕刻技术。印刷包装业中最为常见的包装是瓦楞纸箱包装（图 2–2–2）。不过瓦楞纸箱包装又可以分为两类，一类是销售包装，另一类是运输包装。销售包装一般属于内包装，是在销售过程中与消费者见面的，比如彩盒、白盒、礼品盒等。运输包装一般属于外包装，基本上在销售过程中不和消费见面，其主要作用是方便储存、运输，比如纸箱、瓦楞盒等。

图 1–1–2

由于激光雕刻在纸包装材料上的制版成本低，仅有树脂版成本的四分之一，所以在目前的印刷包装业中普遍采用激光雕刻制版做为瓦楞纸箱包装的印刷版。

激光雕刻机是以打点的方式实现雕刻的，其具有在灰度表现方面的天然优势。为此在雕刻设计时应尽量采用灰度表象形式，这样做的好处是一方面减少了着色工艺，节约了费用；另一方面丰富了雕刻的表现手段，增加了图形的层次。

三、激光雕刻机在工艺业上的应用

激光雕刻工艺品是指采用高能量密集的激光束投射到材料表面上，使材料表面发生物理和化学的变化，从而获得可见图案的雕刻工艺品（图 1–1–3）。

激光雕刻工艺品按材质可分为纸制激光雕刻工艺品、布艺激光雕刻工艺品、竹制激光雕刻工艺品、皮革激光雕刻工艺品、树脂激光雕刻工艺品、有机玻璃雕刻工艺品、金属激光雕刻工艺品、珠宝玉石激光雕刻工艺品……

接下来着重为大家介绍的是激光雕刻机在有机玻璃工艺品上的雕刻。

我们日常中最常见的亚克力材料，其实就是一种有机玻璃，它很容易被切割和雕刻成有各种各样的形状和大小的物品，并且成本相对来说比较低，于是其理所当然成为雕刻工艺业中最为常用的一种雕刻材料。浇铸方式生产的有机玻璃，它在激光雕刻后产生的霜化效果非常白，与原来透明的质感产生鲜明的对比，可以在雕刻后产生非常好的效果；压延方式生产的有机玻璃，在激光雕刻后依然是透明的，没有一个明显的对比效果，所以相对就比较少用。因此，我们在购买有机玻璃的时候，一定要选择那种高纯度的，否则买回去的有机玻璃材料在雕刻或切割时可能会有融化现象，导致无法加工成型。。

图 1–1–3

四、激光雕刻机在皮革业中的应用

皮革行业使用激光雕刻机打破了传统手工和电剪速度慢、难以排版、效率低及材料浪费严重的难题。它具有速度快、操作简单的特点，为皮革行业带来了很大的效益。用户只需要把所要裁剪的图形及尺寸输入电脑，激光雕刻机就会根据电脑上的数据，把整张的材料裁剪成所需要的成品。不用刀具，也不需要模具，同时，还能节省大量人力资源。所以，激光雕刻机在皮革行业得到广泛运用，如图 1–1–4 所示。

图 1–1–4

激光切割机相对于传统的皮革加工切割方式存在着众多的优势：它切割出来的皮革边缘不发黄，还自动收边或卷边，不变形，不会发硬，尺寸一致且精确；可切割任意复杂形状；效率高、成本低，电脑设计图形，可切割任意形状、各种大小的花边；加工时对工件没有机械压力；操作安全，维修简单等。

任务1 激光雕刻知识

◇任务简介◇

本任务主要熟悉激光雕刻机中激光产生的原理、激光雕刻机的结构及雕刻原理、激光雕刻机的应用范围及优点、激光雕刻机的使用及注意事项等基础知识，使初学者初步掌握激光雕刻机雕刻加工的基础知识，为下一步学习激光雕刻机操作技能打好基础。

◇学习目标◇

1. 了解激光雕刻机的组成。
2. 了解激光产生的原理。
3. 了解激光雕刻机的应用范围及优点。
4. 掌握激光雕刻机的使用及注意事项。

◇知识要点◇

一、激光雕刻机中激光产生的原理

1. 普通光源的发光——受激吸收和自发辐射

普通常见光源的发光（如电灯、火焰、太阳等）是由于物质在受到外来能量（如光能、电能、热能等）作用时，处于低能级E1的原子受到一个外来光子（能量 $\varepsilon=h\nu$=E2−E1）的激励作用，完全吸收该光子的能量而跃迁到高能级E2的过程，叫作受激吸收。在通常情况下，处在高能级E2的原子是不稳定的。在没有外界影响时，它们会自发地从高能级E2向低能级E1跃迁，同时放出能量为 $h\nu$ 的光子，有 $h\nu$=E2−E1；这种与外界影响无关的、自发进行的辐射称为自发辐射。原子的自发辐射过程完全是一种随机过程，各发光原子的发光过程各自独立、互不关联，即所辐射的光在发射方向上无规则地射向四面八方，另外末位相、偏振状态也各不相同。由于激发能级有一个宽度，所以发射光的频率也不是单一的，而是有一个范围。在通常的热平衡条件下，处于高能级E2上的原子数密度Z2，远比处于低能级的原子数密度低，这是因为处于能级E的原子数密度Z的大小随能级E的增加而指数减小，即Z ∝ exp（−E/kT），这是著名的波耳兹曼分布规律。在20℃时，全部氢原子几乎都处于基态，要使原子发光，必须外界提供能量使原子到达激发态，所以普通广义的发光包含了受激吸收和自发辐射两个过程。一般说来，这种光源所辐射光的能量是不强的，加上其会向四面八方发射，更使能量分散了。

2. 受激辐射

受激辐射和光的放大原子系统的两个能级 E2 和 E1 满足辐射跃迁选择定则，当受到的外来能量 hv=E2–E1 的光照射时，处在 E2 能级的原子有可能受到外来的激励作用而跃迁到较低的能级 E1 上去，同时发射一个与外来光子完全相同的光子，这种原子的发光过程叫作受激辐射。受激辐射的特点是：只有外来光子的能量 hv=E2–E1 时，才能引起受激辐射。受激辐射所发出的光子与外来的特性完全相同，即频率相同、相位相同、偏振方向相同、传播方向相同。受激辐射的结果是使外来的光强得到放大，即光经过受激辐射后，特征完全相同的光子数增加了。受激辐射是在外界辐射场的控制下的发光过程，因而各原子的受激辐射的相位不再是无规则分布，而是具有和外界辐射场相同的相位。在量子电动力学的基础上可以证明：受激辐射光子与入射（激励）光子属于同一光子态；或者说，受激辐射场与入射辐射场具有相同的频率、相位、波矢（传播方向）和偏振，因而是相干的。光的受激辐射过程是产生激光的基本过程。而在量子理论中，一个能级对应电子的一个能量状态。电子能量由主量子数 n（n=1、2、……）决定。但是实际描写原子中电子运动状态，除能量外，还有轨道角动量 L 和自旋角动量 s，它们都是量子化的，由相应的量子数来描述。对轨道角动量，波尔曾给出了量子化公式 $Ln = nh$，但这是不严格的，因这个公工还是在把电子运动看作轨道运动的基础上得到的。严格的能量量子化以及角动量量子化都应该有量子力学理论来推导。量子理论告诉我们，电子从高能态向低能态跃迁时，只能发生在 l（角动量量子数）量子数相差 ±1 的两个状态之间，这就是一种选择规则。如果选择规则不满足，则跃迁的几率很小，甚至接近零。在原子中可能存在这样一些能级，一旦电子被激发到这种能级上时，由于不满足跃迁的选择规则，可使它在这种能级上的寿命很长，不易发生自发跃迁到低能级上。这种能级称为亚稳态能级。但是，在外加光的诱发和刺激下，可以使其迅速跃迁到低能级，并放出光子。这种过程是被“激发”出来的，故称受激辐射。受激辐射的概念是爱因斯坦于 1917 年在推导普朗克的黑体辐射公式时提出来的。他从理论上预言了原子发生受激辐射的可能性，这是激光的基础。受激辐射的过程大致如下：原子开始处于高能级 E2，当一个外来光子所带的能量 hv 正好为某一对能级之差 E2–E1，则这个原子可以在此外来光子的诱发下从高能级 E2 向低能级 E1 跃迁。这种受激辐射的光子有显著的特点，就是原子可发出与诱发光子完全相同的光子，不仅频率（能量）相同，而且发射方向、偏振方向以及光波的相位都完全一样。于是，入射一个光子，就会射出两个完全相同的光子，这意味着原来的光信号被放大，这种在受激过程中产生并被放大的光，就是激光。

3. 粒子数反转

粒子数反转是激光产生的前提。两能级间受激辐射的概率与两能级粒子数的差有关。在通常情况下，处于低能级 E1 的原子数大于处于高能级 E2 的原子数，这种情况是得不到激光的。为了得到激光的，就必须使高能级 E2 上的原子数目大于低能级 E1 上的原子数目，因为 E2 上的原子多，能发生受激辐射，使光增强（也叫做光放大）。

为了达到这个目的，必须设法把处于基态的原子大量激发到亚稳态 E2，处于高能级 E2 上的原子数就可以大大超过处于低能级 E1 上的原子数。这样就在能级 E2 和 E1 之间实现粒子数的反转。

二、激光雕刻机的结构及雕刻原理

1. 激光雕刻机结构。

激光雕刻机包括激光器和其输出光路上的气体喷头（图 1–1–5），其中气体喷头的一端是窗口，另一端是与激光器光路同轴的喷口。激光雕刻机气体喷头的侧面连接着气管，气管与空气或氧气源相连接，空气或氧气源的压力为 0.1~0.3 Mpa。激光雕刻机的氧气源中的氧气占其总体积的 60%。此外，在激光雕刻机激光器和气体喷头中间的光路上安装有反射镜，从而提高雕刻的效率，使被雕刻处的表面光滑、圆润，迅速地降低被雕刻的非金属材料的温度，减少被雕刻物的形变。使用激光雕刻和切割，过程非常简单，如同使用电脑和打印机在纸张上打印。唯一的不同之处是，打印是将墨粉涂到纸张上，而激光雕刻是将激光射到木制品、亚克力、塑料板、金属板、石材等几乎所有的材料上。

图 1–1–5

①点阵雕刻酷似高清晰度的点阵打印。激光头左右摆动，每次雕刻出一条由一系列点组成的一条线，然后激光头同时上下移动雕刻出多条线，最后构成整版的图象或文字。扫描的图形、文字及矢量化图文都可使用点阵雕刻。

②矢量切割与点阵雕刻不同，矢量切割是在图文的外轮廓线上进行的。我们通常使用失量切割模式在木材、亚克力、纸张等材料上进行穿透切割，也可在多种材料表面进行打标操作。雕刻速度指的是激光头移动的速度，通常用 in/s（英寸 / 秒）表示。速度也用于控制切割的深度，对于特定的激光强度，速度越慢，切割或雕刻的深度就越大。可利用雕刻机面板调节速度，也可利用计算机的打印驱动程序来调节。在 1% 到 100% 的范围内，调整幅度是 1%。悍马机先进的运动控制系统可以使用户在高速雕刻时，仍然得到超精细的雕刻质量。

③雕刻强度指射到材料表面的激光强度。对于特定的雕刻速度，强度越大，切割或雕刻的深度就越大。可利用雕刻机面板调节强度，也可利用计算机的打印驱动程序来调节。在 1% 到 100% 的范围内，调整幅度是 1%。强度越大，相当于速度越大，切割的深度也就越深。

④激光束光斑大小可利用不同焦距的透镜进行调节。小光斑的透镜用于高分辨率

的雕刻；大光斑的透镜用于较低分辨率的雕刻，但对于矢量切割，它是最佳的选择。新设备的标准配置是 2.0 英寸的透镜。其光斑大小处于中间，适用于各种场合。可用于雕刻的材料有木制品、金属板、玻璃、石材、水晶、可丽耐、纸张、双色板、氧化铝、皮革、树脂、喷塑金属。

2. 加工技术参数

雕刻面积：30 cm × 40 cm，40 cm × 60 cm，60 cm × 90 cm，60 cm × 130 cm，90 cm × 140 cm，125 cm × 185 cm 等可选；雕刻速度为 0~72 m/min；可以无级调速；最小成型文字：汉字 2 mm × 2 mm，字母 1 mm × 1 mm；分辨率：0.025 mm；定位精度：0.01 mm；支持图形格式：BMP、HPGL（PLT）、JPEG、GIF、TIFF、PCS、TGA、DST、DXP。

3. 激光雕刻方法

激光雕刻主要在物体的表面进行，分为位图雕刻和矢量雕刻两种。

①位图雕刻：我们先在 Photoshop 里将我们需要雕刻的图形进行挂网处理，并转化为单色 BMP 格式，然后在专用的激光雕刻切割软件中打开该图形文件。根据所加工的材料我们进行合适的参数设置就可以了。然后点击运行，激光雕刻机就会根据图形文件产生的点阵效果进行雕刻。

②矢量雕刻：使用矢量软件如 Corel DRAW、Auto CAD、Illustrator 等进行排版设计，并将图形导出 PLT、DXF、AI 格式，打标机，然后再用专用的激光切割雕刻软件打开该图形文件，传送到激光雕刻机里进行加工。

三、激光雕刻机的应用范围及优点

1. 激光雕刻机适用范围

①广告行业：有机玻璃切割、标牌雕刻、双色板雕刻、水晶奖杯雕刻等。②礼品行业：在木质、竹片、双色板、密度板、皮革等材料上雕刻文字及图案。③纸箱印刷业：雕刻制品，可用于胶皮板、双层板、塑料板的雕刻和切割。④皮革及服装加工业：可在真皮、合成革、布料上进行复杂的工艺加工。⑤其他行业：模型制作、装饰装潢、产品包装的雕刻等。

2. 激光加工的优点

①范围广泛：二氧化碳激光几乎可对任何非金属材料进行雕刻切割，并且价格低廉。②安全可靠：采用非接触式加工，不会对材料造成机械挤压或机械应力；没有“刀痕”，不伤害加工件的表面，不会使材料变形。③精确细致：加工精度可达到 0.02 mm。④节约环保：光束和光斑直径小，一般小于 0.5 mm；切割加工节省材料，安全卫生。⑤效果一致：保证同一批次的加工效果完全一致。⑥高速快捷：可即刻根据电脑输出的图样进行高速雕刻和切割。⑦成本低廉：不受加工数量的限制，对于小批量加工业务，激光加工更加便宜。

3. 激光雕刻发展现状

随着光电子技术的飞速发展，激光雕刻技术的应用范围越来越广泛，雕刻精度的要求也越来越高。有三个方面的因素体现激光材料加工的发展水平：第一是激光器技术，即应用于激光材料加工的激光器件技术；第二是激光设备加工的机械、控制系统等，即激光加工设备；第三是激光加工工艺水平。因为激光器技术已经是很成熟的技术，所以能否对激光设备进行有效地控制以及提高激光的加工工艺水平已成为提高激光雕刻技术应用的瓶颈。市面上的激光设备多种多样，大致归纳为如下产品：激光打标、激光焊接、激光切割、激光内雕、激光打孔、激光演示、激光制版机、激光美容、激光医疗、激光喷码、激光热处理等。它们都是激光技术与软件控制技术的结合产物，为现代工业文明带来了勃勃生机。目前，随着激光雕刻设备在应用技术、工艺上的开发推广，激光平面打标、雕刻设备的制造、销售已呈现良好的上升态势。在国外，已经有设备厂家商开发出激光三维雕刻系统，并已开始在国内销售。有几家商家代理该类设备，但尚无样机，其售价基本在 100 万元以上。如加拿大 VIRTEK 公司研制的 FOBA.G-SERIES，目前主要应用在模具雕刻行业。

四、激光雕刻机与其他雕刻机的比较

1. 激光雕刻机相对机械雕刻机的优点

①比机械雕刻更快捷、更高效；②更加精确，可雕刻复杂的图像图案；③切割立体字缝隙小、字体变形小，切割有机玻璃字没有边毛，无须抛光处理；④可以雕刻 / 切割玻璃、皮革、橡胶发泡板等特殊材料；⑤被切割 / 雕刻的物件不用特别固定。所以，在广告招牌、有机玻璃制品等行业，激光雕刻机的优势越来越被广泛重视。

2. 激光雕刻机与等离子切割机的比较

①等离子切割的特征。优点：切割速度快；可以切割非铁金属（如 SUS）；可有多个割炬（2 根割炬左右）；V 坡口切割容易。缺点：割缝宽度、斜度大（垂直度不高）；噪音大；有强光 / 粉尘多；消耗品寿命短。②激光切割的特征。优点：割缝宽度非常小；可以适用于多种材料（金属、非金属都能切割）；可以进行微细精密加工；垂直度高；热变形小（相对火焰、等离子切割）；切割精度好；可以无人加工。缺点：厚板加工困难（目前用于工业生产的激光切割大部分在 25 mm 以下）；设备投入大；一般一台设备只有一个加工头；维护、保养费用高（比火焰、等离子切割机维修费用要高）。

等离子切割机机架采用全焊接结构，经实效振动处理器消除内应力，从而使机架稳定性提高，变性量较小。X 轴采用高精度直线圆形导轨，Y 轴采用高精度直线导轨，其运行阻力较小。X 轴和 Y 轴安装警多功能仪器检测安装，X 轴两道轨直线度误差保证小于 ±0.05 mm，X 轴和 Y 轴的垂直度误差不大于 ±0.05 mm，其运行小车采用轻质的结构，便于保证等离子切割的加工质量。工业电脑操作系统是在性能稳定的 DOS 系统操作，具有较好的人机对话界面，中英文语言可以任意转换。X 轴和 Y 轴运行速度最大可达到 8 m/min，工业控制电脑可以接口 ISO 标准的 CNC 语言，可以显示切割图形，模拟切割，并且具有手动编程功能。等离子切割机的主机控制系统中的驱动传动系统采用日本三菱公司数字式交流伺服系统。电机采用高磁稀土材料，导磁散热恨不能好，其编码其分辨率高，为普通型的 4 倍功能，从而保证更高的控制精度。切割软件引进欧洲专用风管制图软件，图库量大、简单易学、操作灵活、切割精确度高。

激光雕刻机是用于对板材的雕刻，大量应用于双色板或亚克力雕刻，雕刻一次进刀深度在 1~3 mm，在标志、标牌雕刻方面应用较为普遍。从机械构造方面看，激光雕刻机的设计轻巧，*X*、*Y* 轴移动速度快，*Z* 轴行程较短，适合雕刻 5~8 mm 的材料。雕刻主轴头装有弹簧压鼻，作用是在雕刻过程中压平 3 mm 以下的薄板材。雕刻主轴通过皮带连接到直径较大的马达上，以此使转速增大，这样雕刻出来的工件质量就较为光滑。其使用的雕刻刀具较长，长度约在 15.9 cm，直径为 4.35 mm 左右。由于设计方面的限制，它适合做切削量很小的高转速的雕刻工艺。

五、激光雕刻机的使用及注意事项

1. 激光雕刻机启动注意事项

清洁保养，良好排风，随时擦拭机床的清洁养护，是机床正常工作的必要条件。机床导轨是高精密核心部件，每项工作完成后必须擦干净，保持光洁润滑，各轴承也要定期注油，这样才能使驱动灵活，加工精确，延长机床的使用寿命。冷却水要畅通，无论是用自来水还是循环水泵，必须保持水流畅通。冷却水是用来带走激光管产生的热量的，水温越高，光输出功率越低(以 15~20℃水温为佳)，断水时会因激光腔内积热而导致管端炸裂，甚至损坏激光电源。所以随时检查冷却水是否畅通是十分必要的，当水管有硬折(死弯)或脱落，以至水泵失灵时，必须及时修复，以免功率下降甚至造成设备损坏。环境温度应在 5~35℃范围，特别注意的是：若在冰点以下环境中使用必须做到：防止激光管内循环水结冰，停机后必须彻底将水放光。开机时激光电流必须预热 5 分钟以上才能工作，在阴雨天及潮湿环境中激光电源更需预热时间长些，确实排湿后才能加高压，以防高压电路击穿。远离大电量和强震动设备，突如其来的大电量的干扰有时会造成机器失灵，这种情况虽不多见，但应尽量避免。因此，如大电焊机、巨型电力搅拌机以及大型输变电设备等应远离。强震动设备，如锻压机、近距离的机动车辆行走引起的震动等，地面的明显抖动对精确雕刻是很不利的。维护控制 PC 的稳定性。控制 PC 主要用于雕刻设备控制使用，除加装必要平面设计软件，请做到专机专用。由于计算机加装网卡和杀毒防火墙后，会严重影响控制机运行速度。请不要在控制机上加装杀毒防火墙，如需网卡进行数据通信，请在启动激光雕刻机之前禁用网卡。（1）风机的保养：风机在工作一段时间后，风机及排风管中会堆积大量的粉尘，粉尘会影响风机的排风效率，造成大量的烟尘无法排出。风机的保养方法：把排风管和风机的连接喉箍松开，卸下排风管，清理出排风管和风机中的灰尘。风机的周期：一月左右。（2）导轨的保养：导轨在运动过程中，由于被加工材料会产生大量的粉尘。风机的保养方法：首先用棉布把导轨上原来的润滑油及粉尘擦去，擦拭干净后，再在导轨表面及侧面涂上一层润滑油。导轨的周期：一周左右。（3）激光镜片维护：机器在工作一段时间后，镜片会由于工作环境而在表面粘上一层灰，这样会降低反射镜片的反射率和透镜的透光率，最终影响激光的工作功率。维护方法：用脱脂棉蘸乙醇轻轻沿顺时针方向擦拭镜片表面，擦去灰尘。（4）螺丝的紧固：运动系统在工作一定时间后，运动连接处的螺丝会产生松动，螺丝松动后，会影响机械运动的平稳性。保养方法：用随机附送的工具逐个紧固螺丝。保养周期：一个月左右。

2. 激光雕刻机使用注意事项

激光雕刻机应水平放置在桌面上，不得倾斜；应防止激光雕刻机强烈振动，移动时应先固定好大车和小车，以防振动导致光路偏移或激光器产生裂缝；排风管应接通至室外无影响处，并保持通风良好，经常擦拭风扇和机器烟管激光雕刻机如果是第一次使用或被移动位置后，注意检查高压线是否脱落，以防触电；激光雕刻机排风扇、冷却水泵要使用 AC220V/50hz 电源；雕刻机的地线一定要良好接地；激光雕刻机工作时一定要严防工作人员或其它人员伸手或用眼睛观看，以防激光伤人或伤到眼睛，最好是将盖扣死；请避免设备内部进水或工作环境过于潮湿。应将机器置于干燥通风处；严禁带电拆卸各种接插件；雕刻机内镜片应使用无水乙醇或丙酮及时清洁，并且要轻擦轻放，擦完后要调整好光路；使用时保证冷却水循环良好，且水质清洁，如有发黄水质脏时，应及时换水，以免造成激光管冷却不好而炸裂；注意防止因冷却水结冰，北方天气寒冷应特别注意冬天最好是换成汽车用防冻液，温度过高，水垢或脏物堵塞、机械撞击等原因造成激光器破损；注意防止机箱内部零件因烟尘潮气过多等原因引起的腐蚀和损坏。所以在每次工件后要清理机器卫生，保持机器整洁，要做到勤擦拭。

正确使用激光雕刻机的 12 个注意事项：

（1）激光雕刻机要有良好接地电源、机床床体必须有良好的接地保护，地线应用小于 4 Ω 的专用地线。接地的必要性是：①可保证激光电源正常工作，②可延长激光管使用寿命，③可防止外界干扰造成机床跳动，④防止高压放电偶然造成电路损伤。

（2）激光雕刻机的冷却水要畅通无论是用自来水还是循环水泵，必须保持水流畅通。冷却水是带走激光管产生的热量的，水温越高，光输出功率越低（以 15~20℃水温为佳）；断水时会因激光腔内积热而导致管端炸裂，甚至损坏激光电源。所以随时检查冷却水是否畅通是十分必要的。当水管有硬折（死弯）或脱落，以至水泵失灵时，必须及时修复，以免功率下降甚至造成设备损坏。

（3）清洁保养，排风良好，随时擦拭机床的清洁养护，是机床正常工作的必要条件。试想人的关节不灵活了，还怎么行动？同样道理，机床导轨是高精密核心部件，每项工作完成后必须将其擦干净，保持光洁润滑；各轴承也要定期注油，这样才能使驱动灵活，加工精确，延长机床的使用寿命。

（4）环境温度与湿度环境温度应在 5~35℃范围。特别要注意的是：若在冰点以下环境中使用，必须做到：①防止激光管内循环水结冰，停机后必须彻底将水放光；②开机时，激光电流必须预热 5 min 以上才能工作，在阴雨天及潮湿环境中，激光电源预热需时间长些，确认排湿后才能加高压，以防高压电路被击穿。

（5）正确使用激光高压键，激光高压键拨通时，激光电源则处于待命状态，碰到“手动出光”或计算机误操作，都会发出激光，无意中伤人伤物。因此要求每完成一件工作，如不连续加工的话，应随时关掉激光高压（激光电流可以不关），并且在机器工作时，工作人员禁止擅自离开，以免发生意外。建议连续工作时间应小于 5 h，中间可以休息 30 min。

（6）远离大电量和强震动设备突如其来的大电量的干扰，有时会造成机器失灵，这种情况虽不多见，但应尽量避免。因此，如大电焊机、巨型电力搅拌机以及大型输变电设备等，应远离。强震动设备，如锻压机、近距离的机动车辆行走引起的震动等，地面的明显抖动对精确雕刻是很不利的。

（7）防雷电袭击。只要建筑物防雷电措施可靠即可，“良好接地”也可有助于防雷电。特别建议：在网电不稳的地区（如电压起伏超过 5% 以上的），请用户安装一个容量至少在 3000 W 以上的稳压电源，防止电压突然起伏烧毁电路或电脑。

（8）维护控制 PC 的稳定性。控制 PC 主要用于雕刻设备控制使用。除加装必要平面设计软件外，务必做到专机专用。由于计算机加装网卡和杀毒防火墙后，会严重影响控制机速度。请不要在控制机上加装杀毒防火墙，如需网卡进行数据通信，请在启动雕刻机之前禁用网卡。

（9）导轨的保养。导轨在运动过程中，由于被加工材料会产生大量的粉尘。保养方法，首先用棉布把导轨上原来的润滑油及粉尘擦去，擦拭干净后，再在导轨表面及侧面涂上一层润滑油。保养周期，一个星期左右。

（10）风机的保养。风机在工作一段时间后，风机及排风管中会堆积大量的粉尘，粉尘会影响风机的排风效率，造成大量的烟尘无法排出。保养方法，把排风管和风机的连接喉箍松开，卸下排风管，清理出排风管和风机中的灰尘。保养周期，一个月左右。

（11）螺丝的紧固。运动系统在工作一定时间后，运动连接处的螺丝会产生松动，螺丝松动后，会影响机械运动的平稳性。保养方法，用随机附送的工具逐个紧固螺丝。保养周期，一个月左右。

（12）镜片的维护。机器在工作一段时间后，镜片会由于工作环境而在表面粘上一层灰，这样会降低反射镜片的反射率和透镜的透光率，最终影响激光的工作功率。维护方法：用脱脂棉蘸乙醇轻轻沿顺时针方向擦拭镜片表面，擦去灰尘。

总之，激光雕刻机的注意事项我们都应该经常的去做，这样才能提高机器寿命和工作效率。

3. 购买雕刻机时的注意事项

要注意雕刻机的功能，雕刻机的雕刻电机有大功率和小功率之分。有些雕刻机功率较小，只适合做双色板、建筑模型、小型标牌、三维工艺品等材料的加工，这种工艺已流行一段时间，但由于雕刻功率太小而影响了其应用范围。大功率雕刻头的雕刻机有两类，一类是大幅面切割机，幅面一般在一米以上，这种雕刻机的精度一般较差；另一类是幅面适中的雕刻机，这种雕刻机一般应用于精细加工和有机标牌制作。要了解雕刻电机的性能和功能，其中雕刻机的雕刻头电机是很关键的，因为雕刻头电机一般都不属于保修范围，而雕刻头电机又是长时间连续工作的，所以雕刻头电机不好也会影响雕刻机的使用。再者就是雕刻头电机的速度可调范围，一般速度可调范围是每分钟几千到三万转，若速度不可调或速度可调范围较小，那么就说明该雕刻机应用范围会受到很大的限制，因为雕刻不同的材料必须用不同的雕刻头转速。雕刻机本体制造工艺：大功率雕刻机工作时要求本体一定要精密、稳定，所以，长期大功率雕刻应采用铸造本体才能保证其加工精度和稳定性。控制器一般也分为两类：一类控制器只是做驱动，而其所有运算工作由电脑来完成，在雕刻机工作时电脑处于等待状态，无法进行排版工作。另一类控制器采用单板机或单片机控制，这种控制器实际上就是一台电脑，所以只要雕刻机一开始工作，电脑马上就可以进行其他排版工作，特别是较长时间雕刻时，该优势特别明显。

任务2　激光雕刻机软件部分

◇任务简介◇

本任务主要讲述了激光雕刻机的操作方法。主要针对国内武汉华工激光雕刻机（型号：LCC60）和德国进口 trotec 两种激光雕刻机进行介绍以及操作软件的学习。通过本任务的学习，使学习者掌握激光雕刻机的基本操作知识，能够在激光雕刻机上进行雕刻加工。

◇学习目标◇

1. 掌握图片处理软件 Corel DRAW X3 的操作。
2. 激光打印软件 Job Control 的操作。
3. 掌握德国产 trotec 激光雕刻机的软件的操作。

◇知识要点◇

一、图片处理软件（CorelDRAW X3）介绍软件学习

CorelDRAW X3 是由加拿大 Corel 公司推出的图形设计软件包，集图形绘制、文字编辑、图形效果处理等功能为一体。因其功能强大、占用内存比位图小、方便快捷的操作、人性化的操作界面等优点，深受广大专业设计人士和众多电脑爱好者的青睐。

1. 矢量图

矢量图又称向量图，它以数学的矢量方式来记录图像内容。矢量图在缩放时不会产生失真现象，将一个矢量图无论放大或缩小多少倍，图形都有一样平滑的边缘、一样的视觉细节和清晰度。矢量图所生成的文件比位图文件小得多，因此适用于图案设计、文字设计、标志设计和版式设计等领域。但矢量图也有其自身的缺点，它不易制作色彩丰富的图像，即绘制出来的图形无法像位图那样具有绚丽的色彩。

2. 位图

位图又称点阵图，是由多个像素点组成的。位图可通过扫描、数码相机获得，也可通过如 Photoshop 和 CorelPhoto-Paint 之类的设计软件生成。位图中每个像素都能记录一种色彩信息，因此位图图像能表现出色彩绚丽的效果。另外，位图的色彩越丰富，图像的像素就越多，分辨率也就越高，文件也就越大。由于位图是由多个像素点组成的，因此将位图放大到一定倍数时就会看到像素点，产生失真现象。

3. 分辨率

分辨率是指图像单位长度上像素的多少。单位长度上的像素越多，图像就越清晰。分辨率可指图像或文件中的细节和信息量，也可指输入、输出或者显示设备能够产生的清晰度等级，它是一个综合性的术语。在处理位图时，分辨率会影响最终输出文件的质量和大小。

4. 对象

矢量图中图形的组成元素称为对象。对象都是独立的，具有各自不同的颜色、形状等属性，并可自由地、无限制地重新组合。在 CorelDRAW X3 中，在工作区内可编辑的图形都可称为对象，它包括图形、曲线和美术字等。

5. 文字编排功能

（1）CorelDRAW X3 排文字有两种方式：美工文字和段落文字。一般情况下，排标题及文字比较少而且不强求对齐时可用美工文字方式。假如有大段文字而且要分行及对齐时最好用段落文字。

（2）文字的来源也有两种方式：一是用户直接在 CorelDRAW X3 中输入。二是拷贝来的已经存好的如 Word 文档或记事本等方式，甚至还有其他排版软件里直接拷过来的文字。大家可能碰到最多的问题就是 Word 文档中的文字如何很好地应用到 CorelDRAW X3 中，这里介绍一个小技巧：

1）首先观察 Word 文档中每段文字的结尾是否有一个向下的灰色箭头（这种情况多出现在从网上拷贝的文章直接粘贴到 Word 中）。假如有请注意，这个小箭头假如不先在 Word 文档中处理好而是直接拷贝文字到 CorelDRAW X3 中，后会再进行处理时会比较复杂。处理方法：在 Word 中将光标移到灰色小箭头前，按“回车（Enter）”键，再按“Delete”键，一个一个将其删除。

2）按“Ctrl+A”全选文字，点击“正文”按钮（这是 Word 2000 的样式，Word XP 就要点“清除格式”），再按“Ctrl+C”拷贝文字，最后粘贴到 CorelDRAW 中。需要文字对齐的请使用段落文本方式。将 Word 中的文字拷贝后，在 CorelDRAW 里用文字工具画一个文本框按“Ctrl+V”，将刚才拷贝的文字粘贴进来。这时就可以设置文字格式了，按“Ctrl+T”调出文字格式面板。我们仔细观察这个面板，发现其功能比较多，比较常用的功能如下：

①字体面板：设定字体、字号等，一般在属性栏里就可以设置。需要文字对齐的请使用段落文本方式。将 Word 中的文字拷贝后，在 CorelDRAW 里用文字工具画一个文本框，按“Ctrl+V”，将刚才拷贝的文字粘贴进来。这时就可以设置文字格式了，按“Ctrl+T”，调出文字格式面板。

②对齐面板：设定对方式的。假如是段落文本要选中“完全齐行”。右下角有一个“缩排”选项，其中“第一行”是设置每一段文字第一行空两格。一般用 9 号字，输入 7 mm 就可以了，字号越大，此处输入的数字也就相应增大。此面板的其他地方使用默认设置就可以了。

③间距面板：设定字距、行距。设置方式如下：字符：0 字：可忽略，行：140，

段落前：可忽略，段落后：140，不同语言间距：可忽略。

④定位点面板。

⑤框架与栏面板：分栏及设定栏间距。排报纸及文字较多时这里就有用了。栏数、栏宽、栏间距都可以根据需要去设定数值。

⑥效果面板：设项目符号和首字下沉。在排一些画册时会用到。

⑦规则面板：它也是比较很重要的功能。不知大家有没有碰到过这种情况：本来是在句末的标点符号忽然跑到下一行去了，出现这种情况是不符合中文排版规则的，想改变它就需要在此处设置。将“开始字符”“跟随字符”“其他字符”都勾选，就不会出现这种情况了。

以上讲的文字格式的设置是 CorelDRAW X3 版本中的。CorelDRAW11 或 CorelDRAW12 版本的面板会有些不一样，但也大同小异。

二、CorelDraw X3 图片处理软件操作

CorelDRAW X3 图片处理软件的操作其实也并复杂，其具体操作如下：

（1）打开 CorelDRAW X3 软件（图 1–2–1），点击“新建”，出现如图 1–2–2 所示的操作界面。

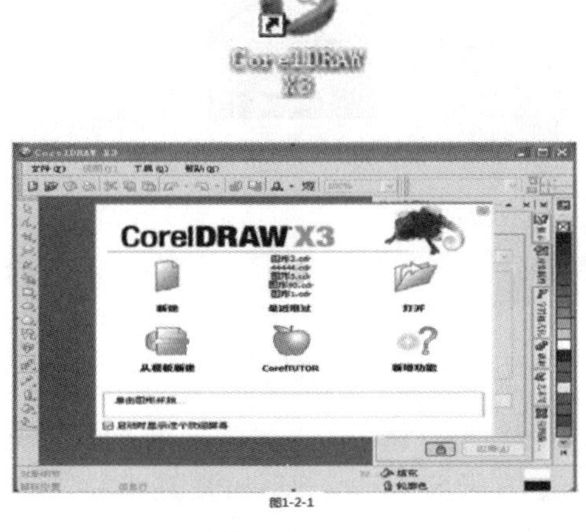

图 1–2–1

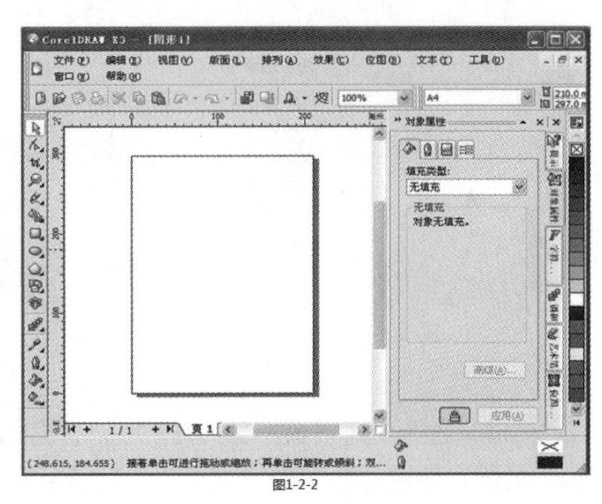

图 1–2–2

（3）单击菜单栏里的“文件”，在子菜单中单击“导入”，在目录中找到相应图片并选中，如图 1–2–3 所示。

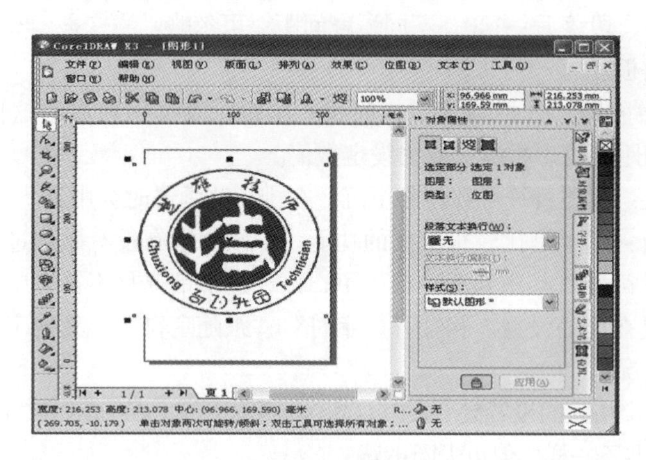

图 1-2-3

（3）根据不同需要单，击菜单栏中“编辑位图”或“描摹位图”，如图 1-2-4 所示。

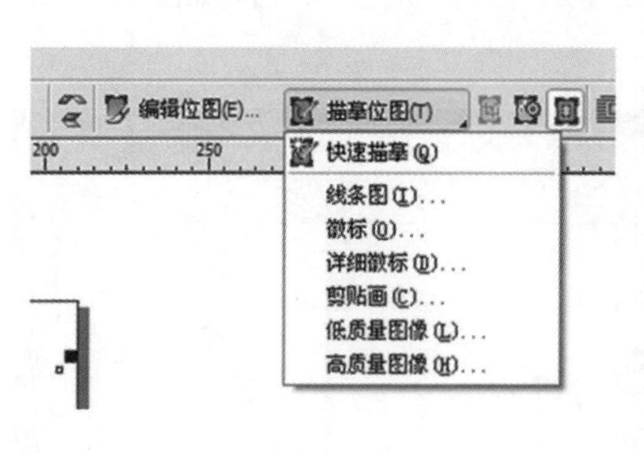

图 1-2-4

图 1-2-5

（4）选择“高质量图像（H）”，弹出如下对话框，调节“平滑”“细节”“颜色”的值，使图片达到最佳效果，然后确定图 1-2-5 所示。

（5）打印的大小通过选中图片后，在“对象大小”菜单栏中进行调节，如图 1-2-6 所示。

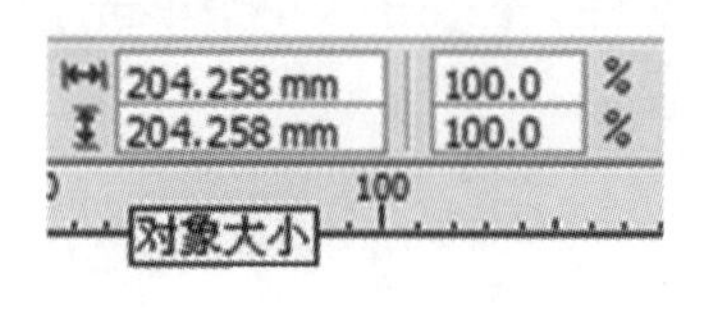

图 1-2-6

（6）调节图片大小后就可以进行打印了。单击菜单栏中的“打印”，弹出如图 1-2-7 所示的打印窗口，在“目标”选项“名称”中，选择 Trotec Engraverv10.2.0，如

图 1–2–8 所示。

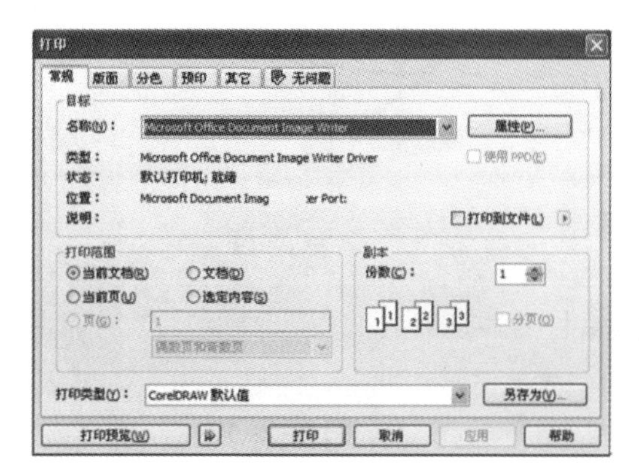

图 1–2–7

图 1–2–8

（7）单击“属性”后弹出如图 1–2–9 所示对话框。根据第（5）步设置，将“宽度”“高度”改为相应的数值，然后点击“JC”图标。

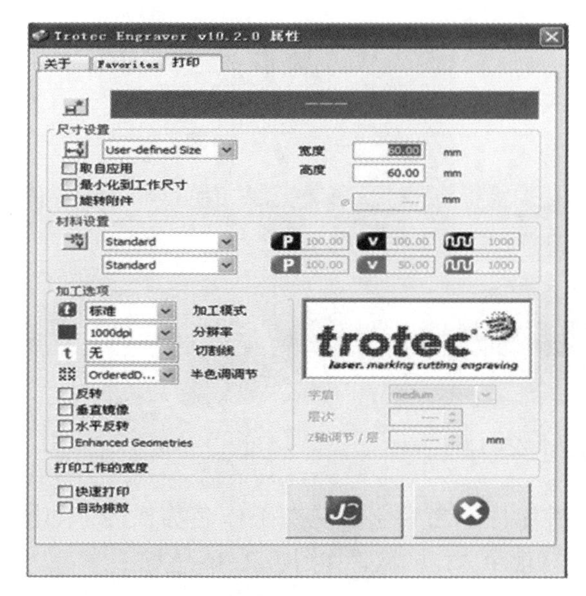

图 1–2–9

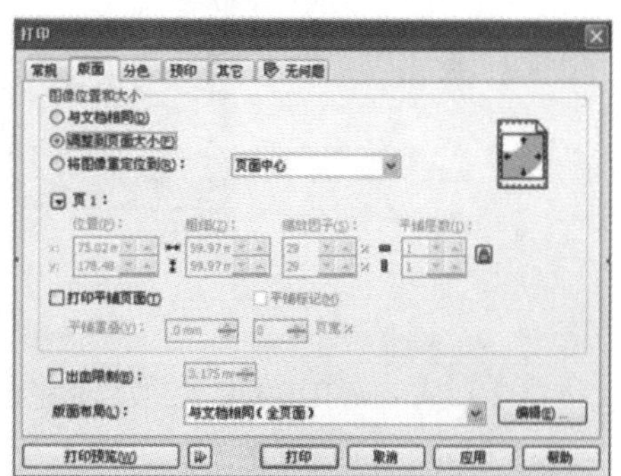

图 1–2–10

图 1–2–11

（8）打印范围选择“选定内容”，如图 1–2–10 所示。

（9）版面中“图像位置和大小”选择“调整到页面大小”，如图 1–2–11 所示。

（10）最后依次单击“应用”“打印”，等待 Job Control 的启动，如图 1–2–12 所示。

图 1–2–12

三、激光打印软件 Job Control

图 1-2-13

功能强大的 Job Control 软件采用卓泰克直观的 Trotec Job Control 专家级软件，可快速、高效地进行激光雕刻和激光切割。在加工过程中，Job Control 充分显示了其最大功能性和多样性的特点。使用激光软件 Job Control 可监控和操作激光—系统—功能和抽吸系统。Job Control 将激光软件系统的革新提高到一个新的水平。

软件操作步骤：

（1）双击桌面“Job Control”图标打开软件，如图 1-2-14 所示。

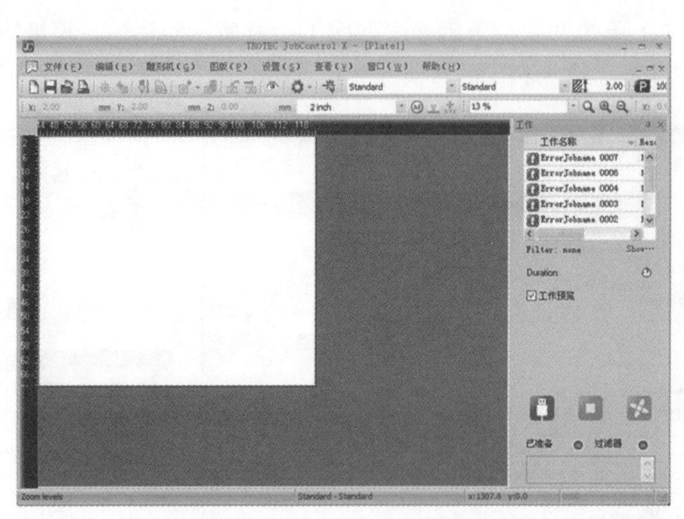

图 1-2-14

（2）从 CorelDRAW X3 处理完的图片打印之后会出现在工作名称栏内，如图 1-2-15 所示。将要雕刻的工件用鼠标直接拖至工作区域，如图 1-2-16 所示。

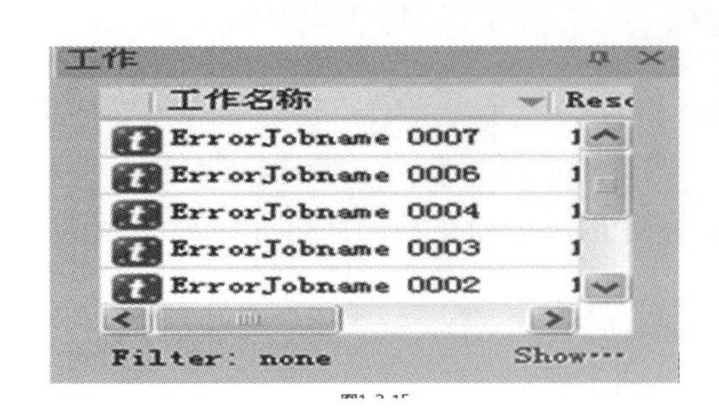

图 1-2-15

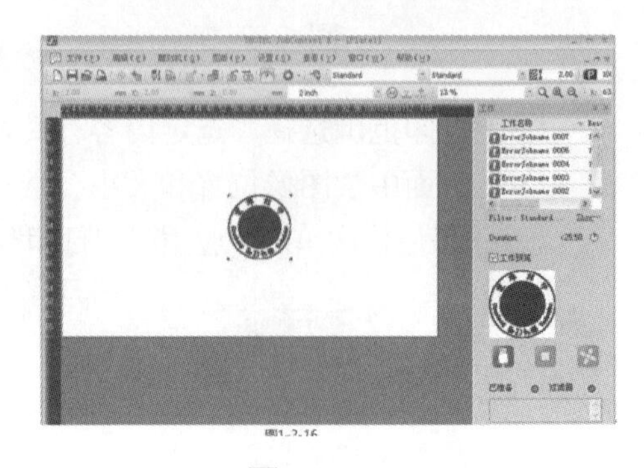

图 1-2-16

（3）点击已准备的“connect”，将电脑和激光雕刻机联通，如图 1–2–17 所示。

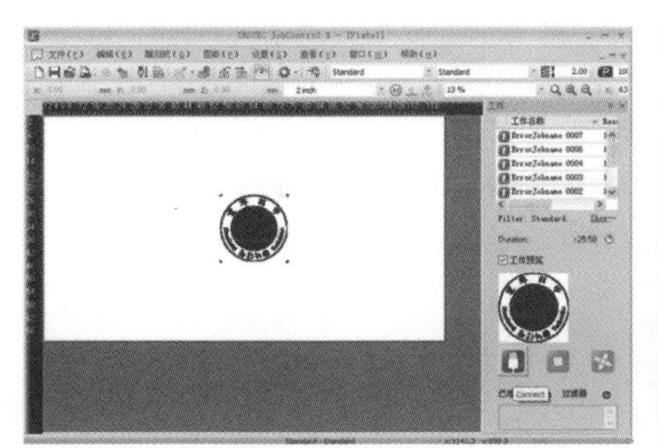

图 1–2–17

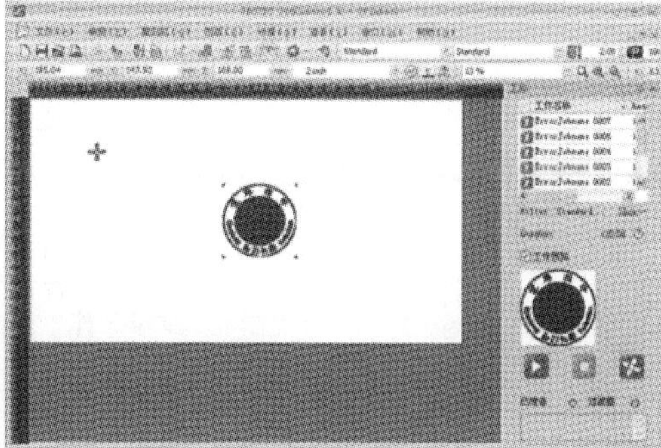

图 1–2–18

（4）联通后工作区域会出现激光起始位置显示，如图 1–2–18 所示。

（5）将要雕刻的对象移至到激光起始位置，如图 1–2–19 所示。

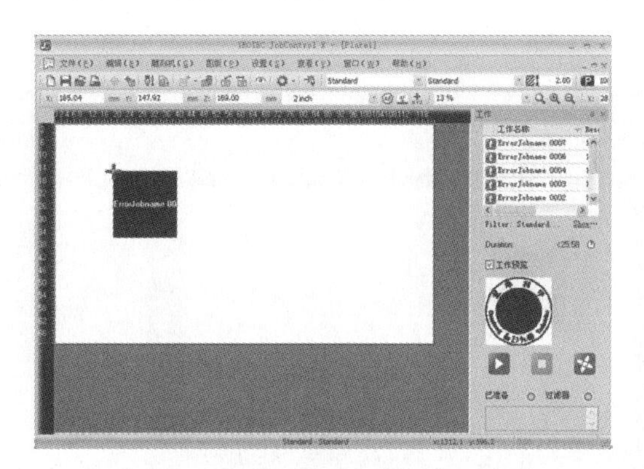

图 1–2–19

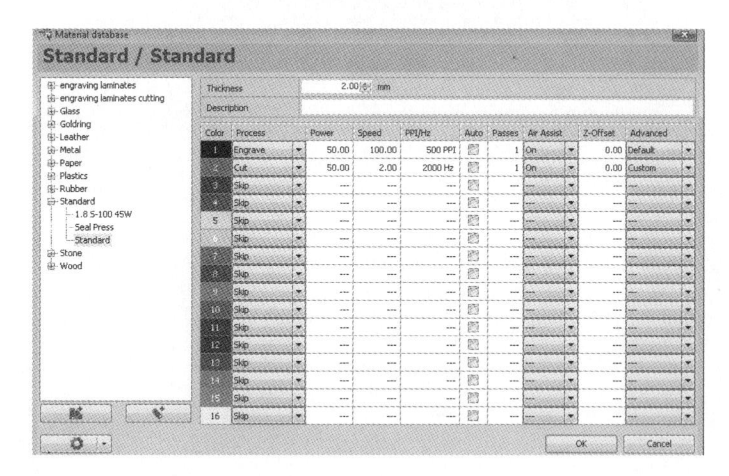

图 1–2–20

（6）不同的材料有不同的雕刻方式，单击菜单栏内“设置”→“材料模板设置”，设置打开方式、速率、功率、切割次数，设置完后单击“确定”，如图 1-2-20 所示。

（7）设置完成后，单击“开始”进行雕刻，如若不行，先用鼠标右键单击工作对象，进行工作复位，如图 1-2-21 所示，然后单击开始，进行雕刻，如图 1-2-22 所示。

图 1-2-21

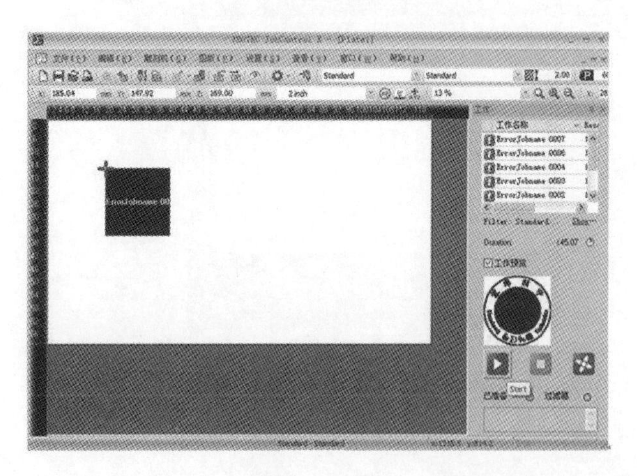

图 1-2-22

任务3　德国产 trotec 激光雕刻机的操作

【任务描述】

本任务主要描述德国产 trotec 激光雕刻机的使用方法、机床基本操作方法及注意事项。通过本任务的学习，使学习者可以对以德国产 trotec 激光雕刻机进行独立操作与使用。

◇学习目标◇

1. 掌握从德国进口的 trotec 激光雕刻机的使用方法。
2. 掌握从德国进口的 trotec 激光雕刻机机床基本操作方法。
3. 掌握从德国进口的 trotec 激光雕刻机操作软件的操作。

◇知识要点◇

一、德国产 trotec 激光雕刻机

德国产 trotec 激光雕刻机有两种型号，即卓泰克 Speedy500 与卓泰克 Speedy300。这两种激光雕刻机只是在功率和床身大小上有区别，其他操作和原理都相同。现我们以卓泰克 Speedy500 为例作介绍。卓泰克 Speedy500 实物图如图 1-3-1 所示。

图 1-3-1

卓泰克 Speedy500 实物图激光雕刻机是快速和高效加工大幅面工件的理想 CO_2 激光切割和雕刻系统。它是这个系列中最灵活、最具生产力的型号。

1. 技术参数

（1）型号：卓泰克 Speedy500。

（2）加工幅面：1245 mm × 710 mm。

（3）最大装载体积：1420 mm × 820 mm × 300 mm。

（4）体积与重量：1920 mm × 1240 mm × 1140 mm（不含机架时 780 mm），520~580 kg。

（5）最大工件承载：25 kg

（6）旋转辅助装置：可选锥形与滚筒两种。

（7）环境保护组件：一体化自动空气净化组件（可选）。

（8）网络联接：USB、RS-232。

（9）软件：Job Control（TroCAM 标准版 / 高级版可选）。

（10）聚焦透镜：2.0、2.5 或 5.0。

（11）激光管：密封式 CO_2 金属激光管，免维护。

（12）波长：10.6μm。

（13）激光管功率：60~200 W。

（14）电源：1 × 230 V（L+N+PE）50/60 Hz 或 3 × 230 V（3 × L+N+PE）50/60 Hz

（15）功率：最大功率 5600 W。

（16）冷却方式：空冷或水冷。

（17）工作温度：5~35℃。

（18）工作湿度：40%~70%，不冷凝。

（19）最大雕刻速度：254 cm/s。

2. 产品特色

卓泰克 Speedy500 激光雕刻机所拥有的 1245 mm × 710 mm 毫米工作台可加工来自于塑料、纺织、木材、纸张、印刷及电子等众多工业领域内的标准尺寸的工件。尽管工作区域很大，但每个角落它都能轻松加工到。

Speedy500 的效率很高，它可对众多的材料加工出高质量的雕刻和切割效果以及高的速度和加速度。更多的工作台，更多的可能性，其独特的多功能工作台设计理念（专利申请中）为不同的切割和雕刻应用提供了最佳的设备构成，根据不同的应用场合，用户可选择雕刻工作台等、切割工作台、蜂窝式工作台或真空工作台等。卓泰克申请专利的密封防尘技术（InPack™）、工业级的零部件和空气可冲刷到的光学器件，确保设备可免维护地使用和长久地生产运行。

3. 功能介绍

（1）多功能的工作台方案。

卓泰克专为 Speedy500 开发了独特的工作台方案，并且已为此申请了专利。每一个加工过程都能选择最理想的工作台，并且能迅速替换。用户可选择基本工作台、雕刻工作台、切割工作台、蜂巢工作台或者真空工作台等。

（2）封闭的操作内部空间——卓泰克的“封闭式操作”。

（3）卓泰克 Speedy500 激光雕刻机与专利“封闭式操作”相结合的全封闭操作内部空间，为加工容易产生灰尘的材料（如木材或者亚克力）提供了理想的保护措施。保证了该系统的最低维护费用和最长使用时间。

（4）封闭式的激光系统。安全工作——通过拉入式机壳结构，使得 Speedy500 达到 2 级激光安全等级（无导向光时为 1 级激光安全级）。所以既不需要任何特殊的装置来保护操作人员，也不需要激光保护监察人员。

（5）高等级的零部件。单一的组件，如运动系统、光学元件、电器组件、加工顶端和激光管，都具有优秀的质量和效率。

（6）气流冲洗光学器件。所有的光学器件经过气流冲洗，由此在保证光学元件干净和免维护工作的同时，也保证了设备的长期使用。在机房内的光学元件也使用空气进行冲洗。

（7）工作头的同步运行抽吸装置。装在工作头处的抽吸装置，吸取加工过程中产生的灰尘和气体。

（8）其他连续输送功能。在加工很长和大型的工件时，拥有连续输送功能的SP1500达到4级激光安全级。

4. 作业控制软件

（1）卓泰克Speedy500激光雕刻机使用卓泰克直观性的Job Control Expert软件，可使用户更快更精确地完成雕刻工作。

（2）透镜。尺寸分别为2.0、2.5、2.5CL、3.75和5的透镜为灵活、高质量、高价值材料的加工过程提供了所必须需的工具。

（3）troCAM软件。troCAM软件为用户扩展了CAD/CAM程序的功能，使用户能成功完成切割任务。

5. 工作台

（1）基本工作台。如果需要的话，即使没有工作台面也可以加工工件。工件可放在工作台基座上，工作台基座高度是电子控制的。在这种情况下，工件的最高高度为300 mm。但平坦性是没有保障的。

（2）雕刻工作台。雕刻工作台很适合雕刻重的工件（如大理石、花岗石、木材、亚克力），它位于基本工作台结构上，并配有支撑柱。

（3）抽吸装置。一个高效率的抽吸装置对于激光系统的正常运行是必不可少的。在激光加工时它保护员工和环境不受灰尘和气体的侵害，当然它也保证系统长期和可靠的正常运行。

（4）可选附件。

（5）气体套件。使用气体套件，最多两种气体（压缩空气、氮气等）可被连接使用，可以帮助阻止燃烧、改善灰尘的流动，同时也能保护镜片。对于一些特定材料，还可使加工结果大大优化。

有高精度的切割痕迹记录和切割路径调整系统，该系统借助于切割痕迹辨认打印材料上的扭曲，调整切割路径。它是打印行业、薄膜按键制造商或者亚克力加工业不可缺少的。

（6）更多带有横向气流装置的切割台系统。

卓泰克Speedy500激光雕刻机的切割台系统是加工厚材料的最理想装备。从一个内装喷气口导出的横向气流吹向材料的下方，可吹走灰尘和蒸汽。

（7）低反射阳极氧化铝层状物上的镀层（可使用亚克力代替）真空工作台

轻薄的材料（如薄膜、塑料层压板、胶合板、纸等）很不容易平展地铺在工作台面上，而有了真空工作台的帮助，用户就可以非常容易地进行切割和雕刻工作。

（8）与真空工作台配合使用的蜂窝式工作台。

薄的材料在切割时需要真空的吸附作用，而将铝制蜂窝工作台与真空工作台组合在一起就能适合这种要求。蜂巢区域下部的连接，保证了真空在整个加工面的均匀分布。

（9）卓泰克 Speedy500 激光雕刻机旋转雕刻装置。

大型的旋转雕刻装置已上市，圆柱形的、圆锥形的或者球形的（如玻璃杯或者瓶子）、最长为 104 cm，最大直径为 25 cm，最重为 10 kg 的物体，都可以使用该装置进行雕刻。

6. 自动对焦

带光栅的自动对焦，可将激光光束自动聚焦于工件表面，使操作简便。

二、卓泰克 Speedy500 激光雕刻机的基本操作

卓泰克 Speedy500 激光雕刻机的操作极其简单。其操作步骤如下：

（1）将机床钥匙“1”顺时针旋转 90°，打开机床锁，如图 1–3–2 所示。顺时针拧开急停开关“2”，解除急停状态，如图 1–3–3 所示。

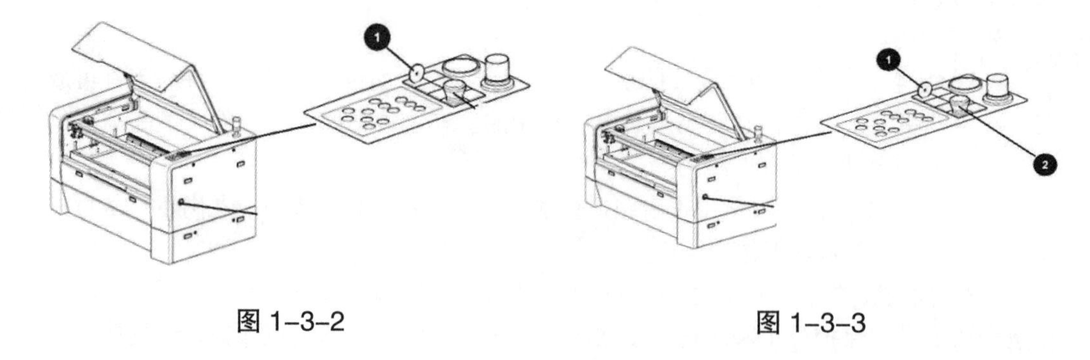

图 1–3–2　　　　图 1–3–3

（2）按顺时针方向打开机床电源“3”，等待机床启动。注意：机床启动后会自动复位，在通电前应检查机床内部是否有障碍物阻挡，如图 1–3–4 所示。

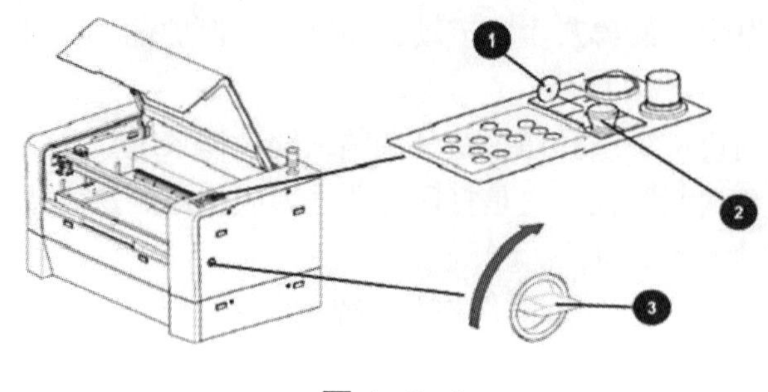

图 1–3–4

（3）打开卓泰克 Job Control 软件，将卓泰克 Job Control 与机床链接，如图 1–3–5

所示。

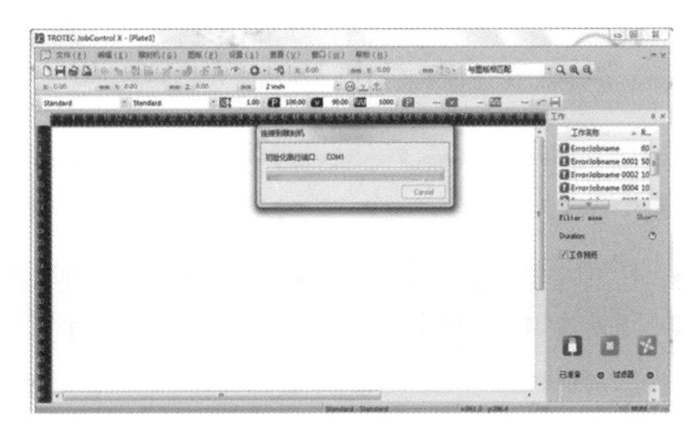

图 1–3–5

（4）对焦。将激光头快速移动到要雕刻的位置，如图 1–3–6 所示。

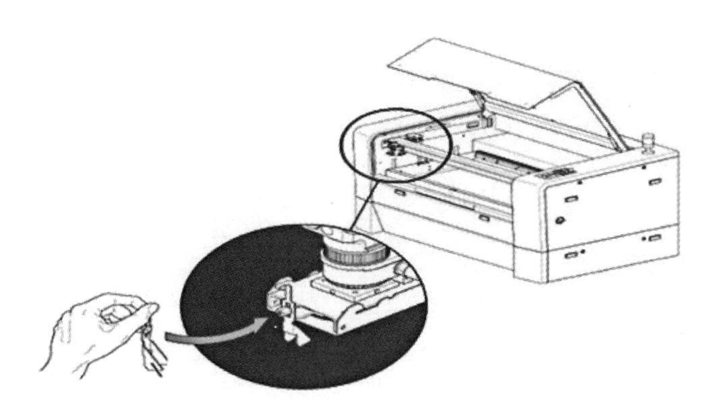

图 1–3–6

（5）对焦完成后关闭机床防护门，让卓泰克 Job Control 软件准备好要雕刻的内容，即可进行雕刻。

任务4　国产机床：华工激光

◇任务描述◇

本任务主要描述了国产机床华工激光雕刻机的使用方法、机床基本操作方法及注意事项，通过本任务的学习，使学习者对国产机床华工激光雕刻机要能独立操作与使用。

◇学习目标◇

1. 掌握国产华工激光雕刻机的使用方法。
2. 掌握国产华工激光雕刻机床基本操作。
3. 掌握国产华工激光雕刻机的操作软件的操作。

◇知识要点◇

一、软件介绍

1. 文件（F）

（1）新建（N）。

创建新的加工文件。

（2）打开（O）。

导入软件支持的数据，包括*.LAS、*.PLT、*.BMP、*.DXF、*.DST、*.AI、*.dwg2 等。

（3）保存（S）。

将当前编辑的图形及加工参数保存为激光加工文件（*.LAS）。

（4）另存为（A）。

将已经保存过的激光加工文件（*.LAS）保存为另外一个激光加工文件（*.LAS）。

（5）导出（E）。

将当前编辑的图形文件保存为 *.PLT。

（6）激光机测试（T）。

对应工具条上的图标为一个“红色的工具箱”。点击该按钮后，出现如图 1-4-1 对所示话框。

①上、下、左、右：定长移动激光头。点击一次，激光头移动一次。

②移动距离：设置激光头定长移动的距离。

③测试功率：测试激光时的功率大小，单位为百分比。最小功率为 0，最大为 100。

④原点矫正：点击该按钮后，激光头会先慢速［空程速度（慢）］移动到机器原点，然后快速［空程速度（快）］移动到原点位置。该功能可以消除累计误差，一般开始加工前必须进行一次原点矫正。本软件启动时将自动进行原点矫正。

⑤回原点：点击该按钮后，激光头会快速回到原点位置。

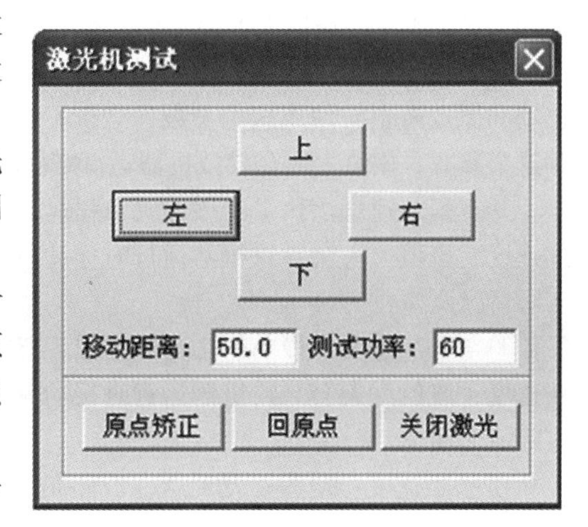

图 1-4-1

⑥关闭激光：打开 / 关闭激光。

（7）模拟输出。

设置好加工参数后，点击该按钮，可以模拟输出，检查输出的效果。

（8）加工输出。

经模拟输出确认无误后，点击该按钮，将加工数据输出到机器上。

（9）激光机设置。

点击该按钮后，出现如图 1-4-2 所示对话框。

①工作台范围 *X*：激光头横向移动的最大范围（单位为 mm）。

②工作台范围 *Y*：激光头纵向移动的最大范围（单位为 mm）。

（以上两个参数决定机器的有效加工幅面。该数值改变后，主界面上的坐标系也会相应地改变。）

③ *X* 轴每运动：图 1-4-2 中的 48.70，表示 *X* 轴步进电机每转一圈激光头移动的距离为 48.70 mm。

④ *Y* 轴每运动：图 1-4-2 中的 48.70，表示 *Y* 轴步进电机每转一圈激光头移动的距离为 48.70 mm。

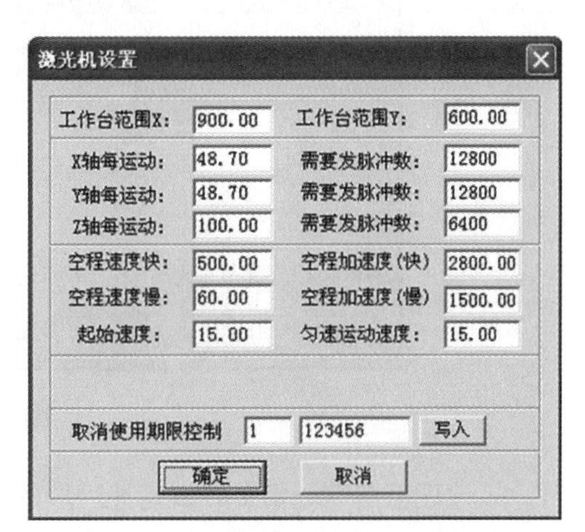

图 1-4-2

⑤ *Z* 轴每运动：图 1-4-2 中的 100.00，表示 *Z* 轴步进电机每转一圈激光头移动的距离为 100 mm。

⑥需要发脉冲数：图 1-4-2 中的 12800，表示步进电机转动每转一圈需要的脉冲数。计算方法为：200 × 驱动器的细分数。

⑦空程速度快：不出激光时，激光头运行的最快速度。激光头上、下、左、右移动使用这个参数，该值太大会导致机器运行时振动较大。

⑧空程速度慢：在不出激光时激光头运行的最快速度。短距离的上、下、左、右移动和原点矫正时使用这个参数；开机不自动原点矫正时，上、下、左、右移动也使用这个参数，该值太大会导致机器运行时振动较大并会降低原点矫正的精度。

⑨空程加速度（快）：激光头空程运行时从起始速度升速到空程速度（快）时的加速度，该值太大会导致机器运行时振动较大，太小又会降低加工效率，应根据机器实际情况调整。

⑩空程加速度（慢）：激光头空程运行时从起始速度升速到空程速度（慢）时的加速度，该值太大会导致机器运行时振动较大，太小又会降低加工效率，应根据机器实际情况调整。

⑪起始速度：空程运动时 X、Y 轴的起始速度，即初速度。最大速度由空程速度（快）空程速度（慢）决定，该值太大会导致机器运行时振动较大。

⑫匀速运动速度：该参数定义了匀速运动时（切割）速度值的上限，即如果设定的加工速度低于该值，则是匀速运动；如果设定的加工速度高于该值，则是变速运动。加速度等参数在“切割参数设置”内设置。

（10）雕刻参数设置。

点击该按钮后，出现如图 1-4-3 所示对话框。

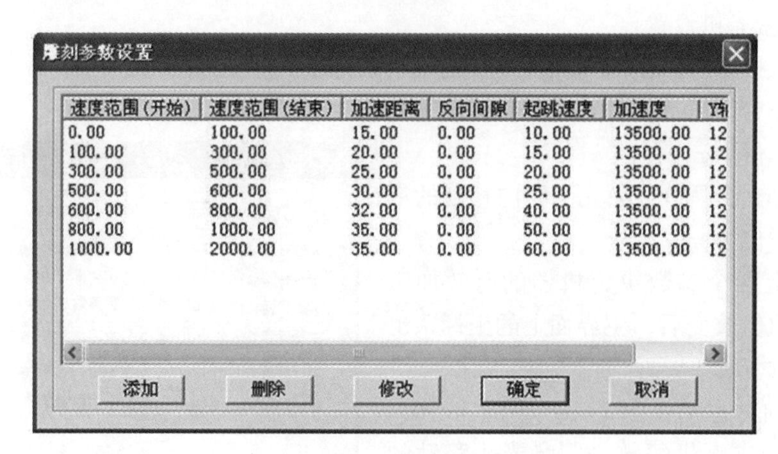

速度范围(开始)	速度范围(结束)	加速距离	反向间隙	起跳速度	加速度	Y轴
0.00	100.00	15.00	0.00	10.00	13500.00	12
100.00	300.00	20.00	0.00	15.00	13500.00	12
300.00	500.00	25.00	0.00	20.00	13500.00	12
500.00	600.00	30.00	0.00	25.00	13500.00	12
600.00	800.00	32.00	0.00	40.00	13500.00	12
800.00	1000.00	35.00	0.00	50.00	13500.00	12
1000.00	2000.00	35.00	0.00	60.00	13500.00	12

图 1-4-3

①速度范围（开始）：设定速度段的开始点。

②速度范围（结束）：设定速度段的结束点。

③加速距离：设定激光头从起跳速度加速到工作速度的运动距离。该值太小会导致雕刻错位，太大会降低加工效率。

④反向间隙：该值用于补偿机械的回程间隙。如果发现雕刻时边缘不齐，可以将“反向间隙”设置一个值，该值可正可负。

⑤起跳速度：雕刻时激光头运动的起始速度，该值太大会导致雕刻错位，太小会

降低加工效率。

⑥加速度：设定激光头从起跳速度加速到工作速度的加速度。

⑦ Y 轴速度：设定 Y 轴推进时，激光头运动的最高速度。该值如果太大会导致机器振动。

⑧ Y 轴加速度：设定 Y 轴推进时，激光头从起跳速度加速到 Y 轴速度的加速度。该值如果太大会导致机器振动。

（11）切割参数设置。

点击该按钮后，出现如图 1–4–4 所示对话框。

图 1–4–4

①切割加速度：切割时，激光头从起始速度升速到加工速度的加速度，该值如果太大会导致机器振动，加工出现锯齿；太小会降低加工效率。应根据机器实际情况调整。

②切割拐弯加速度：激光头运动到拐点的地方需要降速和升速，此值设定其加速度。该值太大会导致机器在拐弯时振动较大，出现锯齿；太小又会降低加工效率。应根据机器实际情况调整。

③切割空程速度：在切割加工不出激光时，激光头运行的最大速度。

（12）退出（X）。

点击该按钮退出系统。

2. 编辑（E）

（1）撤销（U）。

返回前次编辑的状态。

（2）恢复（R）。

恢复到撤销以前的状态。

（3）选择（J）。

选择需要编辑的图形，选中图形或图形的某个部分，可以对选中的部分进行移动、删除、改变图层等编辑操作。选中图形后，点击“空格”键，会出现如图 1–4–5 所示对话框，输入相应的坐标值即可确定数据左下角的坐标。

图 1–4–5

（4）放大（D）。

放大显示图形数据。点击该按钮，在屏幕上用鼠标点击或拖动鼠标即可放大图形数据（数据实际大小不会改变）。

（5）缩小（N）。

缩小显示图形数据。点击该按钮，在屏幕上用鼠标点击，即可缩小图形数据（数据实际大小不会改变）。

（6）移动（Y）。

移动显示当前视图。

（7）工作台范围（V）。

完整显示整个加工幅面 / 坐标系。

（8）数据范围（W）。

完整显示加工数据范围。

（9）移动数据到工作台内（Y）。

导入数据时，数据可能不在工作台范围内，点击该按钮，可以将数据移动到工作台内。

3. 绘图（D）

（1）直线（L）。

画直线。点击该按钮，在屏幕上拖动鼠标即可画出任意直线。

（2）矩形（B）。

画矩形。点击该按钮，在屏幕上拖动鼠标即可画出任意大小的矩形。

（3）多点线（P）。

画任意线条。在屏幕上拖动鼠标并点击鼠标即可画出任意线条。点击“C”键，图形可以自动封闭。

（4）椭圆。

画椭圆。在屏幕上拖动鼠标并点击鼠标即可画出椭圆，按下 Ctrl 键的同时拖动鼠标可以画正圆。

（5）阵列复制（A）。

点击“选择”按钮，在屏幕上选中所需要阵列复制的图形，再点击该按钮，即出现如图 1-4-6 所示对话框，输入相应的参数，即可在屏幕上复制出“行数 × 列数”个相同的图形。各个图形之间的间隔距离由间距确定。

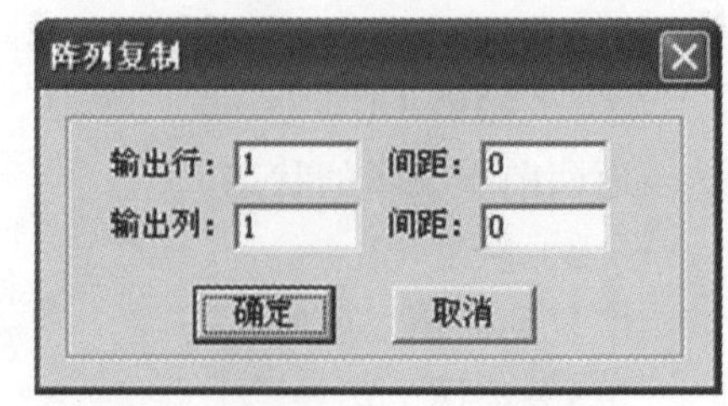

图 1-4-6

（6）旋转（N）。

旋转图形。点击“选择”按钮，在屏幕上选中所需要旋转的图形，再点击该按钮，拖动鼠标即可任意旋转选中的图形。点击该按钮后，点击“空格键”即出现如图 1-4-7 所示对话框，输入相应的数值即可精确定义旋转的角度。

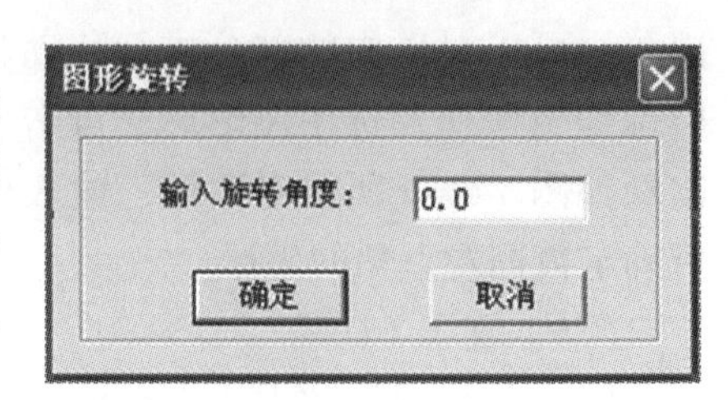

图 1-4-7

（7）垂直镜像。

在屏幕上选中所需要镜像处理的图形即可对选中的图形垂直镜像处理。

（8）水平镜像。

在屏幕上选中所需要镜像处理的图形，即可对选中的图形水平镜像处理。

（9）尺寸（G）。

缩放图形。在屏幕上选中需要缩放的图形，再点击该按钮，即出现如图 1–4–8 所示对话框，输入需要的 X、Y 方向的长度，点击确定即可改变图形的大小。如果需要图形同比例缩放，则先输入 X 方向或者 Y 方向的长度值，然后点击对话框中的“确定”按钮即可。

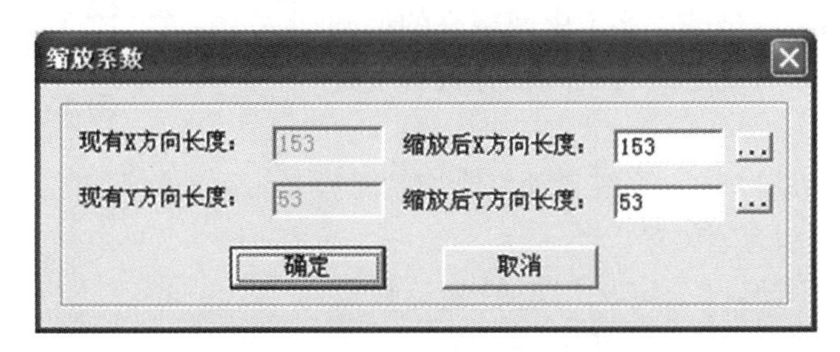

图 1–4–8

4. 工具（T）

（1）设定激光头停靠位置。

设定激光头停靠位置即设定原点位置。原点矫正、回原点以及加工完数据后激光头都会停靠在该点。点击该按钮后，鼠标箭头会变成一个圆圈，同时出现如图 1–4–9 所示对话框。

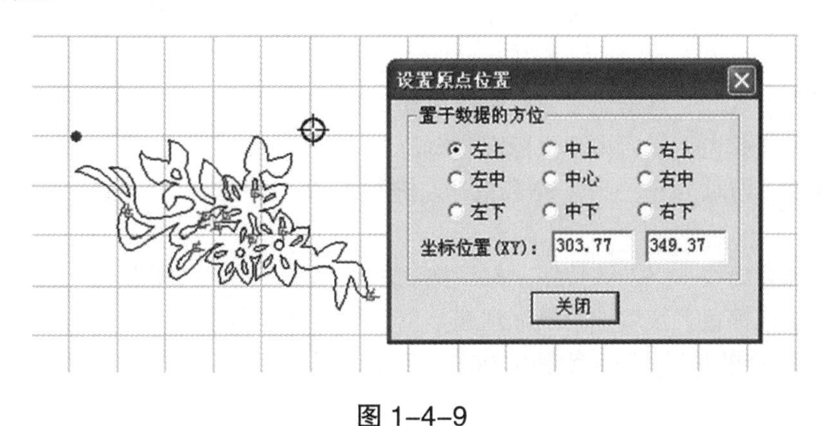

图 1–4–9

系统默认原点位置在加工数据的左上角。可以根据需要设置到加工数据的左下角、右下角等位置；也可以拖动鼠标任意设置原点位置；还可以输入需要的原点位置坐标，精确的设置原点位置。

（2）设定激光头所在位置。

设定激光头所在位置主要用于定位。点击该按钮后，鼠标箭头会变成一个圆圈，移动鼠标到需要的位置，点击左键，即可设定激光头所在位置。

（3）设置优化切割路径参数。

设置切割时路径优化的方式。点击该按钮后，出现如图 1-4-10 所示对话框。

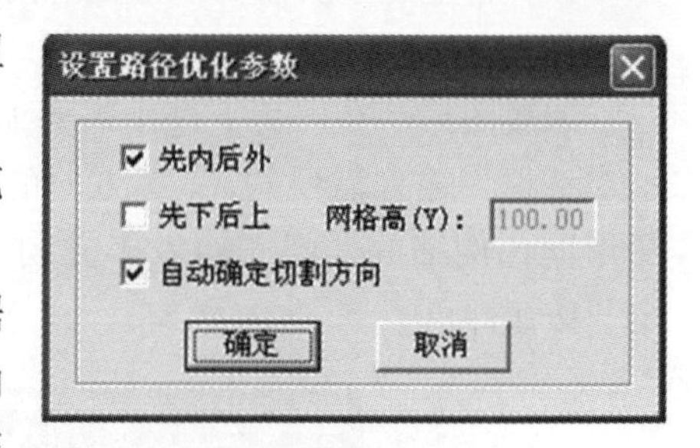

图 1-4-10

①先内后外：推荐使用。根据一般加工工艺的要求，先加工图形的内部，后加工外框。

②先下后上：网格高（Y），用户可以根据实际情况设定加工网格的大小（由网格高的值确定），系统会根据所设定的网格高度分行自下往上输出。

③自动确定切割方向：系统自动生成切割时激光头运动的方向。

（4）设定切割起笔位置。

系统会根据图形自动定义切割的起笔位置（一般为两条线段的交点处）和切割方向。如果需要修改起笔位置和切割方向。点击该按钮，然后拖动鼠标至需要编辑的图形上，点击左键，此时图形会变成棕色。然后拖动鼠标到起笔位置（以黄色小方点表示），此时鼠标会变成一个圆圈，按下左键并拖动鼠标到指定的起笔位置，松开鼠标左键即可。当图形变成棕色时点击“F”键可以改变切割方向，如图 1-4-11 所示。

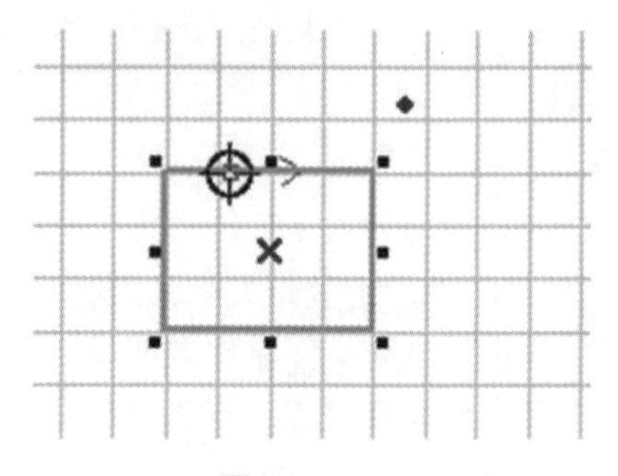

图 1-4-11

本工具还可以增加切割时的引入线及导出线，方法如下：

①增加引入线：点击该按钮，然后拖动鼠标至需要编辑的图形上，点击左键，此时图形会变成棕色，然后拖动鼠标到起笔位置（以黄色小方点表示），此时鼠标会变成一个圆圈，同时按下“Ctrl”键和鼠标左键并拖动鼠标到指定的起笔位置，松开鼠标左键即可。

②增加导出线：点击该按钮，然后拖动鼠标至需要编辑的图形上，点击左键，此时图形会变成棕色。然后拖动鼠标到起笔位置（以黄色小方点表示），此时鼠标会变成一个圆圈，同时按下 Shift 键和鼠标左键并拖动鼠标到指定的落笔位置，松开鼠标左键即可。

本工具可以有效解决有机玻璃切割接缝不光滑平整的问题。

（5）设置局部加工开始位置。

如果电脑死机或者停电等故障导致工件加工没有完成，此工具可以实现从断点处开始加工，其方法如下：

点击该按钮，鼠标会变成一个小圆圈，此时点击键盘的“左移”和“右移”键，

可以看到有一条淡绿色的线条沿着加工轨迹移动（同时按下“Shift”键和“左移”/“右移”键，每次运动 0.1 mm），被淡绿色线条覆盖的部分表示已经加工过，将其移动到断点处即可进行加工，如图 1-4-12 所示。

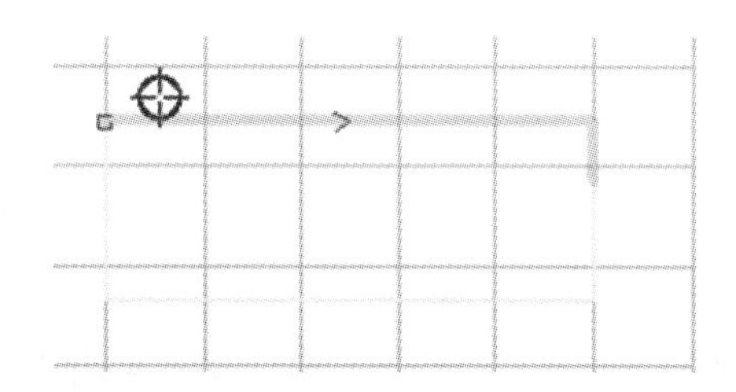

图 1-4-12

注意：此功能目前只能用于切割；加工前将数据保存为 *.LAS 文件后，此功能才有效；加工输出对话框中不能选择“立即输出方式”。

（6）设置阵列加工参数（A）。

点击该按钮，出现如图 1-4-13 所示对话框。

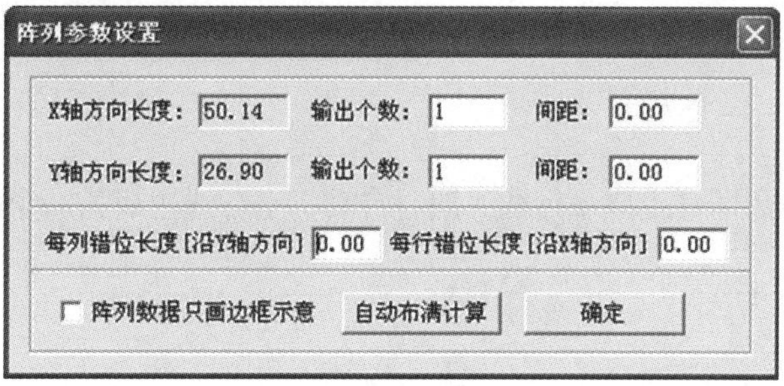

阵列参数设置
X轴方向长度：50.14　输出个数：1　间距：0.00
Y轴方向长度：26.90　输出个数：1　间距：0.00
每列错位长度[沿Y轴方向] 0.00　每行错位长度[沿X轴方向] 0.00
阵列数据只画边框示意　自动布满计算　确定

图 1-4-13

①X（Y）轴方向长度：加工数据的原始尺寸。

②输出个数：需要输出数据的行数和列数。

③间距：每行和每列之间间隔的距离。

④每列错位长度：相邻两列的错位距离。

⑤每行错位长度：相邻两行的错位距离。

⑥阵列数据只画边框示意：选择该选项后，视图中只显示四个图形，其余的图形将以边框的形式显示。

⑦自动布满计算：根据设定的间距和错位长度，自动计算布满整个工作幅面需要的行数和列数。

图 1-4-14 所示为阵列参数设置示例。

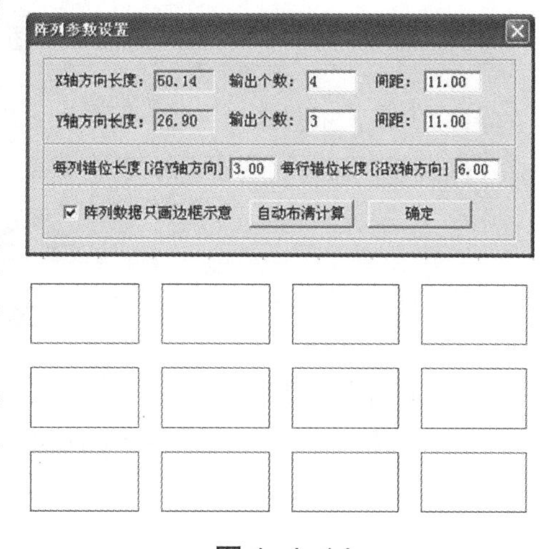

图 1-4-14

（7）数据重叠检查（L）。

如果数据有重叠，在加工时（特别是雕刻）可能会出现异常现象（如无法预览）。点击此按钮可以检查出所有重叠的数据，点击“Delete”键即可删除重叠数据。此时必须先点击“选择 ”按钮。

（8）折线光滑处理。

对曲线进行光滑处理，可以提高切割的速度和平稳性。选中需要光滑处理的数据后，点击该按钮即可。

（9）生成平行线。

对矢量图形数据外扩或者内缩。选中需要处理的数据后，点击该按钮出现如图 1-4-15 所示。

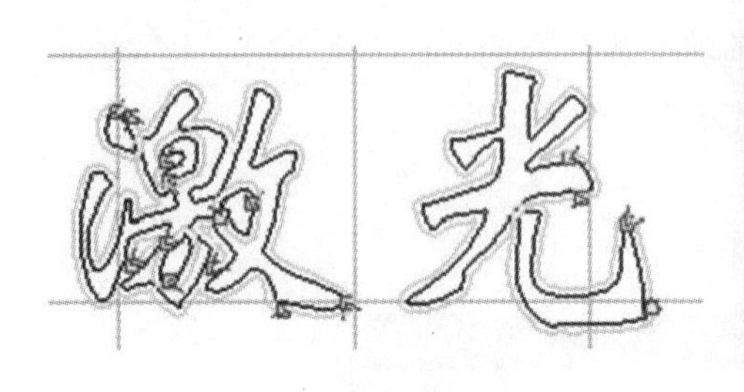

图 1-4-15

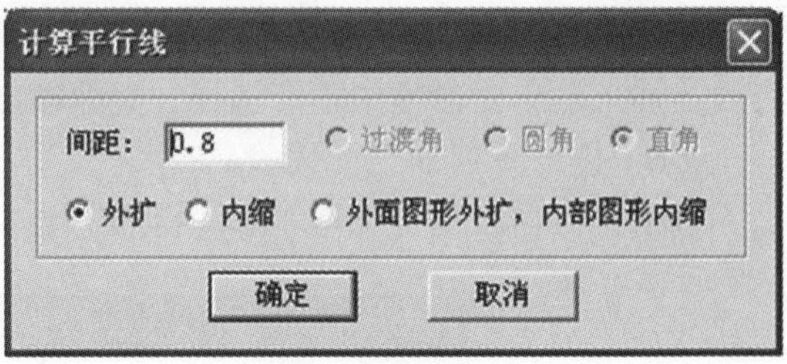

图 1-4-16

选择需要的参数即可生成平行线，同时自动将平行线生成为一个图层，如图 1-4-16 所示。

5. 视图（V）

（1）标准工具条。

点击该按钮，可以显示或者隐藏标准工具条。标准工具条如图 1-4-17 所示。

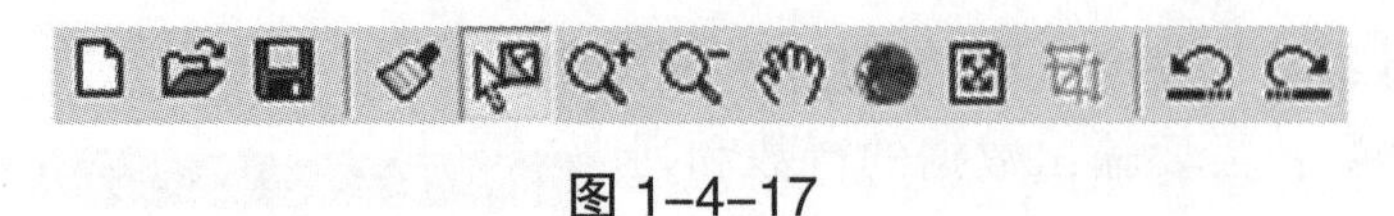

图 1-4-17

（2）工艺工具条。

点击该按钮，可以显示或者隐藏工艺工具条。工艺工具条如图 1-4-18 所示。

图 1-4-18

（3）编辑工具条。

点击该按钮，可以显示或者隐藏编辑工具条。编辑工具条如图 1-4-19 所示。

图 1-4-19

（4）图层工具条。

点击该按钮，可以显示或者隐藏图层工具条。图层工具条如图 1-4-20 所示。

图 1-4-20

点击“选择”按钮，在屏幕上选中所需要改变图层的图形，再点击某种颜色按钮，即可生成另外一个图层，并自动添加在图层管理列表中。

（5）状态条。

击该按钮，可以显示或者隐藏状态条。状态条如图 1-4-21 所示，状态条显示鼠标所在位置的坐标值和公司名称及网址。

如需帮助，请按F1键　X=318.183　Y=425.000

图 1-4-21

（6）语言（Language）。

点击该按钮后，出现如图 1-4-22 所示对话框，选择需要的语言类型（Chinese、English）即可将软件改变为中文版或者英文版（需要重新进入软件）。

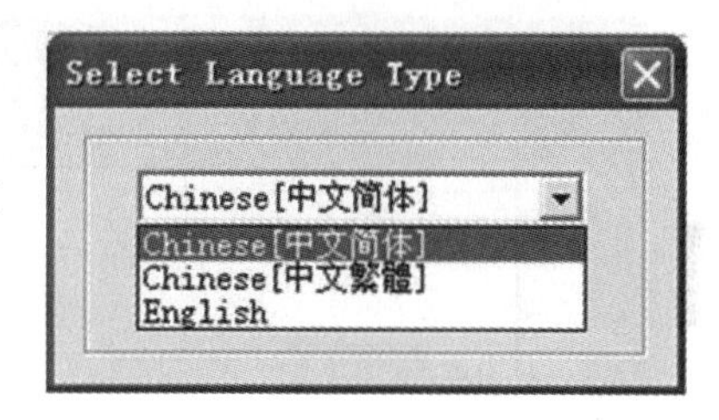

图 1-4-22

6. 帮助（H）

（1）目录（C）。

点击该按钮后，进入帮助文件，可以方便的查找各个功能的使用说明。

（2）关于（A）。

点击该按钮后，出现如图 1-4-23 所示对话框：显示版本信息以及供应商联系电话。

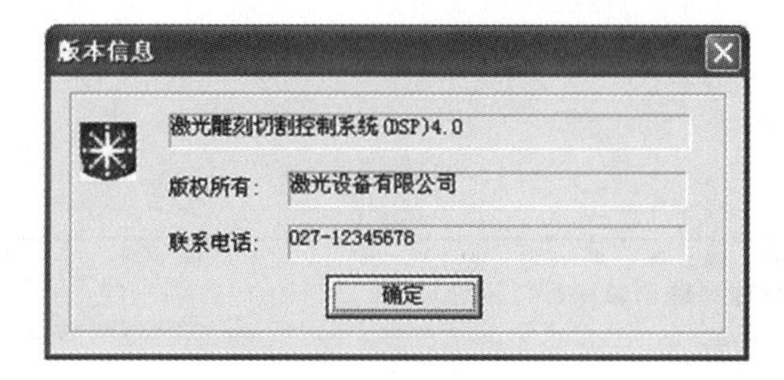

图 1-4-23

7. 工具条上的其他按钮

对选中的 BMP 图像进行反色处理，得到阴雕和阳雕的加工效果。如图 1–4–24 所示，左图和右图分别为反色前后的效果。

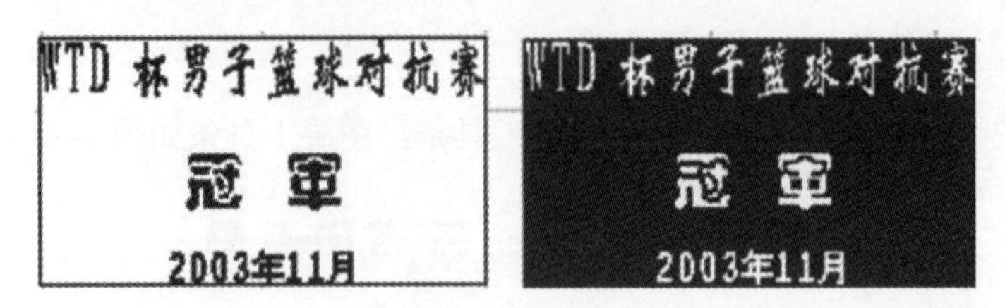

图 1–4–24

二、软件操作步骤

（1）双击桌面快捷菜单。

（2）点击图标，打开软件，如图 1–4–25 所示。

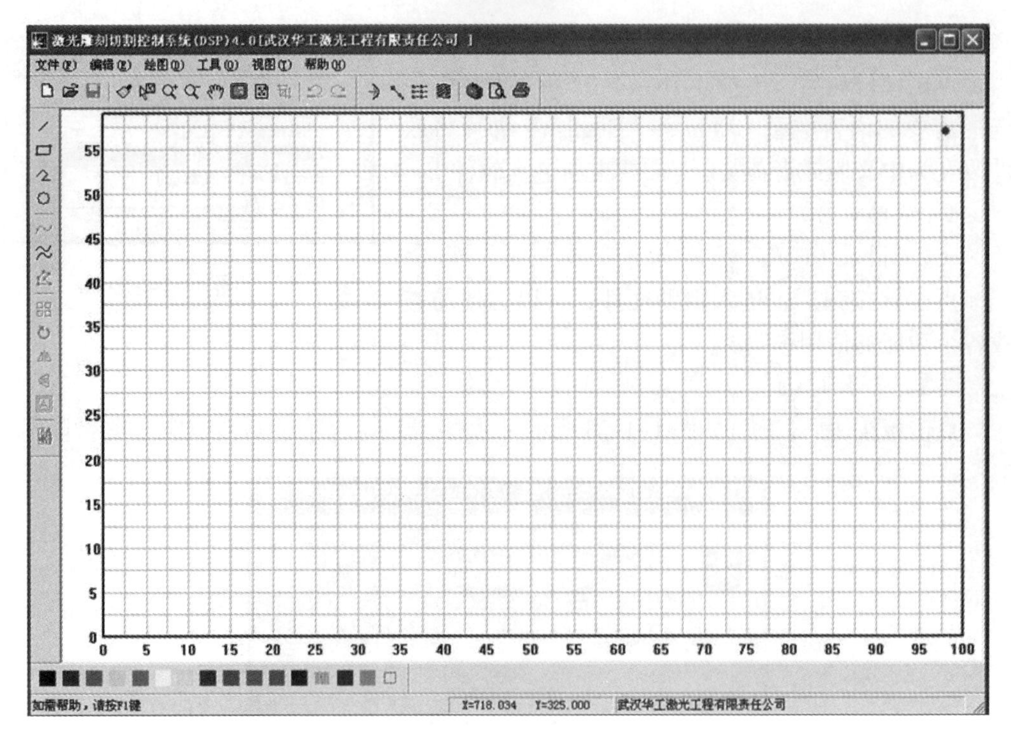

图 1–4–25

（3）调入加工数据，单击 ，即出现图 1–4–26 对话框所示，在文件类型（T）中可以选择图形格式。

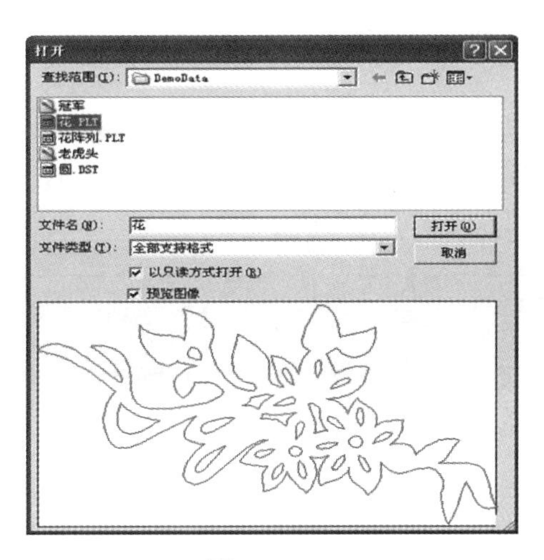

图 1–4–26

（4）排版、数据整理及工艺参数设置。

1）排版。

根据加工要求，将数据进行旋转、复制等操作，并将数据摆放到适当的位置。数据在视图中的位置代表加工工件所在的位置。

2）数据整理。

根据加工要求，进行数据重叠检查、折线光滑处理和折线自交检查等数据整理操作。

3）设置工艺参数。

根据加工要求，设置路径优化参数、起笔位置和增加引入线导出线等。

4）设定原点位置。

根据上料下料是否方便以及其他加工要求，点击按钮设定原点位置。

（5）定义加工参数。

点击打印即进入“加工输出”界面，详细功能如图 1–4–27 所示，其中左边部分用于定义加工参数。

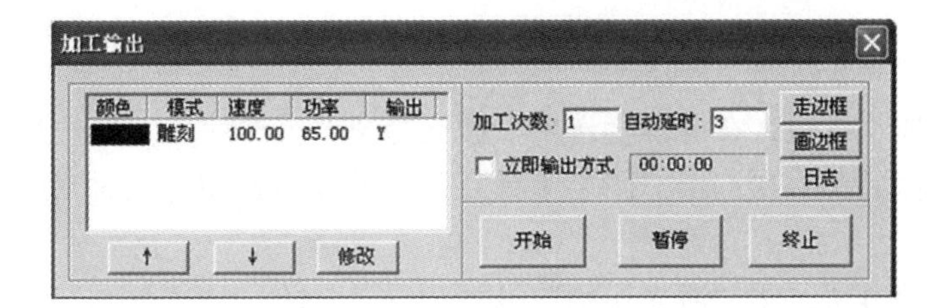

图 1–4–27

（6）下面以需要加工图 1-4-28 为例介绍该功能的使用方法。

加工要求如下：

激光雕刻：以扫描雕刻的方式加工（应用于影像雕刻、双色板雕刻、布料皮革雕花等）；

激光切割：以切割的方式加工（应用于布料、皮革、有机玻璃切割及画线等）；

坡度雕刻：以坡度雕刻的方式加工（应用于橡胶版等）；

激光打孔：以打孔的方式加工（应用于布料、皮革加工等）。

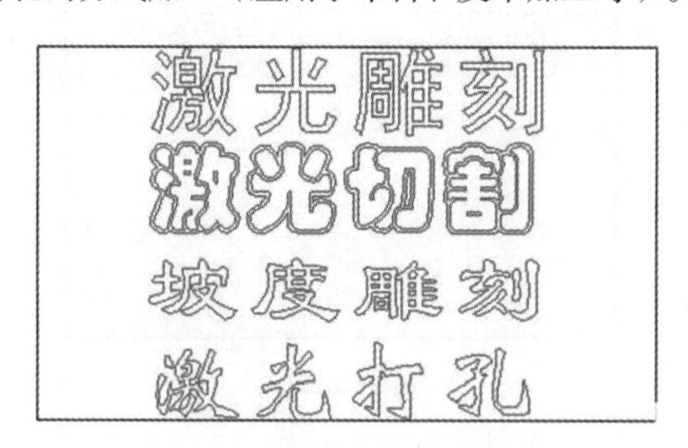

图 1-4-28

1）设置图层。

由于加工要求有四种不同的加工方式，所以需要四个图层，以设置不同的加工参数。另外，对矢量图形文件（PLT、AI）进行坡度雕刻时，必须在图形外加边框，如图 1-4-29 所示。

图 1-4-29

点击“选择”按钮，在屏幕上选中“激光雕刻”几个字，（选中后，这几个字在屏幕上显示为棕色），再点击“图层工具条”上的蓝色按钮，此时图层管理列表将自动增加一行。

使用同样的方法，将“激光切割”设置为红色；将“坡度雕刻”和方框一起设置为黄色；将“激光打孔”设置为绿色。

这时在主界面会看到整个图形由蓝色、红色、黄色和绿色四类图形组成，如图

1–4–30 所示。

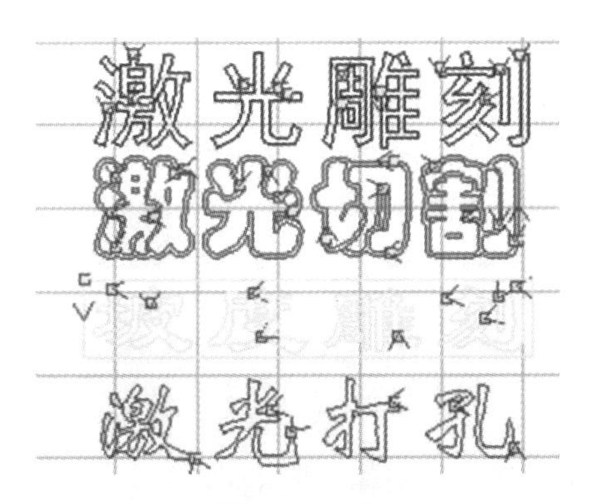

图 1–4–30

2）配置图层属性。

点击打印，进入“加工输出”界面，可以看到如图 1–4–31 对话框所示，双击列表中的第一行（或者选中该行后，点击“修改”），将出现图 1–4–32 对话框所示。可以设置该层的输出参数（根据要求，应将该层设置为雕刻）。

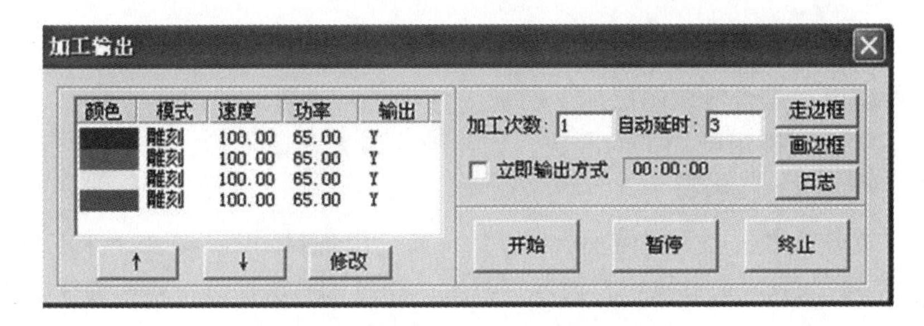

图 1–4–31

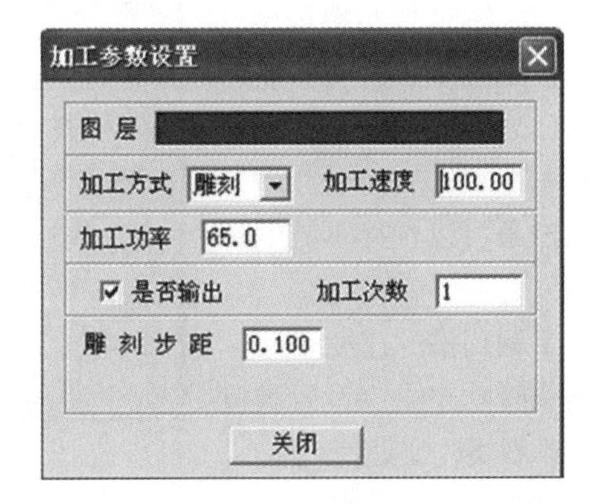

图 1–4–32

各个参数的定义如下：

①加工方式：通过下拉条可以选择不同的加工方式。

②加工速度：雕刻时 X 轴扫描的速度。

③加工功率：调整加工该图层时激光功率的大小（单位为百分比）。

④是否输出：是否将该图层加工出来。

⑤加工次数：该图层加工的次数。

⑥雕刻步距：雕刻时 X 轴每扫描一行，Y 轴推进的距离。

双击列表中的第二行（或者选中该行后，点击“修改”），将出现如图 1–4–33 所示对话框，可以设置该层的输出参数（根据要求，应将该层设置为切割）。

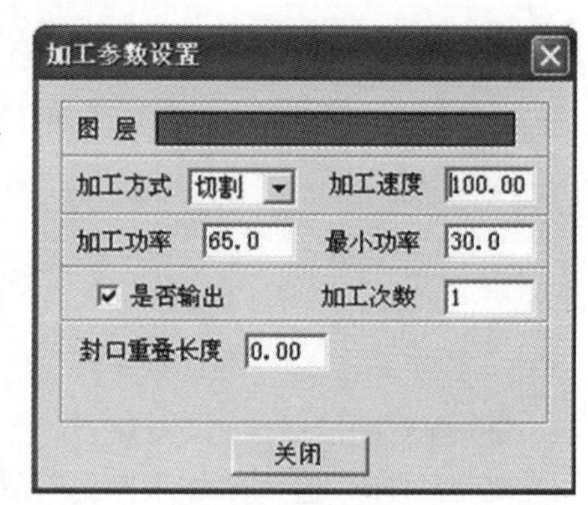

图 1–4–33

各个参数的定义如下：

①加工方式：通过下拉条可以选择不同的加工方式。

②加工速度：切割时激光头的工作速度。

③加工功率：调整加工该图层时激光功率的最大值（单位为百分比）。

④最小功率：变速运动时，速度最低时的功率值。

通过调整以上两个参数可以保证加工过程中激光强度不变。

⑤是否输出：是否将该图层加工出来。

⑥加工次数：该图层加工的次数。如：因为激光功率不够，需要加工两遍才能将工件切透，则可以将次数设为 2。

⑦封口重叠长度：因为机械上的误差，可能会出现封闭图形切不下来的现象，此参数有助于解决此问题。但是这个参数不宜过大，建议调整机械装配精度来解决该问题。

双击列表中的第三行（或者选中该行后，点击“修改”），将出现如图 1–4–34 所示对话框，可以设置该层的输出参数（根据要求，应将该层设置为坡雕）。

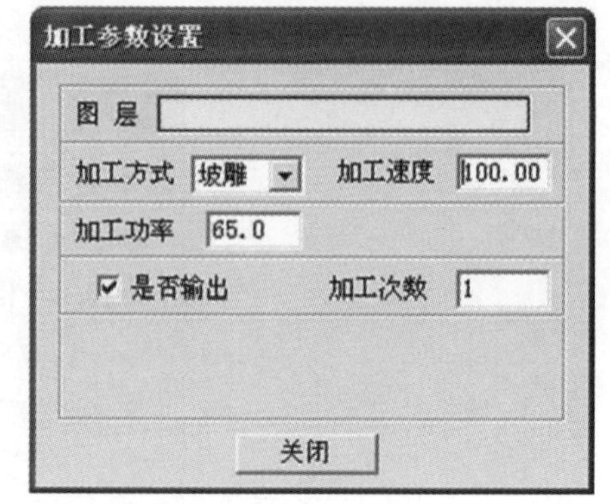

图 1–4–34

各个参数的定义如下：

①加工方式：通过下拉条可以选择不同的加工方式。

②加工速度：雕刻时 X 轴扫描的速度。

③加工功率：坡度雕刻时功率由“设置坡度功率表”里的参数确定，请不要改变此值。

④是否输出：是否将该图层加工出来。

⑤加工次数：该图层加工的次数。

⑥雕刻步距：雕刻时 X 轴每扫描一行，Y 轴推进的距离。

⑦雕刻坡宽：坡度的宽度。

双击列表中的第四行（或者选中该行后，点击“图层”），将出现如图 1–4–35

所示对话框，可以设置该层的输出参数（根据要求，应将该层设置为打孔）。

各个参数的定义如下：

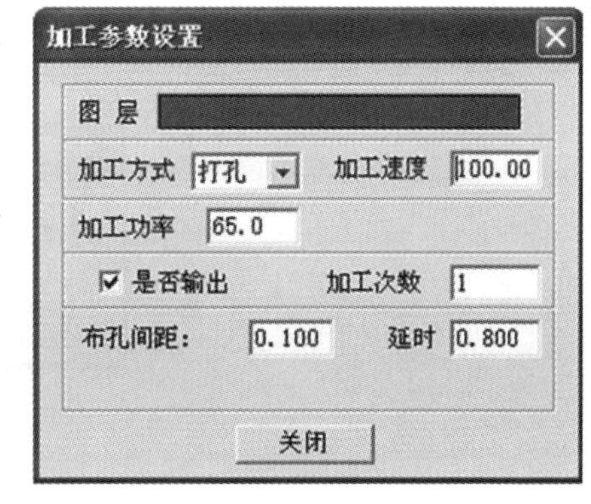

图 1-4-35

①加工方式：通过下拉条可以选择不同的加工方式

②加工速度：打孔时激光头的工作速度。

③加工功率：调整加工该图层时激光功率的大小（单位为百分比）。

④是否输出：是否将该图层加工出来。

⑤加工次数：该图层加工的次数。

⑥布孔间距：两个孔之间的距离。

⑦延时：打孔时，激光头停留的时间。

3）加工输出。

点击“加工输出”按钮，出现如图 1-4-36 所示对话框。

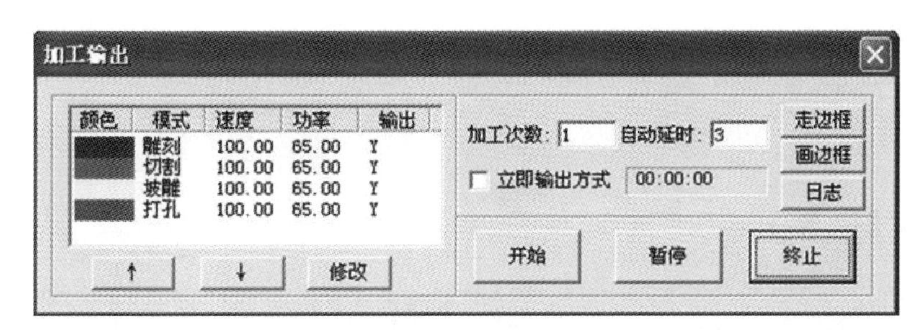

图 1-4-36

下面分别介绍该对话框内各个参数的功能。

①加工参数设置。左边部分为加工参数设置对话框。各个图层的加工顺序为从上到下依次加工。选中图层列表中的某一行，点击向上或者向下按钮，可以改变图层的加工顺序。

②加工次数、自动延时。如果“加工次数”输入的值为“10”，“自动延时”输入的值为“3”，则点击一次“开始”可以加工 10 个同样的图形，每次加工完成后将停留 3 s，间隔时间主要是上、下料所需的时间，操作工人可以根据实际情况设定。该功能可以大大提高工人的工作效率。

③立即输出方式。不选择立即输出方式，系统根据加工数据在坐标系中的位置加工。选择立即输出方式，从激光头当前位置开始加工，原点与加工数据之间的相对关系不变。

④输出时间。对加工过程进行计时。

⑤走边框。激光头将根据加工数据的大小空走一个矩形。该功能主要用于确定待加工工件摆放的位置。

⑥画边框。激光头将根据加工数据的大小画一个矩形。该功能主要用于精确确定

待加工工件摆放的位置。

⑦日志。点击该按钮，会出现如图 1–4–37 所示对话框。此功能主要方便用户进行生产管理。

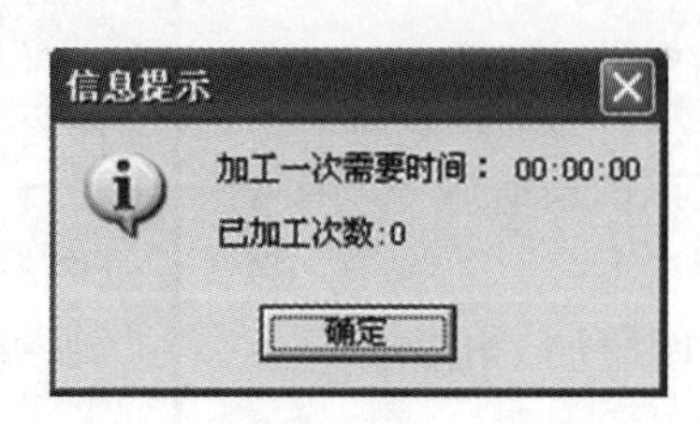

图 1–4–37

任务 5　激光雕刻机实训任务

◇任务简介◇

本任务主要通过对激光雕刻机软件学习和操作，能够将已有图片进行雕刻加工，使用 CAD/CAM 画图切割雕刻进行练习，使学生者对激光雕刻机有进一步了解，能对激光雕刻操作技能有更进一步的掌握。

◇学习目标◇

1. 掌握一般图片的雕刻加工方法。
2. 掌握 CAD/CAM 画图切割加工方法。
3. 掌握旋转雕刻加工。
4. 了解自照相片雕刻加工过程。

◇知识要点◇

一、一般图片处理雕刻

1. 任务名称

一般图片处理雕刻。通过前面的学习，相信大家对激光雕刻有了一定的认识，根据前面我们所学习的内容，使用两种系统的激光雕刻机进行加工。图 1–5–1 为示例图片。

示例一　　示例一

图 1–5–1

2. 教学目的

（1）使学生正确掌握激光雕刻的操作方法及步骤。

（2）使学生掌握图片的基本处理方法。

（3）使学生牢固树立安全生产意识和遵守安全操作规程。

3. 图片来源

图片可由教师提供，学生也可自行到百度下载 PDF 格式图片。

4. 材料准备

（1）材料由学生自行选择，材质、大小都由学生自己寻找。

（2）材料必须为激光可雕刻材料。

（3）材料来源正当。

二、CAD/CAM 画图切割雕刻

1. 任务名称

CAD/CAM 画图切割雕刻。

2. 教学目的

（1）使学生正确掌握激光雕刻的操作方法及步骤。

（2）使学生掌握 CAD/CAM 画图切割加工基本处理方法。

（3）使学生掌握材料的选择。

（4）使学生牢固树立安全生产意识和遵守安全操作规程。

3. 资料来源

学生根据不同的需要进行 CAD/CAM 画图，画完图后进行处理和切割。如图 1–5–2 所示。

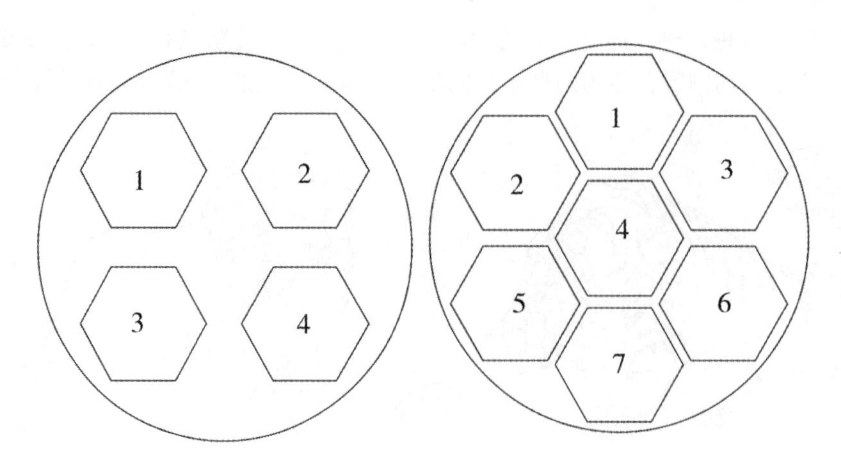

图 1–5–2

4. 材料准备

（1）材料由学生自行选择，材质、大小都由学生自己寻找。

（2）材料必须为激光可雕刻材料。
（3）材料来源正当。

三、自照相片雕刻加工

1. 任务名称
自拍相片雕刻加工。
2. 教学目的
（1）使学生正确掌握激光雕刻的操作方法及步骤。
（2）使学生掌握自拍相片的处理方法。
（3）使学生牢固树立安全生产意识和遵守安全操作规程。
3. 资料来源
学生根据不同的需要，使用手机、照相机进行拍照，将所拍相片进行处理。
4. 材料准备
（1）材料由学生自行选择，材质、大小都由学生自己寻找。
（2）材料必须为激光可雕刻材料。
（3）材料来源正当。
（4）必备工具：手机或相机，手机或相机与电脑连接数据线等。

◇思考与练习◇

1. 什么是激光雕刻?
2. 简述激光产生的原理。
3. 简述激光雕刻的原理。
4. 简述激光雕刻的优点。

模块二　数控线切割加工技术

◇模块介绍◇

本模块注重从实际出发，通过任务一数控线切割介绍、任务二CAXA电子图版快速入门、任务三北京迪蒙卡特CTW400TB操作方法三个任务的讲解，让初学者全面了解线切割的加工过程，掌握程序的编制和线切割机床操作的基本技巧和方法。再通过典型零件加工实例，使操作者在深入学习之后，能举一反三，将所学知识运用到其他零件加工之上。

目前在电机、仪表等行业新产品的研制开发过程中，常采用数控线切割方法直接切割出零件，大大缩短了研制周期，并降低了成本。在众多工业产品的生产过程中，都用到了数控电火花切割机床，如飞机制造、汽车模具制造、手机零部件的生产等，因此电火花机床的研究与改进是我国国内市场迫切需要的工作，能为我国工业的发展起一定的作用。

数控线切割，其基本工作原理是利用连续移动细金属丝（称为电极丝）作电极，对工件进行脉冲火花放电蚀除金属、切割成型。

任务1　数控线切割介绍

◇任务简介◇

本任务主要对数控线切割机床的产生、加工原理、加工特点、优缺点和应用范围展开阐述，使学生对数控线切割机床作进一步了解，为下一步学习打好基础。

◇学习目标◇

1. 通过学习初步认识数控线切割机床。
2. 了解数控线切割技术的发展历史。
3. 掌握数控线切割机床的加工原理和加工特点。

4. 能将任务一学到的知识熟练运用到加工生产中。

◇知识要点◇

一、数控线切割机的产生

数控线切割加工是比较常用的特种加工方法之一，在特种加工中它属于电火花加工。电火花加工又称放电加工（electrical discharge machining，EDM），它是在加工过程中，使用工具和工件之间不断产生脉冲性的火花放电，利用放电时在局部瞬时产生的高温把金属蚀除下来。因在放电过程中可以见到火花，故称之为电火花加工。

1870 年，英国科学家普里斯特利最早发现放电现象对金属的腐蚀作用。例如在插拔插头或开断电器开关触点时，常常发生放电把接触表面烧焦，腐蚀成粗糙不平的凹坑现象。在很长一段时间里放电腐蚀一直被认为是一种有害的现象，直到 1943 年，苏联科学院院士拉扎连柯夫妇在研究开关触电点遭受放电腐蚀损坏的现象和原因时，发现放电的瞬时高温可使局部金属因熔化、气化而被蚀除，拉扎连柯夫妇首次利用电容器充放电回路发明了世界第一台实用的电火花加工装置，开创了人类利用电腐蚀的先河。1957 年科学家开始研究数控线切割加工技术，把慢慢移动的铜丝作为线电极，在 *XY* 平面内切割出复杂的轮廓，这就是现在使用的数控慢走丝数控线切割技术的前身。1960 年前后，研制出靠模仿形线切割加工机床，用一块薄的金属片做成与切割截面相同的形状作为样板靠模，当工作台在 *X*（*Y*）方向移动时，保持电极丝与靠模样板“若接若离”状态，按照样板的轮廓进行仿形加工。后来又研制出光电仿形线切割机床。20 世纪 50 年代，电火花加工技术开始被人们认识，电火花机床开始进入加工领域。虽然当时只能解决硬度问题，例如，打些丝锥钻头之类，但这是电加工在模具行业被广泛应用的开始。这时人们已经认识到如果“钢丝锯” 加上“电火花”“锯”有硬度的淬火钢应该是可能的。于是，让一个轴上储的大量铜丝经两个导向轮缠绕到另一个储丝轴上，两个导向轮间放上工件，工件接 *RC* 电源的正极，铜丝接 *RC* 电源的负极，就实现了火花切割。当时两个储丝轴像电影片盘一样的更换，当时以各种摩擦方式制造丝的张力，以防锈防臭的磨床冷却液作为加工液，实现了“线电极火花切割”。20 世纪 60 年代初期，某些军工企业和模具行业骨干厂以技术革新、自制自用的形式，开始制造“线切割”。其大多使用铜丝、丝速 2~5 m/min、*RC* 电源，以及电子管脉冲源，控制方式也多采手摇和靠模。就这样切出的如“山字”形矽钢片和电子管极板冲模仍是另人瞩目的。随着电子控制技术发展，放大样板、仿形和光电跟踪的控制方式也一度推动了线切割技术的进步。

二、我国线切割机的发展

我国自 1951 年开始电火花加工的试验研究工作，1959 年至 1960 年间，先后派了许多技术人员到苏联进修电加工技术，之后成立了多家电加工研究所、研究室。1960

年以后，我国的电加工技术从引进、仿制迅速走上独立自主、自行研究开发的道路。20 世纪 60 年代初，中国科学院电工研究所成功研制出我国第一台靠模仿形数控线切割机床；1963 年上海电表厂工程师张维良创新研制出第一台高速走丝简易数控线切割样机，获得国家发明创造奖。但是由于我国原有的工业基础薄弱，特种加工设备和整体技术水平与国际先进水平还有不小差距，例如日本成形电火花机床的性能可加工工件表面可达镜面的粗糙度。目前高档电加工机床我国仍需要从国外进口。

三、数控线切割加工原理

数控线切割加工的基本原理是利用工具电极（铜丝或钼丝）对工件进行脉冲放电而实现加工的，可切割成型二维、三维表面。数控线切割加工不需要制作成型电极，采用细金属丝（通常叫做电极丝）作为工具电极。脉冲电源的正极接工件，负极接电极丝；电极丝以一定的速度往返运动，它不断地进入和离开放电区域；同时在电极丝与工件之间喷入液体介质。工件运动的轨迹是通过坐标工作台（纵横向两台受控制的步进电机）作 *X*、*Y* 向运动而形成的。由于现在的数控线切割机床的工件与电极丝的相对切割运动都采用了数控技术来控制，所以称为数控线切割加工，简称为线切割加工。

图 2-1-1 为往复高速走丝数控线切割工艺及机床示意图。利用细钼丝 5 作为工具电极进行切割，储丝筒 3 使钼丝做正、反向交替移动，加工能源由脉冲电源 7 供给。在电极丝和工件之间浇注工作液介质，工作台在水平面两个坐标方向各自按预定的控制程序，根据火花间隙状态做伺服进给移动，从而合成各种曲线轨迹，把工件切割成形。

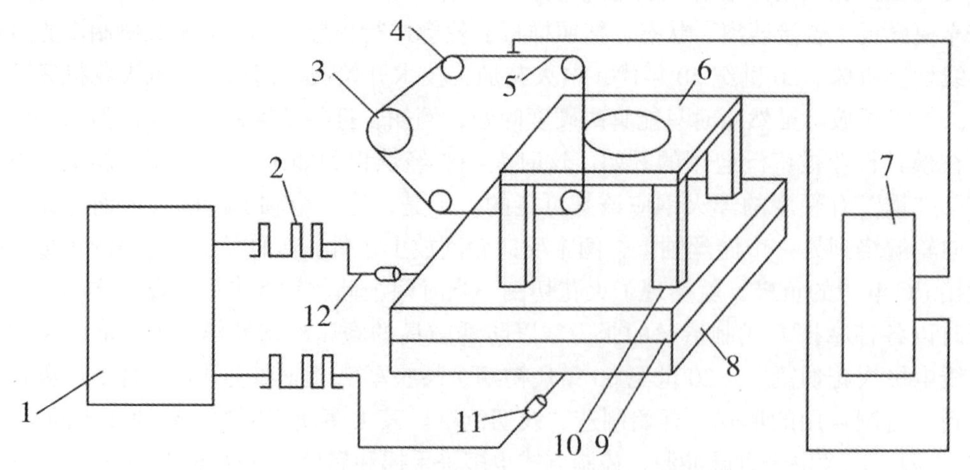

1—数控装置；2—信号；3—储丝筒；4—导轮；5—钼丝；6—工件；7—脉冲电源；
8—垫铁；9—上工作台；10—下工作台；11—步进电机；12—丝杆；

图 2-1-1　往复走丝数控线切割工艺及机床示意图

在液体介质中进行单个脉冲放电时，材料电蚀过程大致可分为介质击穿和通道形成、能量转换和传递、电蚀产物的抛出三个连续的阶段。但实际电火花加工过程中，必须连续多次进行脉冲放电。为使每次脉冲放电正常进行，一般情况下，相邻两次脉冲放电之间还要有间隙介质消电离的过程。通道中心温度高达 10000℃以上。

四、数控线切割加工特点

（1）它以直径为 0.03~0.35 mm 的金属线为工具电极，与电火花成形加工相比，它不需制造特定形状的电极，省去了成形电极的设计和制造，缩短了生产准备时间和加工周期短。

（2）数控线切割加工是用直径较小的电极丝作为工具电极，与电火花成形加工相比，数控线切割加工的脉冲宽度、平均电流等都比较小，加工工艺参数的范围也较小，属于中、精电火花加工，一般情况下工件常接电源的正极，称为正极性加工。

（3）数控线切割加工的主要对象是平面形状，除了在加工零件的内侧形状拐角处有最小圆弧半径的限制（最小圆弧半径为金属线的半径加放电间隙），其他任何复杂的形状都可以加工。

（4）数控线切割加工是用电极丝作为（工具电极）与工件之间产生火花放电对工件进行切割加工，由于电极丝的直径比较小，在加工过程中总的材料蚀除量比较小。所以使用数控线切割加工比较节省材料，特别在加工贵重材料时，能有效地节约材料，提高材料的利用率。

（5）在加工过程中，可以不考虑电极丝的损耗。在快走丝线切割加工中采用低损耗的脉冲电源，目前普遍使用钼丝作为电极丝材料，通过对直径为 0.18 mm 电极丝的使用检测发现，在电极丝的使用寿命期间，电极丝的直径损耗约 0.02 mm，对于单一零件来说，电极丝的损耗就更小；在慢走丝线切割加工中采用单向连续的供丝方式，在加工区总是保持新电极丝加工，因而加工精度更高。

（6）数控线切割在加工过程中的工作液一般为水基液或去离子水，因此不必担心发生火灾，可以实现安全无人加工。但由于工作液的电阻率远比煤油小，因而在开路状态下，仍有明显的电解电流。

（7）一般没有稳定电弧放电状态。因为电极丝与工件始终有相对运动，尤其是快走丝数控线切割加工，因此，线切割加工的间隙状态可以认为是由正常火花放电、开路和短路这三种状态组成的，但常常在单个脉冲内存在多种放电状态，有“微开路”“微短路”现象。

（8）电极丝与工件之间存在“疏松接触”式轻压放电现象。近年来的研究结果表明，当电极丝与工件接近到通常认为的放电间隙（大约 0.01 mm）时，有的情况下并不发生火花放电，甚至当电极丝已接触到工件（从显微镜中看不到间隙时）时，仍然看不到火花，只有当工件将电极丝顶弯，偏移一定距离（几微米到几十微米）时，也就是当电极丝和工件之间保持一定的轻微接触压力时，才发生正常的火花放电。有人认为，在电极丝和工件之间存在着某种电化学产生的绝缘薄膜介质，当电极丝被顶弯所造成的压力和电极丝相对工件的移动摩擦使这种介质减薄到可被击穿的程度，才会发生火花放电。

（9）现在的数控线切割机床一般都是依靠微型计算机来控制电极丝的轨迹和间隙

补偿功能，所以在加工凸模与凹模时，它们的配合间隙可任意调节。

（10）数控线切割加工是依靠电极丝与工件之间产生火花放电对工件进行加工，所以无论被加工工件的硬度如何，只要是导体或半导体的材料都能实现加工。

（11）现在有的数控线切割机床具有四轴联动功能，可以加工上、下面异形体，变锥度和球形体等零件。

五、数控线切割加工的优势

数控线切割加工除具有电火花加工的基本特点外，还有一些其他特点：不需要制造形状复杂的工具电极，就能加工出以直线为母线的任何二维曲面。能切割 0.005 毫米左右的窄缝。加工中并不把全部多余材料加工成为废屑，提高了能量和材料的利用率。在电极丝不循环使用的低速走丝数控线切割加工中，由于电极丝不断更新，有利于提高加工精度和减少表面粗糙度。数控线切割能达到的切割效率一般为 20~60 mm/min，最高可达 300 mm/min；加工精度一般为 ±0.01~±0.02 mm，最高可达 ±0.004 mm；表面粗糙度一般为 Rα2.5~1.25 μm，最高可达 Rα0.63 μm；切割厚度一般为 40~60 mm，最厚可达 600 mm。

六、数控线切割加工的局限性

1. 加工精度有限

数控线切割加工机床受到电极丝损耗、机械部分的结构与精度、进给系统的开环控制、加工中工作液导电率的变化、加工环境的温度变化及本身加工特点（如运丝速度快、振源比较多、导轮磨损大、电极丝磨损）等因素影响，机床的加工精度被局限。

2. 切割过程易断丝

数控高速走丝数控线切割加工机床的电极丝张力是固定不可调的，在加工的过程中，电极丝的抖动较大，会使得电极丝在加工过程中容易出现断丝现象，从而使得加工不连续，并需要工人监管，随时解决断丝现象，从而降低了人员的利用率。

七、数控线切割加工的应用范围

1. 模具加工

由硬质合金淬火钢材料加工的模具零件、样板、各种形状复杂的细小零件和窄槽等，特别是冲模、挤压模，塑压模和电火花加工型腔模所用电极的加工。例如，形状复杂、常有尖角窄缝的小型凹模的型孔，可采用整体结构在淬火后加工，既能保证模具的精度，也可以简化设计与制造过程。又如中小型冲模，过去采用分开模和曲线磨削的加工方法，现在改用数控线切割整体加工，使配合精度提高，制造周期缩短，成本降低。

2. 新产品试制

在新产品试制时，一些关键件往往需要模具制造，但加工模具周期长且成本高，采用线切割加工可以直接切制零件，从而降低成本，缩短新产品的试制周期。

3. 难加工零件

在精密型孔、样板及其成型刀具和精密狭槽等加工中，利用机械切削加工的方法就很困难，而采用线切割加工则比较方便。此外，不少电火花成型加工所用的T具电报（大多采用紫铜制作，机械加工性能差）也采用数控线切割加工。

4. 贵重金属下料

由于线切割加工用的电极丝尺寸远小于切削刀具尺寸，用它切割贵重金属可减少很多切缝消耗，因此降低了成本。

任务2　CAXA电子图版快速入门

◇任务简介◇

本任务通过对CAXA电子图版2007软件绘图知识点加以讲解和训练，使学生认识CAXA电子图版2007软件的功能和使用方法，并能根据所学到的知识绘制出简单的工件图纸。

◇学习目标◇

1. 认识CAXA电子图版的功能和各功能组成部分。
2. 掌握如“直线绘制”等基本功能的使用方法。
3. 能运用软件绘制简单零件。
4. 能运用所学知识举一反三，对复杂零件进行绘制。
5. 能独立解决零件绘制过程中出现的问题。

◇知识要点◇

数控线切割加工机床的编程方式主要有两类：3B、4B格式和ISO代码格式。3B、4B格式是较早的线切割数控系统的编程格式，而ISO代码格式是国际标准代码格式。本书主要以CAXA电子图版绘图编程为主，所以对要熟练掌握CAXA绘图软件。

图形绘制操作是使用CAD软件最重要的一个环节，CAXA电子图版2007以先进的几何算法和简捷的操作方式替代了传统的手工绘图方法。用户利用CAXA电子图板2007提供的功能强大的绘图命令，能绘制出各种各样复杂的工程图纸。在本章中以一些简单的图形绘制为例，介绍绘图命令和操作方法。

在操作手段上，虽然CAXA电子图版2007提供了鼠标和键盘两种输入方式，但是为了叙述上的方便，在多数情况下，本书操作方式的介绍主要以鼠标方式为主。必要时，两者予以兼顾。当然，一个熟练的工程设计人员，两种操作方法都应当熟练掌握。在采用鼠标操作方法时，单击菜单项和菜单项对应的按钮功能完全相同，但是单击按钮更快捷方便。

CAXA电子图版2007将图形绘制分为两部分，即基本曲线的绘制和高级曲线的绘制（电子图版将曲线和直线统称为曲线）。

基本曲线的绘制包括绘制直线、绘制平行线、绘制圆、绘制圆弧、绘制样条曲线、绘制点、绘制椭圆、绘制矩形、绘制正多边形、绘制中心线、绘制轮廓线、绘制

公式曲线和绘制剖面线。用户可以通过在主菜单的“绘图”命令中来调用这些绘制实体的命令，也可以在绘图工具栏（基本曲线工具栏）中调用这些绘制实体的命令。CAXA 电子图版 2007 用户界面如图 2–2–1 所示。

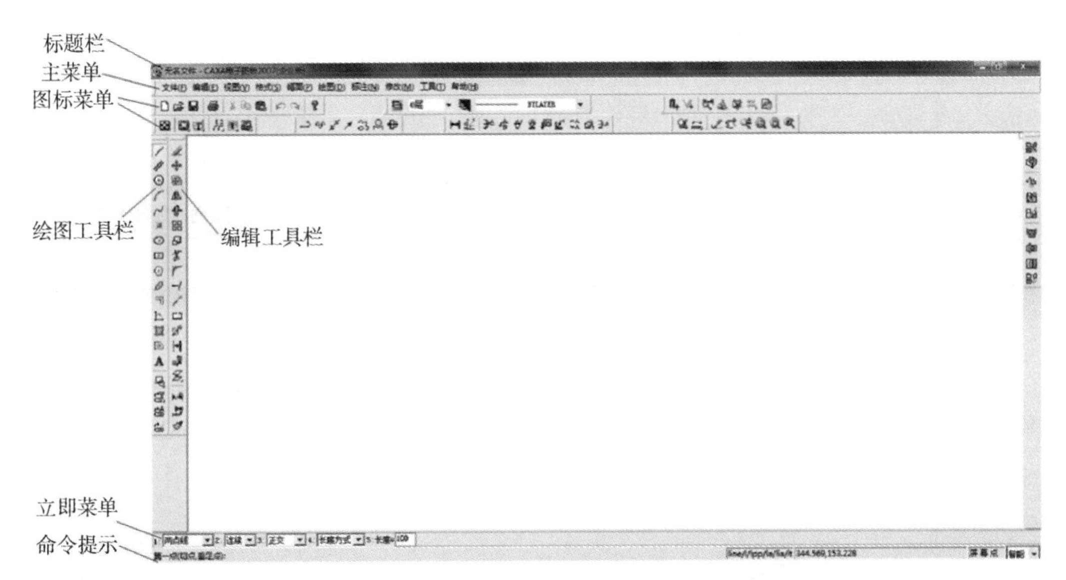

图 2–2–1　CAXA 电子图版 2007 用户界面

一、基本曲线的绘制

基本曲线是指那些构成图形基本元素的点、线、圆，主要包括直线、圆、圆弧、矩形、中心线、样条、轮廓线、等距线和剖面线等，可以通过选择下拉菜单或者通过单击基本曲线的图标按钮进行基本曲线的绘制。这里主要介绍直线、圆弧、圆的绘制方法。

1. 绘制直线

直线是工程图形中最常见、最简单的一种图形元素。通过执行该命令可以绘制两点线、角度线、角等分线、法线及切线和等分线 5 种方式，其中，两点线和角度线是最常用的绘制直线方式。

（1）绘制两点线。

功能描述：在屏幕上按给定两点画一条直线段或按给定的连续条件画连续的直线段。

操作方法如下：

①单击主菜单“绘图”→选择“直线”命令，或者在绘图工具栏上单击“／”按钮，启动绘制直线命令，这时的立即菜单如图 2–2–2 所示。

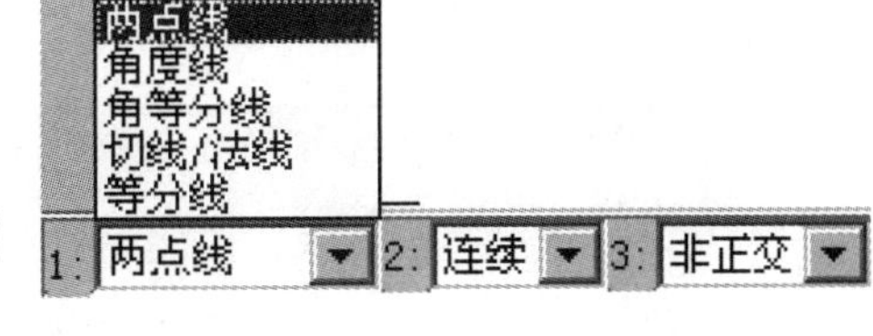

图 2–2–2　绘制直线立即菜单

②如图 2–2–2 所示，单击“1：”下拉列表框，在立即菜单的上方弹出一个直线类型的选项菜单，在选项菜单中选择“两点线”。

③设置两点线的绘制参数，绘制参数说明，见表 2–2–1。

表 2–2–1 设置两点线的绘制参数说明

参数名称	说明
单个	每次绘制的直线段相互独立
连续	每段直线依次连接，前一线段的终点是后一线段的起点
非正交	所绘制的线段是任意方向的，取决于鼠标移动的方向
正交	所绘制的线段与坐标轴平行、水平或垂直，取决于鼠标移动的方向
点方式	通过指定方式绘制正交直线段
长度方式	通过指定点和长度的数值绘制正交真线段

④根据系统提示，应用键盘和鼠标依次给出第一点和第二点，完成两点线的绘制，如图 2–2–3 所示。

（2）绘制角度线。

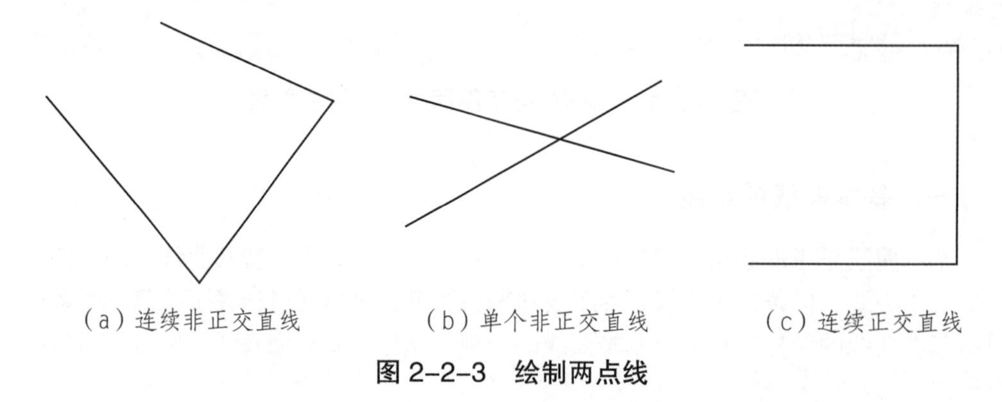

（a）连续非正交直线　（b）单个非正交直线　（c）连续正交直线

图 2–2–3 绘制两点线

功能描述：在屏幕上绘制指定长度，且相对于指定坐标轴或直线成指定角度的直线段。

操作方法如下：

①单击主菜单“绘图”→选择“直线”命令，或者在绘图工具栏上单击“/”按钮，启动绘制直线命令，此时的立即菜单如图 2–2–2 所示。

②如图 2–2–2 所示，单击“1：”下拉列表框，在立即菜单的上方弹出一个直线类型的选项菜单，在选项菜单中选择“角度线”，此时的立即菜单如图 2–2–4 所示。

图 2–2–4 角度线立即菜单

③设置角度线的绘制参数，绘制参数说明见表 2–2–2。

表 2-2-2 设置角度线的绘制参数说明

参数名称	说明
X 轴夹角	绘制与 *X* 坐标轴有指定角度的直线
Y 轴夹角	绘制与 *Y* 坐标轴有指定角度的直线
直线夹角	绘制与直线有指定角度的直线
到点	绘制直线终点在指定的点上
到线上	绘制直线终点在指定的线段上
度	输入与 *X* 轴、*Y* 轴或者直线的夹角角度的度数
分	输入与 *X* 轴、*Y* 轴或者直线的夹角角度的分数
秒	输入与 *X* 轴、*Y* 轴或者直线的夹角角度的秒数

④按状态栏提示输入第一点，然后状态栏提示“第二点（切点）或长度”，使用键盘在状态栏中输入一个长度数值，并按“Enter”键，一条按用户刚设定的值而确定的直线段就被绘制出来。用户也可以移动鼠标，拖动鼠标光标使角度线到合适的长度，单击“确定”即可。此命令可以重复操作，点击鼠标右键结束操作。用户可采用工具点菜单输入点，如果输入的是切点，则会生成与 *X* 轴、*Y* 轴或给定直线成一定角度且与给定曲线相切的角度线。如图 2-2-5（a）为按立即菜单条件及操作提示所绘制的一条长度为 60 mm、与已知直线成 45° 的一条直线段；图 2-2-5（b）为长度为 60 mm、与 *X* 轴成 60° 且与已知圆相切的一条直线。

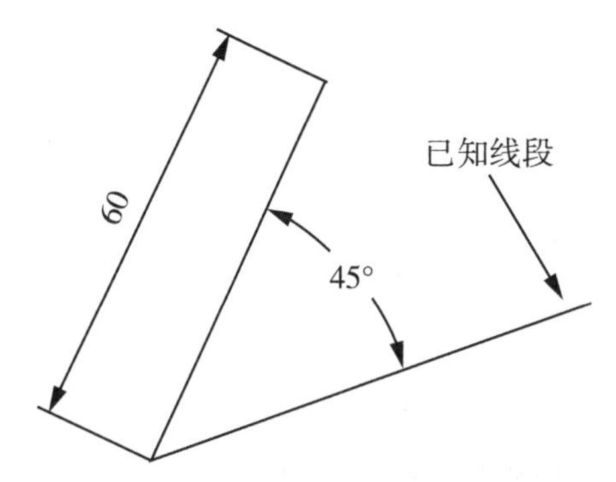

（a）按立即菜单条件及操作提示所绘制的一条长度为 60 mm、与已知直线成 45° 的一条直线段

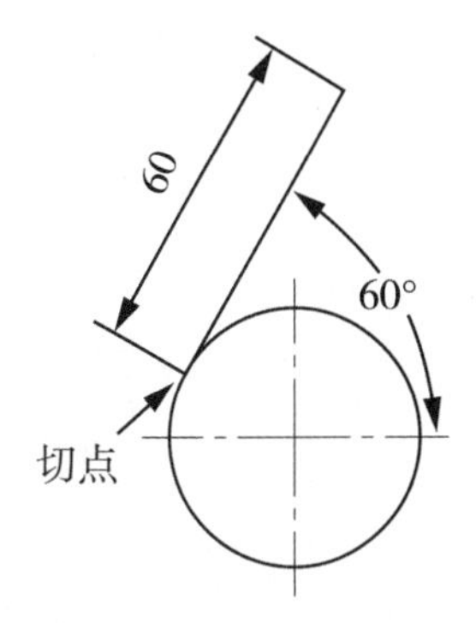

（b）长度为 60 mm、与 *X* 轴成 60° 且与已知圆相切的一条直线

图 2-2-5 角度线绘制示例

（3）绘制角等分线。

功能描述：用于在屏幕上绘制给定等分份数及指定长度的角等分线段。

操作方法如下：

①单击主菜单“绘图”→选择“直线”命令，或者在绘图工具栏上单击“⁄”按

钮，启动绘制直线命令，此时的立即菜单如图 2–2–2 所示。

②如图 2–2–2 所示，单击“1：”下拉列表框，在立即菜单的上方弹出一个直线类型的选项菜单，在选项菜单中选择“角等分线”。此时的立即菜单如图 2–2–6 所示。

1: 角等分线 2:份数=2 3:长度=100
拾取第一条直线:

图 2–2–6　角等分线立即菜单

③设置角等分线的绘制参数，绘制参数说明见表 2–2–3。

表 2–2–3　设置角等分线的绘制参数说明

参数名称	说明
份数	输入所需等分的份数值
长度	按状态栏提示，按需要输入所需等分线的长度值

④按系统提示，拾取两条直线，即可完成角等分线的绘制。此命令可以重复操作，点击鼠标右键结束操作。图 2–2–7（a）为绘制的已知两直线夹角等分 3 份且长度为 100 mm 的等分线，图 2–2–7（b）为将直角等分 4 份且长度为 50 mm 的等分线。

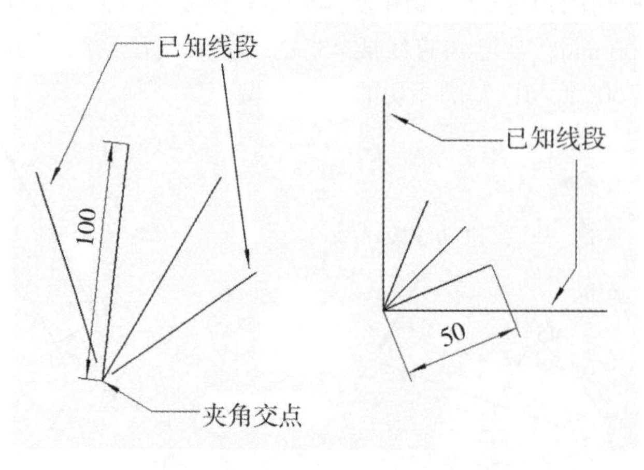

（a）按长度等分角度　　（b）按份数等分角度

图 2–2–7　绘制角等分线示例

（4）绘制切线 / 法线。

功能描述：用于通过指定点绘制已知曲线的切线或法线。

操作方法如下：

①单击主菜单“绘图”→选择“直线”命令，或者在绘图工具栏上单击“╱”按钮，启动绘制直线命令，此时的立即菜单如图 2–2–2 所示。

②如图 2–2–2 所示，单击“1：”下拉列表框，在立即菜单的上方弹出一个直线类

型的选项菜单，在选项菜单中选择“切线 / 法线”。此时的立即菜单如图 2–2–8 所示。

1: 切线/法线 ▼ 2: 切线 ▼ 3: 非对称 ▼ 4: 到点 ▼
拾取曲线:

图 2–2–8　切线 / 法线立即菜单

③设置切线 / 法线的绘制参数，绘制参数说明见表 2–2–4。

表 2–2–4　设置切线 / 法线的绘制参数说明

参数名称	说明
切线	绘制与原曲线相切的直线
法线	绘制垂直于原曲线在某点的切线的一条直线
非对称	绘制的直线两端不对称
对称	绘制的直线两端对称
到点	绘制直线终点在指定的点上
到线上	绘制直线终点在指定的线段上

④当用户指定好选项后，根据状态栏提示，使用鼠标拾取一条已知曲线，再用鼠标或键盘输入给定点后，用鼠标拖动生成的切线 / 法线到合适的长度，单击“确定”即可（也可以用键盘输入直线的长度）。此命令可以重复操作，点击鼠标右键结束操作。图 2–2–9（a）绘制的起点在已知直线上，且过另一已知线段中点的法线；图 2–2–9（b）绘制的是一样条线的切线，这条切线长度为 150 mm，起点是该样条线的端点；图 2–2–9（c）绘制的是一条已知直线的切线（亦即平行线）；图 2–2–9（d）绘制的是对称长度为 50 mm，过圆弧中点的一条法线。

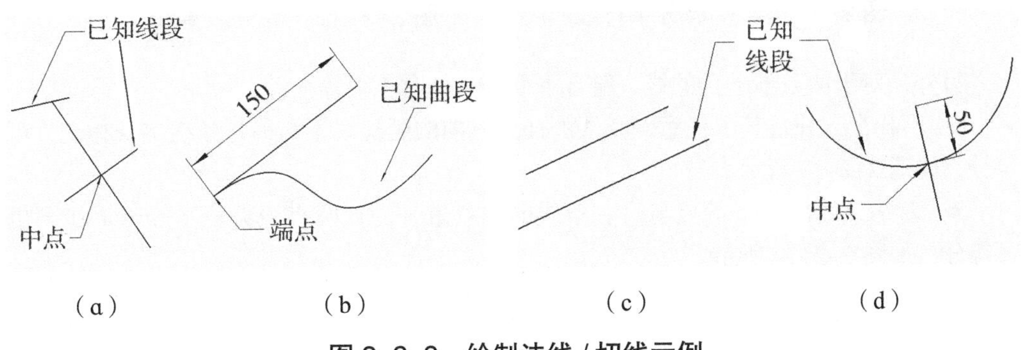

图 2–2–9　绘制法线 / 切线示例

（5）绘制等分线。

功能描述：用于绘制在两条线间生成一系列的线，这些线将两条线之间的部分等分成 *n* 份。

操作方法：

①单击主菜单“绘图”→选择“直线”命令，或者在绘图工具栏上单击“/”按钮启动绘制直线命令，此时的立即菜单如图 2-2-2 所示。

②如图 2-2-2 所示，单击“1：”下拉列表框，在立即菜单的上方弹出一个直线类型的选项菜单，在选项菜单中选择“等分线”。这时的立即菜单如图 2-2-10 所示。

1: 等分线 2:等分量 2
拾取第一条直线:

图 2-2-10 等分线立即菜单

③设置等分线的绘制参数，绘制参数说明见表 2-2-5。

表 2-2-5 设置等分线的绘制参数说明

参数名称	说明
等分量	设置两条线之间的等分数量

④如图 2-2-11 所示，先后拾取两条平行的直线，等分量设为 5，最后结果如图 2-2-12 所示。

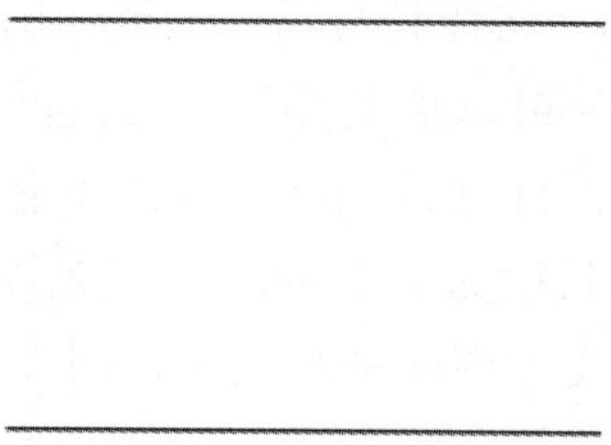

图 2-2-11 待等分平行线

图 2-2-12 等分后直线

另外，对于两条不平行的线，符合下面各条件时也可等分。

◆ 不相交，并且其中任意一条线的任意方向的延长线不与另一条线本身相交，可等分，如图 2-2-13 所示。

◆ 若一条线的某个端点与另一条线的端点重合，且两直线夹角不等于 180°，也可等分，如图 2-2-14 所示。

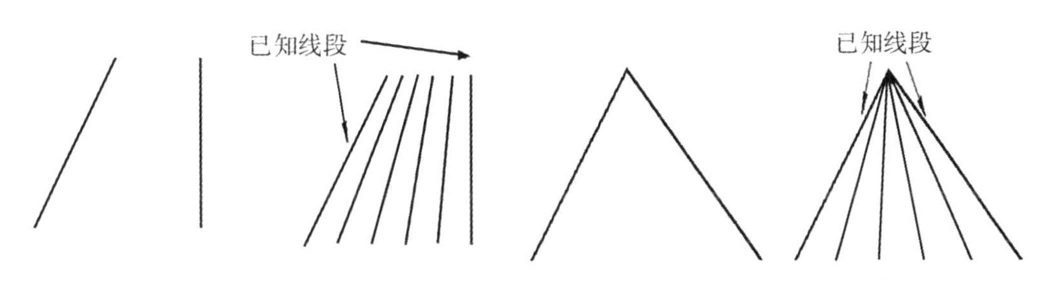

图 2-2-13　等分不相交的两条线　　　　图 2-2-14　等分两条相交线

2. 绘制圆

圆是图形绘制中一种常见的形状，可以用来表示柱、轴、孔等。通过执行该命令可以通过圆心 _ 半径、两点、三点、两点 _ 半径 5 种方式绘制圆。

（1）圆心 _ 半径方式绘制圆。

功能描述：用于生成给定圆心和半径或圆上一点的圆。

操作方法如下：

①单击主菜单“绘图”→选择“圆”命令，或者在绘图工具栏上单击“⊙”按钮，启动绘制圆命令，此时的立即菜单如图 2-2-15 所示。

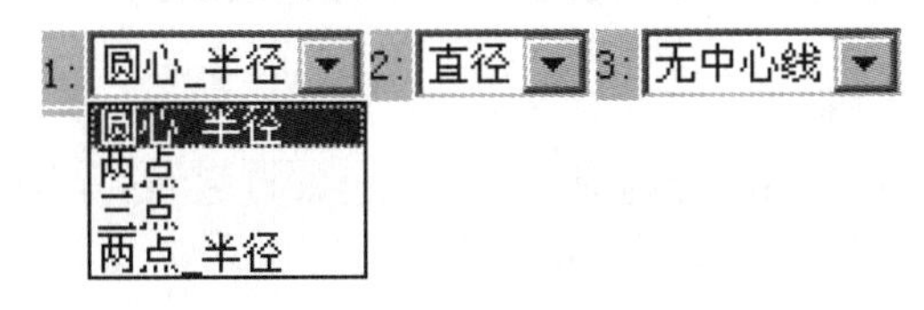

图 2-2-15　选择绘制圆的方式

②如图 2-2-15 所示，单击“1：”下拉列表框，在立即菜单的上方弹出一个圆的绘制类型的选项菜单，在选项菜单中选择“圆心 _ 半径”。此时的立即菜单如图 2-2-6 所示。

③设置圆心 _ 半径的绘制参数，绘制参数说明见表 2-2-6。

表 2-2-6　设置圆心 _ 半径的绘制参数说明

参数名称	说明
直径	以直径作为圆绘制参数
半径	以半径作为圆绘制参数
无中心线	圆绘制后无中心线
有中心线	圆绘制后有中心线
中心线延长长度	圆绘制后中心线延长长度

④按系统提示要求输入圆心，此时系统提示变为“输入半径或圆上一点”或“输

入直径或圆上一点”。此时可以直接用键盘输入所需半径或者直径数值，并按“Enter”键；也可以移动光标，单击“确定”圆上的一点，完成圆的绘制。此命令可以重复操作，用单击鼠标右键结束操作。如图 2–2–16（a）所示绘制的是圆心在直线交点，半径为已知直线一半的圆；如图 2–2–16（b）所示绘制的是直径 100 mm，圆心在直线中点的圆。

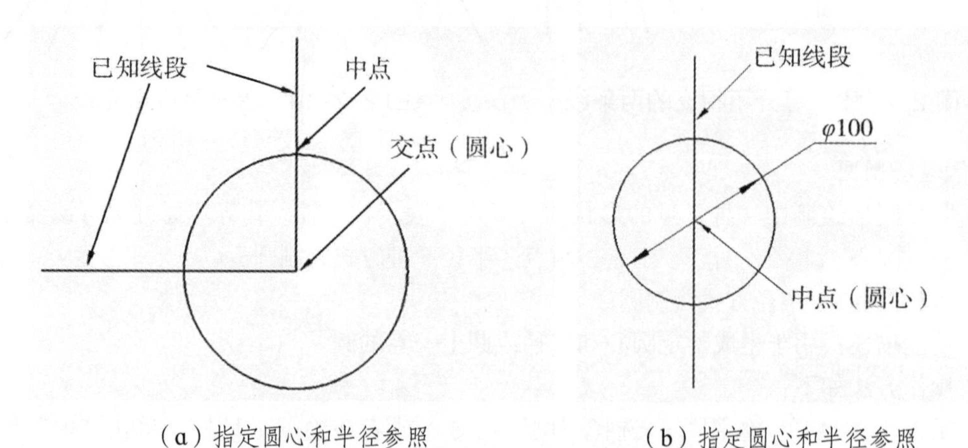

（a）指定圆心和半径参照　　（b）指定圆心和半径参照

图 2–2–16　圆心 _ 半径方式绘制圆示例

（2）两点方式绘制圆。

功能描述：通过两个已知点绘制圆，这两个已知点之间的距离为直径。

操作方法如下：

①单击主菜单“绘图”→选择“圆”命令，或者在绘图工具栏上单击“⊙”按钮，启动绘制圆命令，此时的立即菜单如图 2–2–15 所示。

②如图 2–2–15 所示，单击“1：”下拉列表框，在立即菜单的上方弹出一个圆的绘制类型的选项菜单，在选项菜单中选择“两点”。此时的立即菜单如图 2–2–17 所示。

图 2–2–17　选择【两点】绘制圆方式

③设置两点方式绘制圆的绘制参数，绘制参数说明，见表 2–2–7。

表 2–2–7　设置两点方式绘制圆的绘制参数说明

参数名称	说明
无中心线	圆绘制后不会自动生成中心线
有中心线	圆绘制后会自动生成中心线
中心线延长长度	圆绘制后自动生成中心线延长长度

④用鼠标或键盘输入一个点，此时屏幕上会生成一个以光标点与已知点间的线段为直径的动态圆，用鼠标拖动直径的另一端点到合适的位置，然后单击“确定”即可完成圆的绘制。图 2-2-18（a）绘制的是通过已知线段中点和另两个已知线段交点的圆；图 2-2-18（b）绘制的是通过两个已知线段中点的圆。

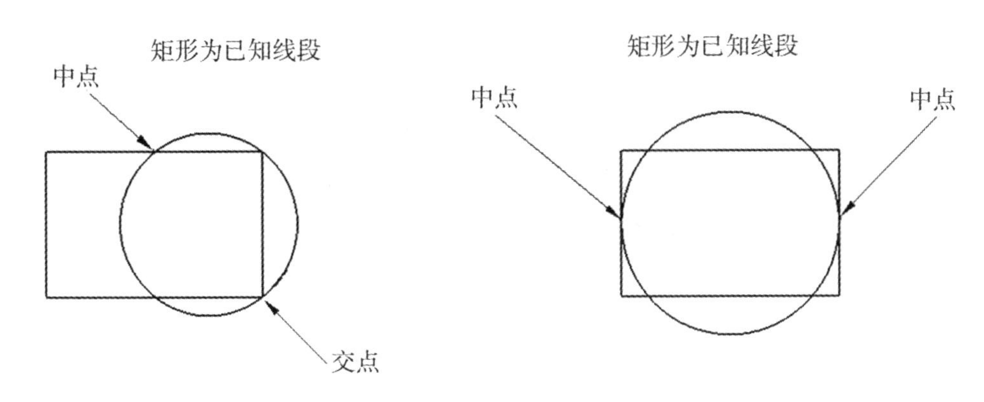

（a）通过 4 个参照点绘制圆　　（b）通过两线段中点并与之相切绘制圆

图 2-2-18　两点方式绘制圆示例

（3）三点方式绘制圆。

功能描述：通过已知三点绘制圆，且该圆的圆心和半径由这三点完全确定。

操作方法如下：

①单击主菜单“绘图”→选择“圆”命令，或者在绘图工具栏上单击“⊙”按钮，启动绘制圆命令，此时的立即菜单如图 2-2-15 所示。

②如图 2-2-15 所示，单击“1：”下拉列表框，在立即菜单的上方弹出一个圆的绘制类型的选项菜单，在选项菜单中选择“三点”。此时的立即菜单如图 2-2-19 所示。

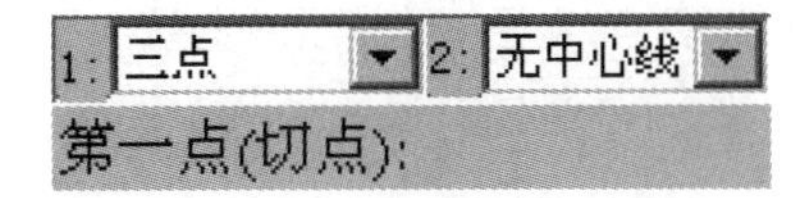

图 2-2-19　选择【三点】绘制圆方式

③设置三点方式绘制圆的绘制参数，绘制参数说明见表 2-2-8。

表 2-2-8　设置三点方式绘制圆的绘制参数说明

参数名称	说明
无中心线	圆绘制后无中心线
有中心线	圆绘制后有中心线
中心线延长长度	圆绘制后中心线延长长度

④此时系统提示输入第一点（切点）、第二点（切点）、第三点（切点）。按系统提示确定三个点后，即可绘制圆。输入点时可以充分利用系统提供的点捕捉功能（点的捕捉可通过空格键实现）。如图 2-2-20 所示，三角形包络的圆是其内切圆，该圆与三角形三条边均相切；三角形外部的圆则过其三个顶点，完全确定圆的位置和大小。

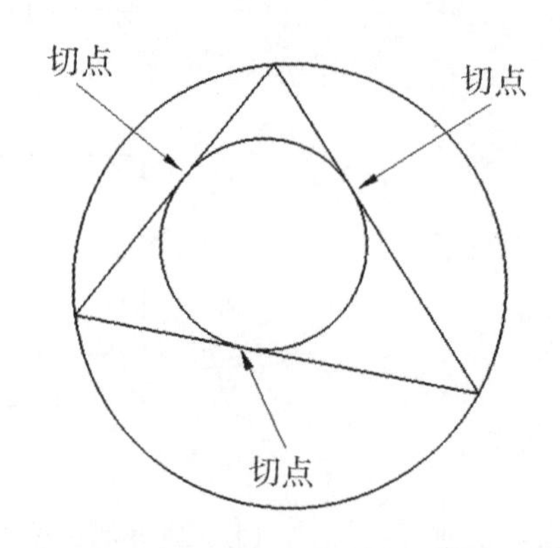

图 2-2-20　三点方式绘制圆示例

（4）两点 _ 半径方式绘制圆。

功能描述：通过已知的两点和给定的半径绘制圆。

操作方法如下：

①单击主菜单“绘图”→选择“圆”命令，或者在绘图工具栏上单击“⊙”按钮，启动绘制圆命令，此时的立即菜单如图 2-2-15 所示。

②如图 2-2-15 所示，单击“1：”下拉列表框，在立即菜单的上方弹出一个圆的绘制类型的选项菜单，在选项菜单中选择“两点 _ 半径”。此时的立即菜单如图 2-2-21 所示。

1: 两点_半径 2: 无中心线
第一点(切点):

图 2-2-21　选择两点 _ 半径绘制圆方式

③设置两点 _ 半径方式绘制圆的绘制参数，绘制参数说明，见表 2-2-9。

表 2-2-9　设置两点 _ 半径方式绘制圆的绘制参数说明

参数名称	说明
无中心线	圆绘制后无中心线
有中心线	圆绘制后有中心线
中心线延长长度	圆绘制后中心线延长长度

④此时系统会提示用户输入第一点（切点）、第二点（切点）、第三点（切点）或半径。按系统提示确定两个点后，再输入半径值或者输入第三点就可以绘制出圆。此命令可以重复操作，单击鼠标右键结束操作。

3. 绘制圆弧

圆弧是图形中的一个重要图形基本元素，许多简单或者复杂的图形都包含了圆弧。绘制圆弧的方式主要包括三点圆弧、圆心_起点_圆心角、两点_半径、圆心_半径_起终角、起点_终点_圆心角、起点_半径_起终角6种。这里主要介绍三点圆弧、两点_半径的绘制方式。

（1）三点圆弧方式。

功能描述：用于过三点绘制一段圆弧。

操作方法如下：

①单击主菜单"绘图"→选择"圆弧"命令，或者在绘图工具栏上单击"⌒"按钮，启动绘制圆弧命令。此时的立即菜单如图2-2-22所示。

图2-2-22　选择绘制圆弧的方式

②如图2-2-22所示，单击"1："下拉列表框，在立即菜单的上方弹出一个圆弧类型的选项菜单，在选项菜单中选择"三点圆弧"。

③按系统提示要求输入第一点和第二点，此时一条过上述两点及过光标所在位置的三点圆弧会随光标的移动，动态地显示在屏幕上，移动光标输入第三点位置，即可完成圆弧线的绘制。图2-2-23（a）为第一点为圆弧线与已知直线的切点，第二点及第三点是屏幕点的圆弧；图2-2-23（b）为第一点和第三点为圆弧线与圆的切点。

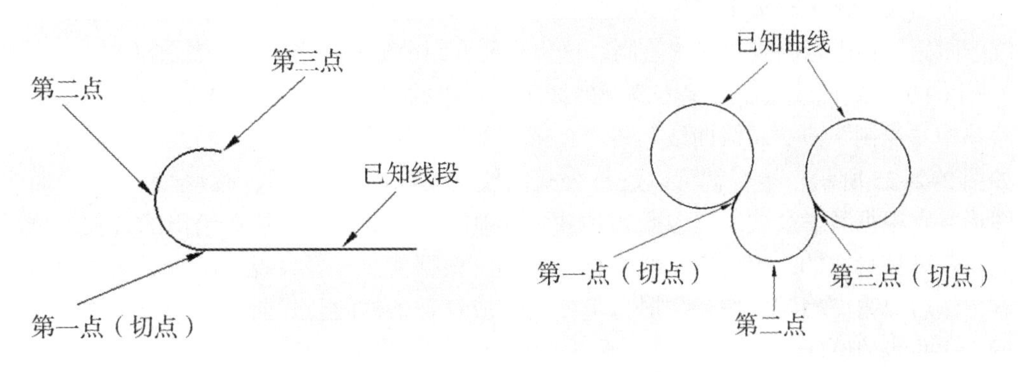

（a）绘制与已知直线相切的圆弧　　（b）绘制与已知圆相外切的圆弧

图2-2-23　三点圆弧方法绘制圆弧示例

（2）两点 _ 半径方式。

功能描述：用于已知起点、终点和圆弧半径绘制圆弧。

操作方法：

①单击主菜单“绘图”→选择“圆弧”命令，或者在绘图工具栏上单击“”按钮，启动绘制圆弧命令。此时的立即菜单如图 2–2–22 所示。

②如图 2–2–22 所示，单击“1：”下拉列表框，在立即菜单的上方弹出一个圆弧类型的选项菜单，在选项菜单中选择“两点 _ 半径”。

③按系统提示要求先确定圆弧的起点，再输入圆弧的终点，最后用键盘输入半径值或者单击输入圆弧上一点，即可完成圆弧的绘制。如图 2–2–24 所示绘制的是 *R*25 及 *R*50 的两段圆弧，它们分别与两圆外切和内切。

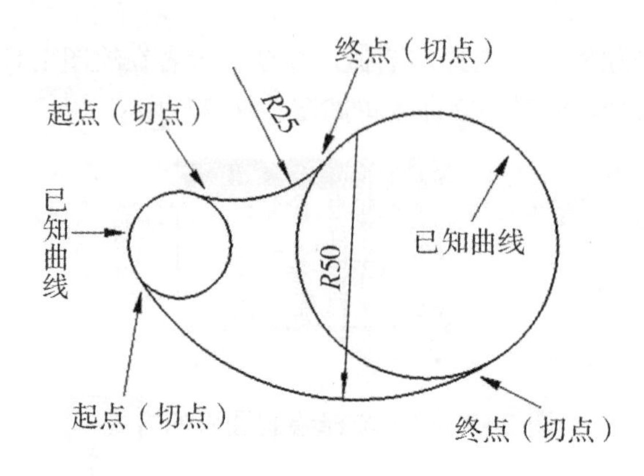

图 2–2–24　两点 _ 半径方式绘制圆弧示例

二、高级曲线的绘制

高级曲线是指那些由基本元素组成的特定的图形曲线，主要包括正多边形、椭圆、孔／轴、波浪线、双折线、公式曲线、填充曲线、点、齿轮、花键、圆弧拟合样条、位图矢量化、轮廓文字等 14 种类型。可以通过选择下拉菜单或者通过单击高级曲线的图标按钮进行高级曲线的绘制。这里主要介绍公式曲线和齿轮的绘制方法。

（1）公式曲线绘制。单击高级曲线工具栏中的“公式曲线”按钮，或依次单击主菜单中“绘制”→“高级曲线”→“公式曲线”，系统会弹出公式曲线绘制对话框，如图 2–2–25 所示，接着就可以进行公式曲线的绘制。公式曲线即数学表达式的曲线图形，它根据数学公式（或参数表达式）绘制出相应的数学曲线。给出的公式，可以是直角坐标形式的，也可以是极坐标形式的。根据需要，可直观地修改对话框中的内容，然后单击“确定”按钮，屏幕上便会生成符合条件的公式曲线，指定一点从而完成公式曲线的设计。

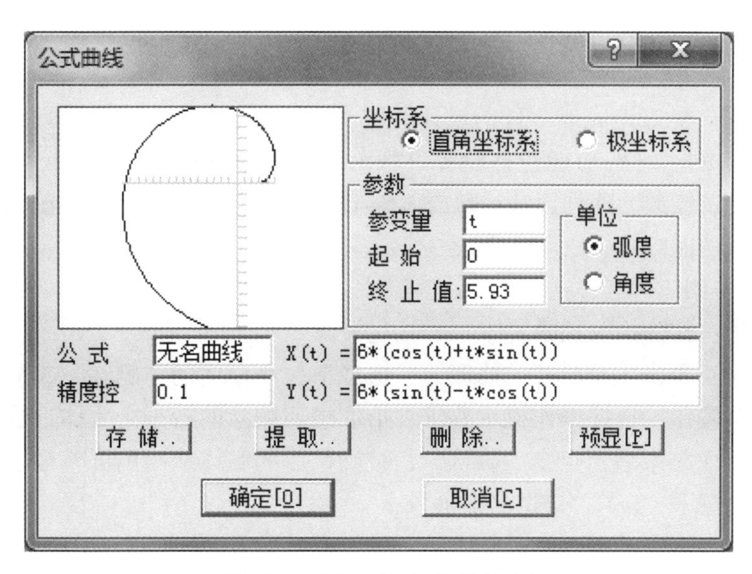

图 2-2-25　公式曲线绘制

（2）齿轮的绘制。单击高级曲线工具栏中的“齿轮”按钮，或依次单击主菜单中“绘制”→“高级曲线”→“齿轮”，系统将会弹出“渐开线齿轮齿形参数”对话框，如图 2-2-26 所示，就可以开始齿轮的设计与绘制了。“渐开线齿轮齿形参数”对话框分为基本参数区、参数一区、参数二区 3 个区域。在绘制齿轮时，基本参数区的参数必须确定，参数一区、参数二区可根据实际情况，选择一种进行确定。然后单击“下一步”按钮，弹出渐开线齿轮齿形预显框，如图 2-2-27 所示。此时可设置齿轮的齿顶过渡圆角半径、齿根过渡圆角半径以及齿轮的精度等，然后单击“完成”按钮，结束齿轮的生成。结束齿轮生成后，在屏幕上给定齿轮的定位点即可完成齿轮的绘制。

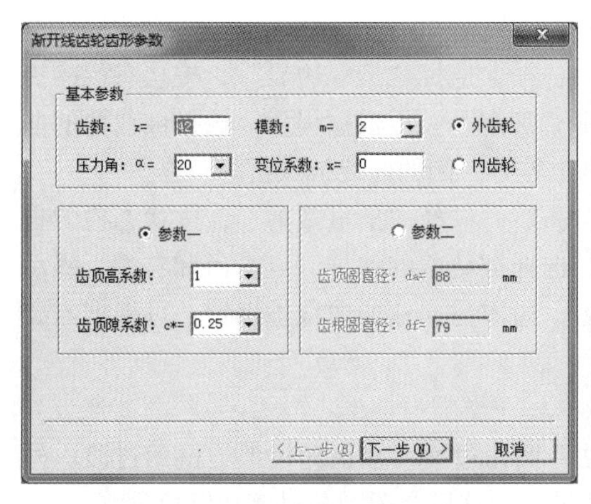

图 2-2-26　渐开线齿轮齿形参数

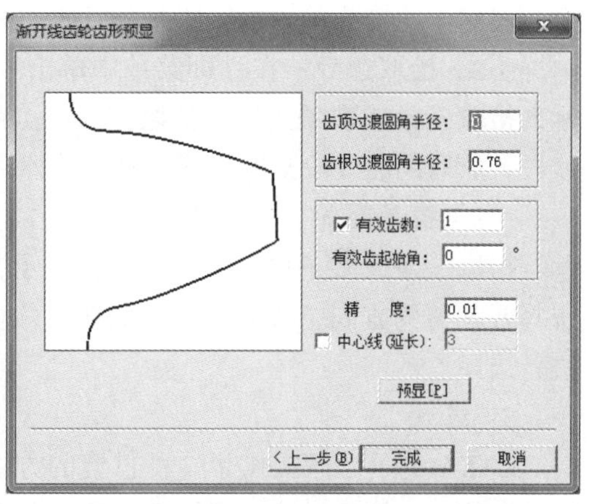

图 2-2-27　渐开线齿轮齿形预显

三、图素编辑

为了使用户更好地完成零件的设计和图形的绘制，CAXA 电子图版提供了较完备的曲线编辑功能，这些功能包括删除、裁剪、过渡、齐边、打断、拉伸、平移、旋转、镜像、比例缩放、阵列以及局部放大等 12 项。这里将介绍较常用的删除、裁剪和过渡曲线编辑功能。

1. 删除与删除所有

功能描述：删除拾取到的实体。

操作方法：单击主菜单栏“修改”，选择下拉菜单中的“删除”或单击编辑工具栏中的“”按钮。再按操作提示要求，拾取想要删除的若干个实体，拾取到的实体呈红色。待拾取结束后，点击“确认”，被确认后的实体从当前屏幕被删除。如果想中断本命令，按下“ESC”键退出即可。

2. 裁剪

功能描述：裁剪拾取到的实体。

操作方法：单击主菜单栏中的“修改”下拉菜单中的“裁剪”或编辑工具栏“”按钮，根据作图需要，用鼠标单击相应按钮即可弹出立即菜单和操作提示，如图 2–2–28 所示。裁剪操作分为快速裁剪、拾取边界和批量裁剪三种方式。

图 2–2–28　编辑工具栏

（1）快速裁剪：在立即菜单中单击“1：”，选择“快速裁剪”，按状态栏的提示，用鼠标直接点取被裁剪的曲线，系统自动判断边界并执行裁剪命令。快速裁剪指令一般用于比较简单的边界情况，以便于提高绘图效率。

（2）拾取边界：在立即菜单中单击“1：”，选择“拾取边界”，按状态栏的提示，拾取一条或多条边界，拾取完后，点击“确定”。再根据提示，选择被裁剪的曲线段，点取的曲线段至边界部分被裁剪掉，边界另一侧的曲线被保留。

（3）批量裁剪：在立即菜单中单击“1：”，选择“批量裁剪”，按状态栏的提示，拾取一条或多条边界链，再根据提示，选择被裁剪的曲线，点击鼠标右键，提示选择要裁剪的方向，方向一侧的曲线被裁剪，边界另一侧的曲线被保留，可根据需要进行选择。

3. 过渡

CAXA 电子图版提供了 7 种过渡的方法：圆角过渡、多圆角过渡、倒角过渡、外倒角过渡、内倒角过渡、多倒角过渡、尖角过渡。这里介绍圆角过渡和倒角过渡。

（1）圆角过渡。

功能描述：用于在两圆弧（或直线）之间进行圆角的光滑过渡。

操作方法如下：

①单击主菜单中的“修改”→选择“过渡”命令，或者在编辑工具栏上单击“ ”按钮，启动过渡命令。此时的立即菜单如图 2-2-29 所示。

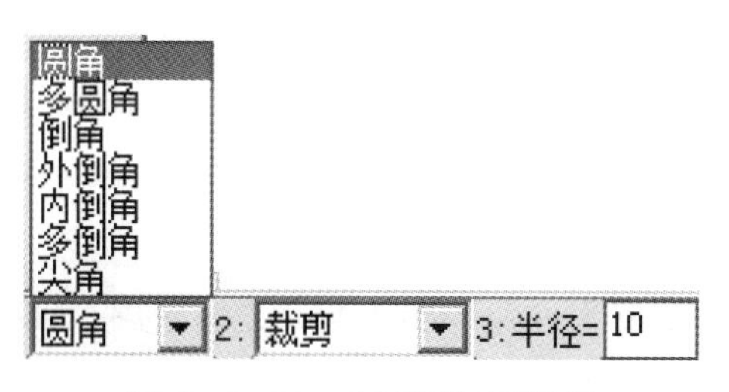

图 2-2-29　过渡选项菜单

②用鼠标单击立即菜单“1：”，在立即菜单上方弹出选项菜单，用户可以在选项菜单中根据作图需要用鼠标选择不同的过渡形式。

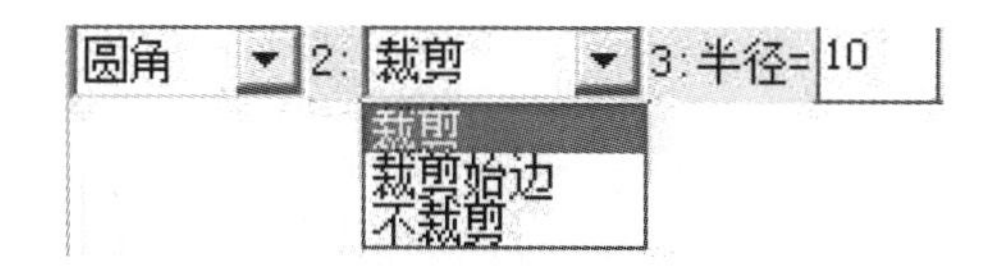

图 2-2-30　选项菜单

③用鼠标单击立即菜单中的“2：”，则在其上方会弹出一个如图 2-2-30 所示的选项菜单，用鼠标单击可以对其进行裁剪方式的切换。选项菜单的含义如表 2-2-10 所示。

表 2-2-10　选项菜单含义

参数名称	说明
裁剪	裁剪掉过渡后所有边的多余部分
裁剪始边	只裁剪掉起始边的多余部分，起始边也就是用户拾取的第一条曲线
不裁剪	执行过渡操作以后，原线段保留原样，不被裁剪

④用户单击立即菜单“3：半径”后，可按照提示，输入过渡圆弧半径值。

⑤按当前立即菜单的条件及操作和提示的要求，用鼠标拾取待过渡的第一条曲线，被拾取到的曲线呈红色，而操作提示变为“拾取第二条曲线”。在用鼠标拾取第二条曲线以后，在两条曲线之间用一个圆弧光滑过渡。

（2）倒角过渡。

倒角过渡和圆角过渡的操作方法基本相似，这里只做简要说明。在立即菜单中单击“1：”，选择“倒角”，出现如图 2-2-31 所示的立即菜单，单击“2”，选择裁剪方式“裁剪、裁剪始边、不裁剪”，单击“3”，输入倒角长度，单击“4”，输入倒角角度，然后按照状态栏提示，用鼠标分别拾取需要过渡的两条线。注意，拾取的顺序不同，裁剪方式所得到的结果也会有所差异。

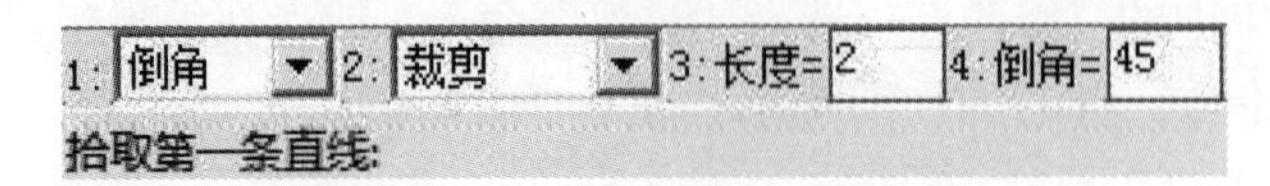

图 2-2-31　倒角过渡选项菜单

四、工件绘制

下面以图 2-2-32 所示的零件轮廓图为例，介绍应用 CAXA 电子图版 2007 绘制零件图的过程。

分析：通过研究该零件图，不难看出，该零件是由直线和圆弧两种线型构成的，曲线之间的关系为相交和相切两种，绘图的重点在于圆弧 $R10$ mm 与圆弧 $R15$ mm 的相切以及 6° 斜线点的确定。另外，各曲线的位置是以 $\varphi 10$ mm 孔为基准确定的。通过分析，我们按照以下步骤进行零件图的绘制。

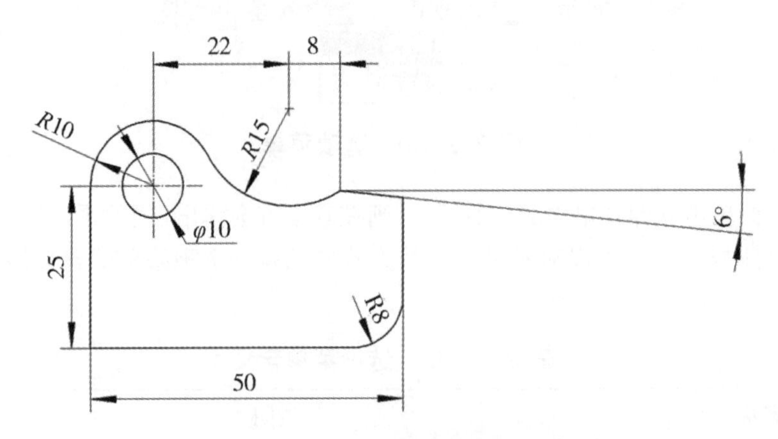

图 2-2-32　凸模零件图的绘制

1. 确定坐标系

启动 CAXA 电子图版 2007，确定坐标系，以系统坐标系为基准。

2. 绘制基准圆

单击“⊙”按钮，此时在立即菜单中选择“1：圆心—半径”，选择“2：半径”，按照状态栏提示输入圆心点坐标“0，0”，然后按回车键。此时，状态栏提示“输入半径或另外一点”，按照提示输入半径 5，再按回车键，系统会画出 $\varphi 10$ mm 的圆，再输入 10，系统会画出 $\varphi 20$ mm 的圆，单击右键，结束画圆。圆心点的输入还可以用鼠标拾取点的方式，将鼠标移动到坐标原点附近，屏幕出现圆心提示，单击鼠标左键，确定拾取。

3. 绘制线段

单击“／”按钮，此时在立即菜单中依次选择“1：两点线”“2：连续”“3：正交”“4：长度方式”，在“5：”处单击，输入 25，绘制 25 mm 的直线段，根据状态栏提示输入第一点坐标“–10，0”，然后向屏幕下方移动鼠标，单击左键完成 25 mm 直线段的绘制。单击“5：”输入 50，然后使鼠标向屏幕右侧移动，单击左键，完成 50 mm 直线段的绘制。再向屏幕上方移动鼠标，完成右侧直线段的绘制。注意，此时由于右侧的直线段长度不能确定，暂时画出 50 mm 直线段，在后续的编辑中再进行修改。绘制的图形如图 2–2–33 所示。

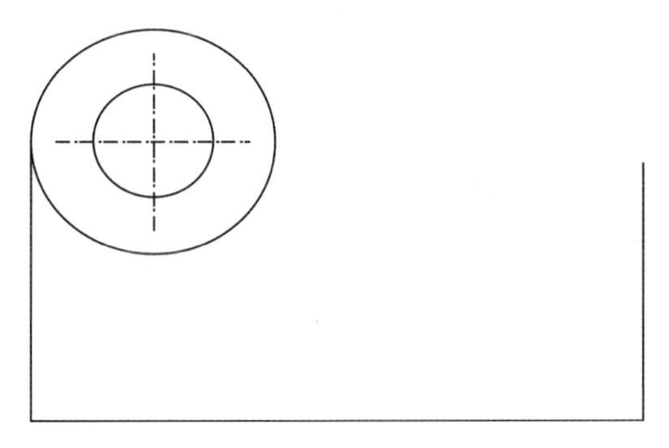

图 2–2–33　圆和直线段的绘制

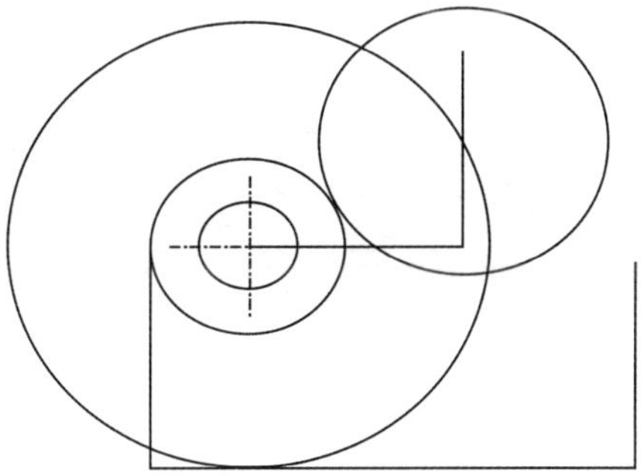

图 2–2–34　*R*15mm 圆心确定与绘制

4. R15 mm 圆心的确定与绘制

从 φ10 mm 圆心出发，画出平行于 *X* 轴方向的 22 mm 直线段，然后再向屏幕上方移动鼠标，画出垂直与 *X* 轴的 25 mm 直线段，此条线段的长度可任意选取，只需与接下来绘制的圆相交即可。单击“⊙”按钮，以坐标原点为中心，画出 *R*25 mm 的圆，与垂直的 25 mm 直线段相交点即为与 *R*10 mm 相切的 *R*15 mm 的圆心。并以此为圆心画出 *R*15 mm 的圆。绘制的图形如图 2–2–34 所示。

5. 斜线起始点的确定与绘制

用“两点线”的方式，从 *R*15 mm 的圆心出发，画出平行于 *X* 轴方向的直线段 8 mm，再向屏幕下方移动鼠标，画出垂直于 *X* 轴的直线段，此条线段的长度可任意选取，只需与圆 *R*15 mm 相交即可，与圆 *R*15 mm 相交的点即斜线的起始点，以该交点为起始点，绘制与 *X* 轴夹角为 6° 的斜线段，选择“3：到线上”，与垂直的 50 mm 直线段相交。绘制的图形如图 2–2–35 所示。

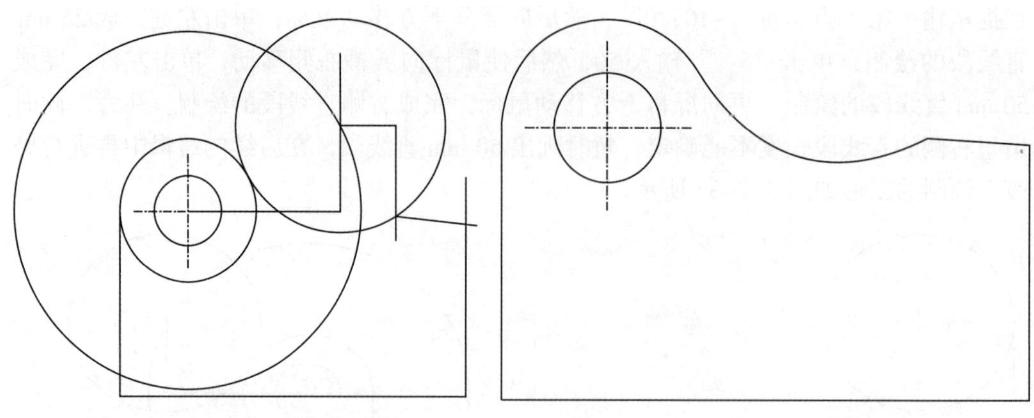

图 2-2-35　角度线的绘制　　　　图 2-2-36　绘制完成的零件图形

6. 修改

利用主菜单中的“裁剪”和“删除”功能，将多余的线段剪切和删除。利用曲线编辑菜单中圆角过渡功能“1：圆角”选择“2：裁剪”“3：半径”输入 8，将圆弧 R 8mm 的过渡圆弧画出。零件图图形绘制完毕，如图 2-2-36 所示。

任务 3　北京迪蒙卡特 CTW400TB 操作方法

◇任务简介◇

本任务主要阐述北京迪蒙卡特 CTW400TB 数控线切割机床的操作方法和知识，学习者学习本任务的初步了解机床的机构，熟练掌握机床的操作方法，为今后的学习和工作打下良好的基础。

◇学习目标◇

1. 通过学习，初步认识北京迪蒙卡特 CTW400TB 数控线切割机床。
2. 熟练掌握数控线切割机床的操作方法。
3. 熟练掌握数控线切割加工编程的编制和参数的设定。
4. 能独立操作数控线切割机床完成零件的加工。
5. 能将本任务学到的知识运用到加工生产中。
6. 具有独立解决复杂零件加工的能力。

◇知识要点◇

一、北京迪蒙卡特 CTW400TB 数控线机床结构

北京迪蒙卡特 CTW400TB 数控线切割机床主要由床身、坐标工作台、走丝机构、锥度切割装置、工作液循环系统、脉冲电源、附件和夹具等几部分组成。图 2–3–1 所示为北京迪蒙卡特 CTW400TB 数控线切割机床结构图。

1. 床身

床身一般为铸件，是坐标工作台、绕丝机构及丝架的支撑和固定基础，应有足够的强度和刚度。

2. 坐标工作台

坐标工作台是指在水平面上沿着 X 轴和 Y 轴两个坐标方向移动，是用于装夹和摆放工件的平台。坐标工作台由步进电机、滚珠丝杆和导轨组成。

3. 走丝机构

走丝机构是能使电极丝具有一定的张力和直线度，以给定的速度稳定运动，并可以传递给定的电能的机构。电极丝张力与排绕在储丝筒上的电极丝的拉紧力有关。为了重复使用电极丝，有专门的换向装置控制电动机做正、反向交替运动。

电极丝是线切割时，用来导电放电的金属丝，是线切割机床的刀具，在数控线切

割中泛指钼丝。

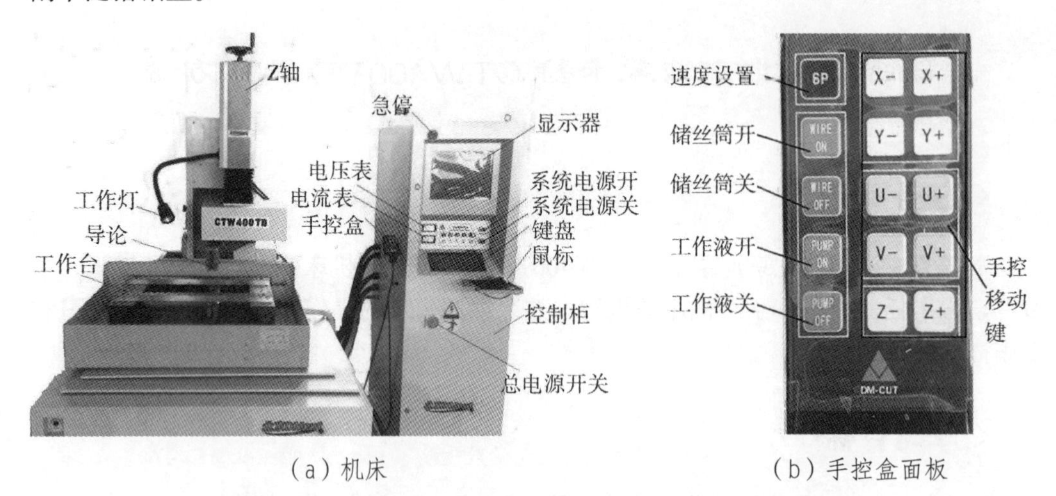

（a）机床　　（b）手控盒面板

图 2-3-1　北京迪蒙卡特 CTW400TB 数控线机床结构

导轮部件是确定电极丝位置的部件，主要由导轮、轴承和调整座组成。

储丝筒兼有收、放丝卷筒的功能，不论储丝筒向哪个方向旋转，电极丝都会有序地一边放一边收，从而使电极丝做往复运动，反复使用该段电极丝。

4. 锥度切割装置

锥度切割装置用来切割有落料角的冲模或有锥度工件内、外表面。偏移式丝架是实现锥度切割的主要方法。一般采用便宜上、下导轮的方法实现来电极丝的倾斜。用此方法加工的锥度不能大于 30°。

5. 脉冲电源

脉冲电源是数控线切割机床最重要的组成部分之一，可提供工件和电极丝之间的放电加工能量，对加工质量、加工效率和电极丝的损耗有直接的影响。

6. 数控装置

数控装置的主要作用是在加工过程中，按加工要求自动控制电极丝相对工件的运动轨迹和进给速度，从而实现对工件的形状和尺寸加工。

二、北京迪蒙卡特 CTW400TB 数控线切割机床操作

1. 开机前检查

（1）检查外接动力电源连接是否可靠，电柜与机床本体的控制及动力电源的接线是否牢固，电柜外观是否正常等。

（2）将工作台移动到中间部位，摇动储丝筒，检查拖板往复运动是否灵活，调整左右撞块，控制拖板合理行程。

2. 开机操作

向右旋转，打开总电源开关→向右旋转打开急停按钮→按下系统电源开关（绿色）。

注意：在系统启动的过程中，不允许碰触操作面板上的任何按钮，否则系统启动

会出现不正常现象。

3. 关机操作

按下系统电源开关（红色）→按下急停按钮→向左旋转，关闭总电源开关。

4. 穿丝

在穿丝时，首先将配重滑块移动到最前端并固定，将电极丝依次绕过走丝机构各导轮及电极块，最后绕回储丝筒端，用螺钉固定，反绕储丝筒几圈，取下配重块固定销钉，穿丝完成。注意：电极丝要与途径的导电块和导轮保持良好接触，不可卡入里面的螺钉上。图 2–3–2 所示为运丝示意图。

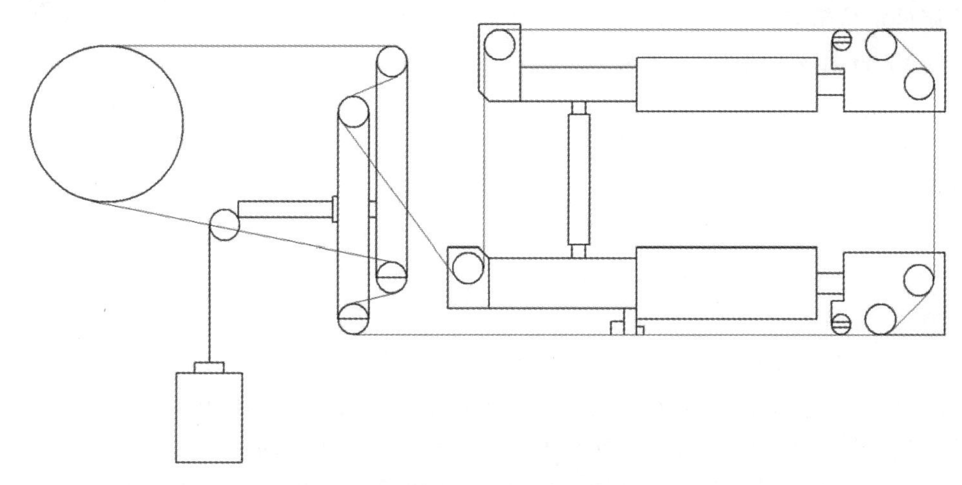

图 2–3–2　运丝示意图

5. 电极丝垂直度的校正

在加工过程中，电极丝是否与工作台垂直将直接影响线切割加工的精度。常用的校正方法有校正块校正和校直仪校正。

（1）校正块校正是实际加工中最常用的方法，这种方法操作简单、效率高、容易掌握，但校正的精度不高。校正块校正采用的校正块有六方体校正块和圆柱体校正块，一般由机床厂家提供。校正时调节 *U*、*V* 轴使电极丝与工作台尽量垂直。

（2）校直仪校正的精度较高，操作较方便、快捷，灵敏度也较高。校直仪是由测量头和指示灯构成的仪器，当电极丝与测量头接触时，指示灯就会亮。

6. 电极丝的定位方法

数控线切割加工中，在程序启动之前，数控系统并不能确定电极丝位于被加工工件上的位置，只要程序一启动，数控系统将驱动电极丝从电极丝所在位置，按照程序规定的路线进行加工，而不管加工的位置是否符合规定要求。也就是说，数控系统与工件之间的正确位置关系在加工之前必须建立起来，这就是电极丝的定位，或称为加工起始点确定。电极丝的定位非常重要，目的在于保证所切割的部分与工件总体有一个符合要求的、正确的位置关系。确定电极丝位置的方法有目测法、火花法和自动找正法（接触感知法）。

（1）目测法。

目测法就是对于加工要求较低的工件，在确定电极丝与工件基准的相互位置时，可以直接用肉眼观测或借助放大镜来确定电极丝相对于工件的位置，并根据所观测的实际情况，移动工作台使电极丝处于加工最佳位置。

（2）火花法。

火花法是依据电极丝与工件直接轻微接触（一定间隙）时产生的电火花来确定电极丝的位置。利用火花法确定电极丝位置时，由于开始产生的放电间隙与正常切割条件下的放电间隙不同，会产生定位误差。另外，定位基准面如果存在污渍、毛刺等，也会降低定位精度。

（3）自动找正法。

自动找正法又称接触感知法，是利用机床自带的接触感知功能，根据电极丝与工件之间的短路信号，来确定电极丝的中心位置。这种方法简便易行，找正精度较高，效率也较高。使用接触感知法要注意的是，穿丝孔或找正的基准面一定要清洁，不能有污渍或毛刺等存在，以免影响找正精度。另外，在加工穿丝孔时，一定要保证穿丝孔规则，圆度、与基准面的垂直度要高。

7. 工件的装夹

（1）悬臂式装夹。

悬臂式装夹是将工件直接装夹在工作台面上或桥板式夹具的刃口上，如图 2-3-3 所示。这种装夹方式通用性强、使用方便。但由于工件单端固定，另一端呈悬梁状，因而工件平面不易平行于工作台面，易出现上仰或下斜状况，致使切割表面与其上下平面不垂直或不能达到预定的精度。另外，加工中工件一旦受力时，位置容易变化，一般在工件的加工技术要求不高的情况下才能使用此方式。

（2）两端支撑装夹。

两端支撑装夹是将工件两端固定在工作台面或夹具上，如图 2-3-4 所示。这种方法通用性较强、夹持方便、夹紧力控制均匀、定位简单、精度较高，一般不适用于较小工件的装夹。

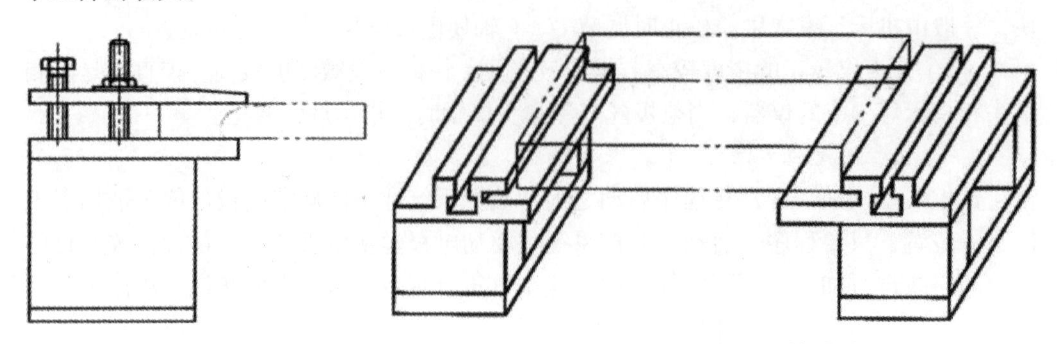

图 2-3-3　悬臂式装夹　　　　图 2-3-4　两端支撑装夹

（3）桥式支撑装夹。

桥式支撑装夹是将线切割专用桥板，采用两端支撑方式架在双端具上，如图 2-3-5 所示。其特点是通用性强、装夹方便，对大、中、小工件都可方便地进行装夹，特别是带有相互垂直的定位基准面的夹具，对于使侧面具有平面基准的工件，可节省找正等工序。

（4）板式支撑装夹。

板式支撑装夹是根据常用的工件形状和尺寸，采用有通孔的支撑板装夹工件，如图 2-3-6 所示。这种装夹方式定位精度高、安装使用方便、装夹效率高，适用于常规生产和批量生产。

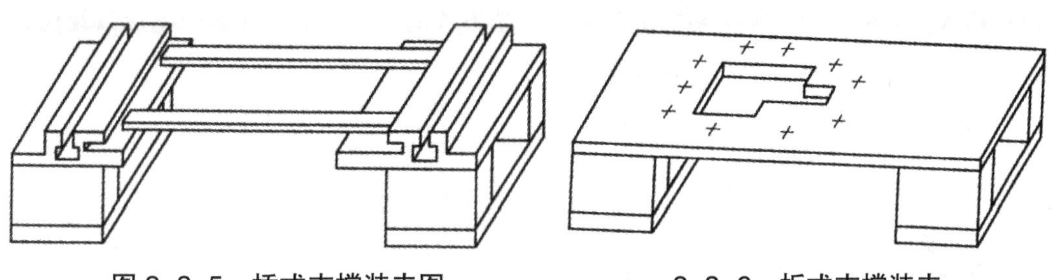

图 2-3-5　桥式支撑装夹图　　**2-3-6　板式支撑装夹**

（5）复式支撑装夹。

复式支撑装夹是在桥式夹具上再固定专用夹具而成的，如图 2-3-7 所示。这种装夹方式可以很方便地实现工件的成批加工，能快速地装夹工件，因而可以节省装夹工件的辅助时间。

（6）磁性夹具装夹。

磁性夹具装夹采用磁性工作台或磁性表座夹持工件，如图 2-3-8 所示。这种装夹方式是依靠磁性力来装夹工件的，不需要压板和螺栓进行压紧，操作调整迅速、简便，通用性强，应用范围广。

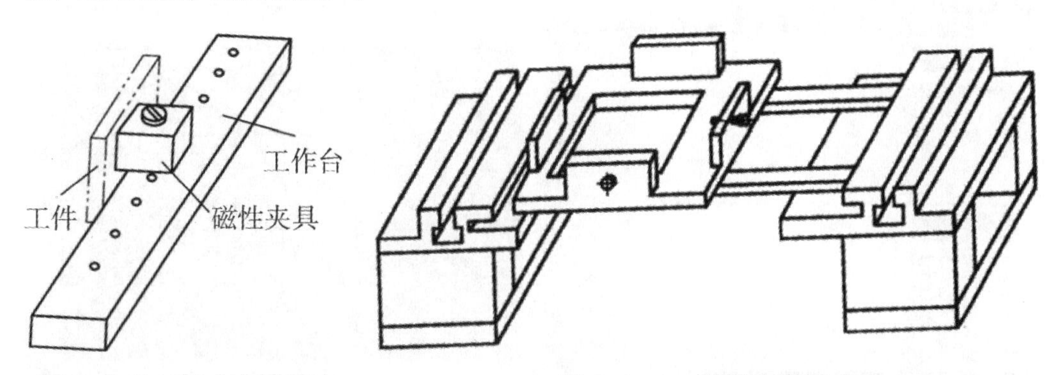

图 2-3-7　复式支撑装夹　　**图 2-3-8　磁性夹具装夹**

另外，对于特殊形式的工件的加工（如轴类工件、需精确分度类工件、螺旋回转类工件的加工），可根据加工要求采用 V 形块夹具、分度头夹具以及专用夹具进行加工，这里不一一详述。

三、数控线切割加工自动编程实训

数控线切割自动编程软件是以人机交互的方式，先绘制出工件的图形，再根据加工条件的设定（加工起始点、加工路径、偏移量确定等），由自动编程软件自动运算特征点，生成加工程序。本书以 CAXA 线切割 XP 系统自动编程系统为例介绍数控切割自动编程。

CAXA 线切割 XP 系统自动编程包括加工轨迹的生成、加工代码的生成以及加工代码的传输等三个主要模块。操作者可根据所设计加工零件的图形，选择加工方式，包括切入方式的选择、加工参数的设定、补偿方式的选择、加工代码的生成以及代码的传输等过程，完成工件加工程序的编制。

1. 自动编程实训

以图 2–3–9 所示的齿轮零件图为例，介绍应用 CAXA 线切割 XP 系统自动编程的操作过程。该齿轮工件的毛坯尺寸为 80 mm × 80 mm × 10 mm。

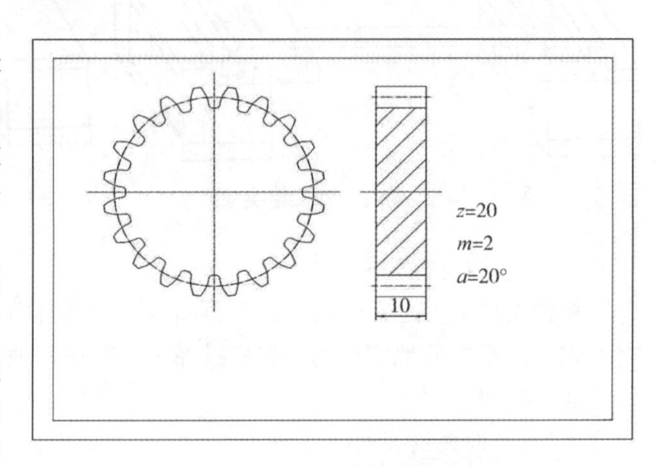

图 2–3–9　齿轮零件图

（1）打开 CAXA 线切割 XP 系统

单击如图 2–3–10 所示的主页面的“CAD/CAM”按钮，启动 CAXA 线切割 XP 系统，如图 2–3–11 所示。已绘制好的工件图将会显示在 CAXA 线切割 XP 系统的绘图功能区。

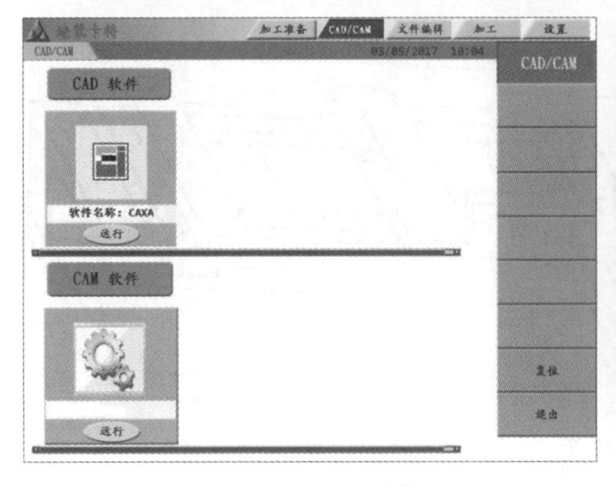

图 2–3–10　主页面

图 2–3–11　磁性夹具装夹

（2）绘制齿轮图。

单击图标菜单中的“齿轮”按钮，当选取齿轮生成功能项后，系统会弹出齿轮参数对话框，如图 2-3-12 所示。在对话框中可设置齿轮的齿数、模数、压力角、变位系数等。确定完齿轮的参数后，单击“下一步”按钮，弹出如图 2-3-13 所示的齿轮预显对话框。在此对话框中，用户可设置齿形的齿顶过渡圆角的半径和齿根过渡圆弧半径及齿形的精度，并可确定要生成的齿数和起始齿相对于齿轮圆心的角度。确定完参数后，可单击“预显”按钮，观察生成的齿形。如果要修改前面的参数，单击“上一步”按钮，可回到前一对话框。单击“完成”按钮，结束齿形的生成，齿轮图如图 2-3-14 所示。

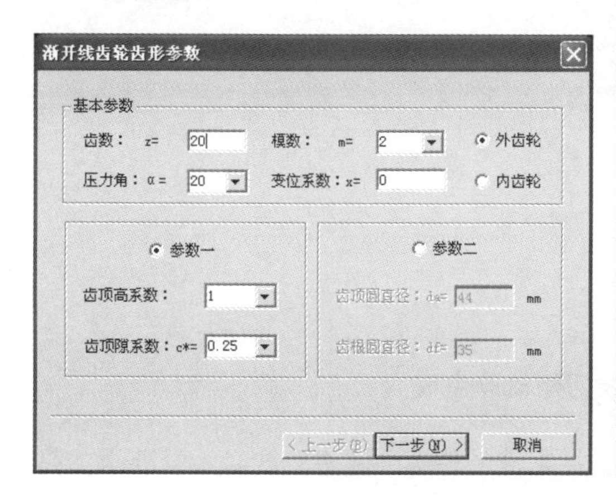

图 2-3-12　齿轮参数

图 2-3-13　齿轮预显

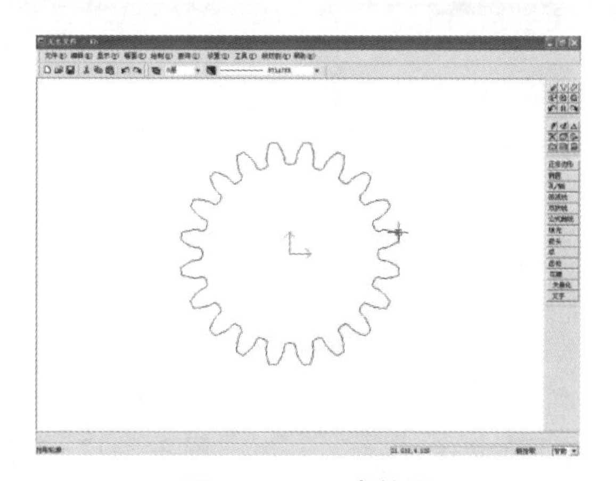

图 2-3-14　齿轮图

（3）加工轨迹的生成。

①单击主菜单“线切割”按钮，单击下拉菜单中的“轨迹生成”按钮，如图 2-3-15 所示。此时会出现“线切割轨迹生成参数表”，根据要求选择加工参数。确认加工参数无误后，单击“确定”按钮。

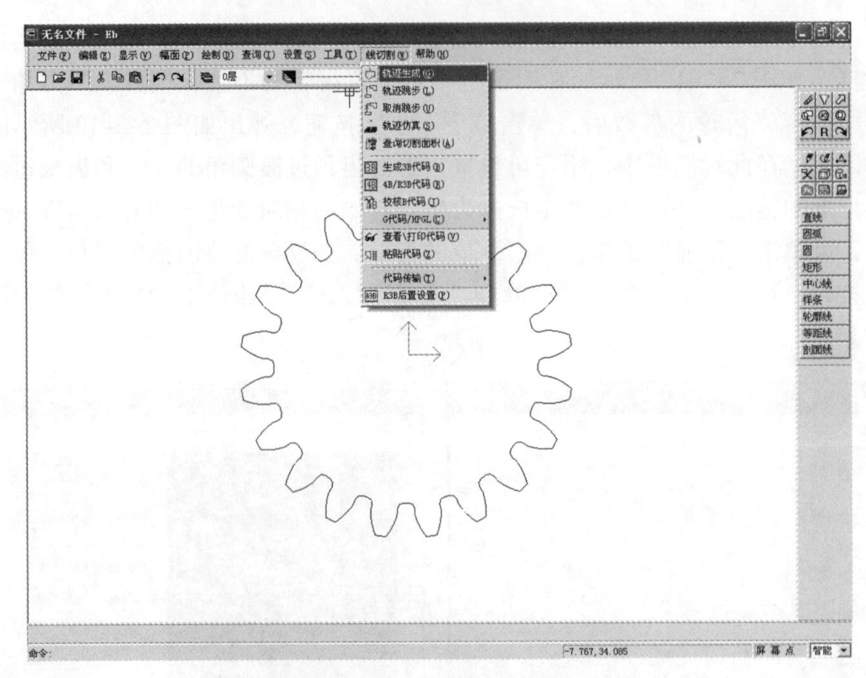

图 2–3–15　线切割轨迹生成

②根据左下角状态栏中的操作提示，选择工件的轮廓。注意，此时系统要求的是选择工件的第一段加工曲线，这里选择齿轮的齿顶部分，如图 2–3–16 所示。

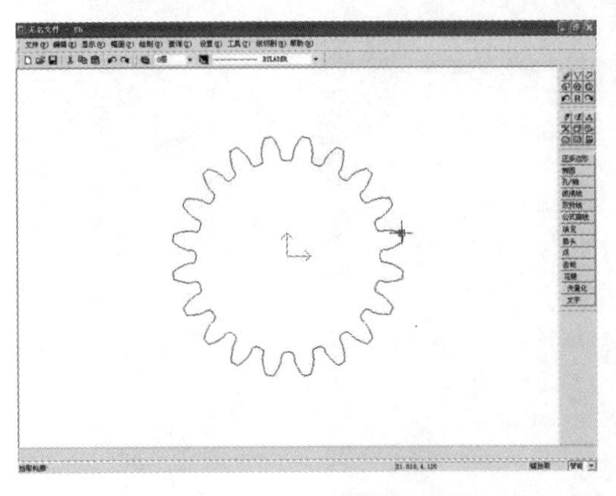

图 2–3–16　轮廓的选择

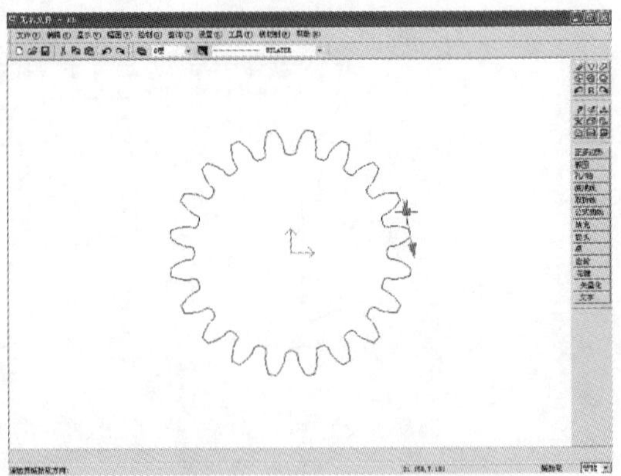

图 2–3–17　补偿方向的选择

③拾取轮廓后，此时绘图区提示操作者选择加工方向，单击粉红色箭头，这里选择顺时针方向，如图 2–3–17 所示。

④加工方向确定后，绘图区将提示选择电极丝的补偿方向，由于该工件是外轮廓，所以这里选择向外补偿（偏移），如图 2–3–18 所示。

⑤按照绘图区左下角的操作提示，输入穿丝点位置。这里选择齿轮齿顶与啮合面的交点处，如图 2–3–19 所示。

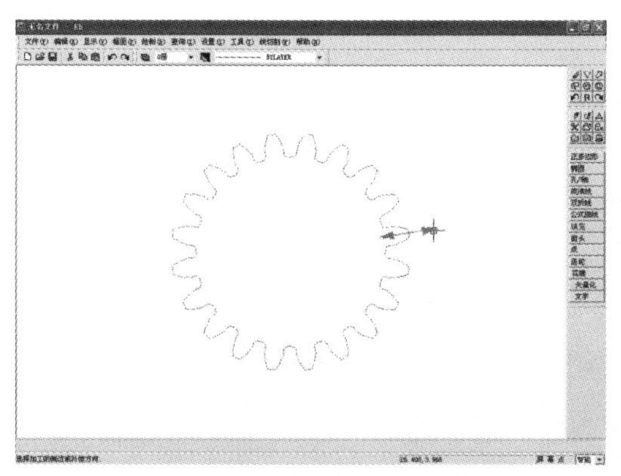

图 2-3-18　补偿方向的选择

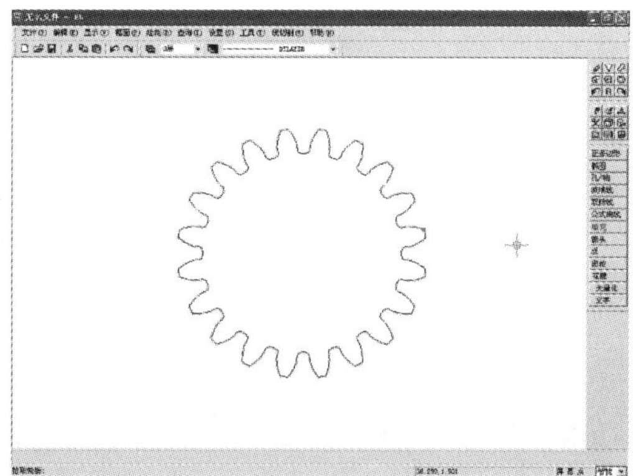

图 2-3-19　穿丝点 / 退出点的选择

⑥穿丝点确定后，状态栏提示“确定退出点”，此时单击回车键，确定退出点与穿丝点重合。此时绘图区出现生成好的加工轨迹，如图 2-3-20 所示。

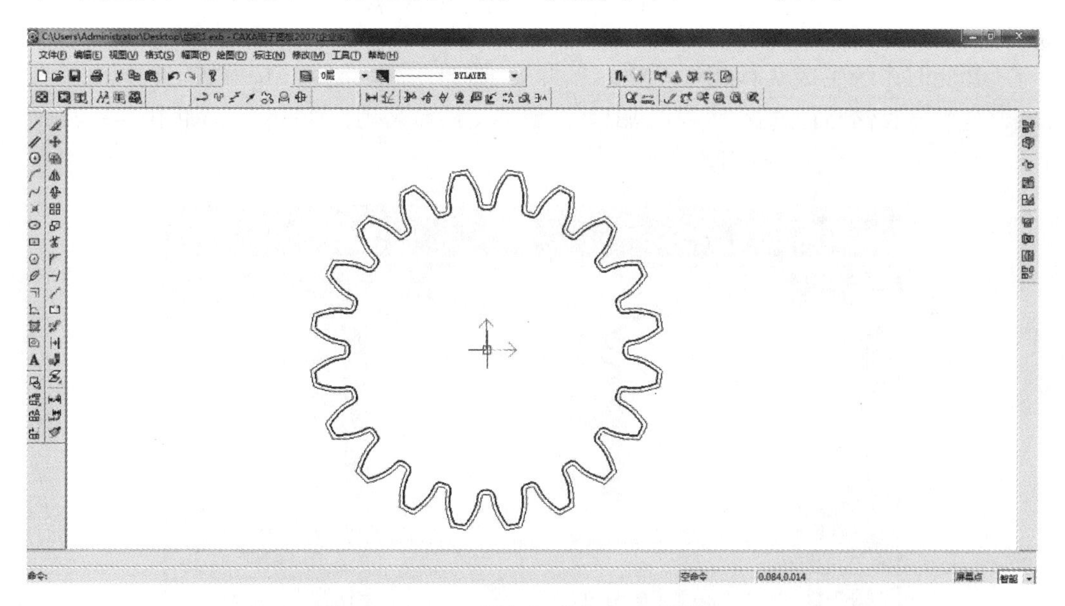

图 2-3-20　系统生成的加工轨迹

（4）加工代码的生成。

①单击主菜单“线切割”按钮，在下拉菜单中选择“G 代码 /HPGL（C）”，然后选择“生成 G 代码”，如图 2-3-21 所示。

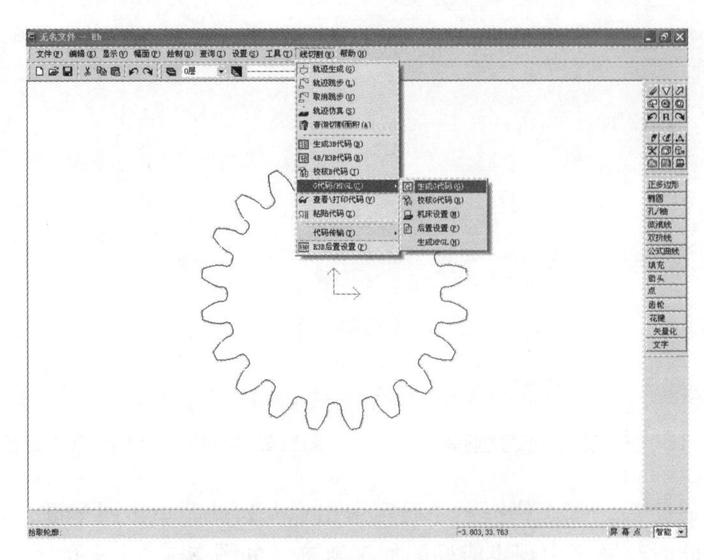

图 2-3-21　选择加工代码格式

②此时系统生成 G 代码对话框，按照要求选择存储路径，并为加工代码文件命名，这里将存储路径选择为“D：\BJ”，加工文件命名为“chilun”，如图 2-3-22 所示。然后单击“保存”按钮。

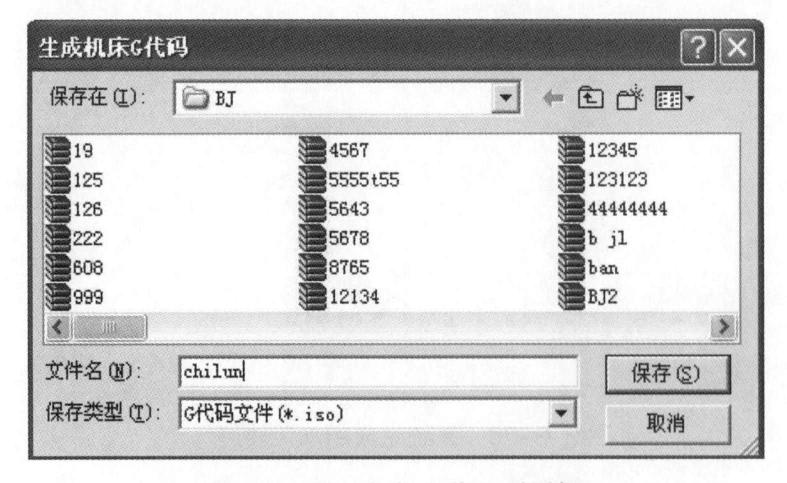

图 2-3-22　生成 G 代码对话框

③根据绘图区左下角的提示“拾取加工轨迹”的要求，鼠标单击拾取已经生成的加工轨迹（选取的加工轨迹变成红色），点击“回车”键确定，此时系统会给出生成好的、按照要求格式编制的工件加工代码，并存储在规定的存储位置加工代码生成完毕，如图 2-3-23 所示。

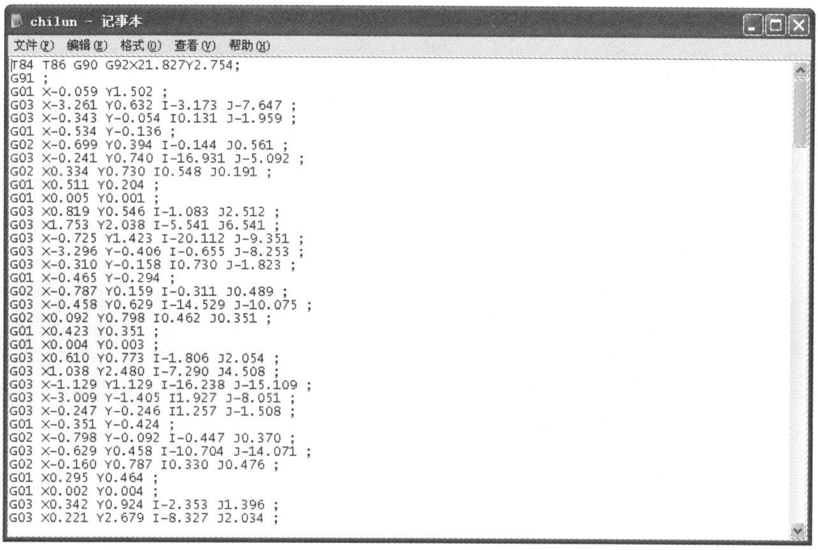

chilun - 记事本

文件(F)　编辑(E)　格式(O)　查看(V)　帮助(H)

```
T84 T86 G90 G92X21.827Y2.754;
G91 ;
G01 X-0.059 Y1.502 ;
G03 X-3.261 Y0.632 I-3.173 J-7.647 ;
G03 X-0.343 Y-0.054 I0.131 J-1.959 ;
G01 X-0.534 Y-0.136 ;
G02 X-0.699 Y0.394 I-0.144 J0.561 ;
G03 X-0.241 Y0.740 I-16.931 J-5.092 ;
G02 X0.334 Y0.730 I0.548 J0.191 ;
G01 X0.511 Y0.204 ;
G01 X0.005 Y0.001 ;
G03 X0.819 Y0.546 I-1.083 J2.512 ;
G03 X1.753 Y2.038 I-5.541 J6.541 ;
G03 X-0.725 Y1.423 I-20.112 J-9.351 ;
G03 X-3.296 Y-0.406 I-0.655 J-8.253 ;
G03 X-0.310 Y-0.158 I0.730 J-1.823 ;
G01 X-0.465 Y-0.294 ;
G02 X-0.787 Y0.159 I-0.311 J0.489 ;
G03 X-0.458 Y0.629 I-14.529 J-10.075 ;
G02 X0.092 Y0.798 I0.462 J0.351 ;
G01 X0.423 Y0.351 ;
G01 X0.004 Y0.003 ;
G03 X0.610 Y0.773 I-1.806 J2.054 ;
G03 X1.038 Y2.480 I-7.290 J4.508 ;
G03 X-1.129 Y1.129 I-16.238 J-15.109 ;
G03 X-3.009 Y-1.405 I1.927 J-8.051 ;
G03 X-0.247 Y-0.246 I1.257 J-1.508 ;
G01 X-0.351 Y-0.424 ;
G02 X-0.798 Y-0.092 I-0.447 J0.370 ;
G03 X-0.629 Y0.458 I-10.704 J-14.071 ;
G02 X-0.160 Y0.787 I0.330 J0.476 ;
G01 X0.295 Y0.464 ;
G01 X0.002 Y0.004 ;
G03 X0.342 Y0.924 I-2.353 J1.396 ;
G03 X0.221 Y2.679 I-8.327 J2.034 ;
```

图 2-3-23　生成好的加工代码

（5）数控线切割加工操作。

①再次检查机床各运动部件是否已经准备好，工件毛坯安装是否牢靠。

②单击主页面中的“文件编辑按钮”按钮，然后单击“读取磁盘”按钮，如图 2-3-24 所示。

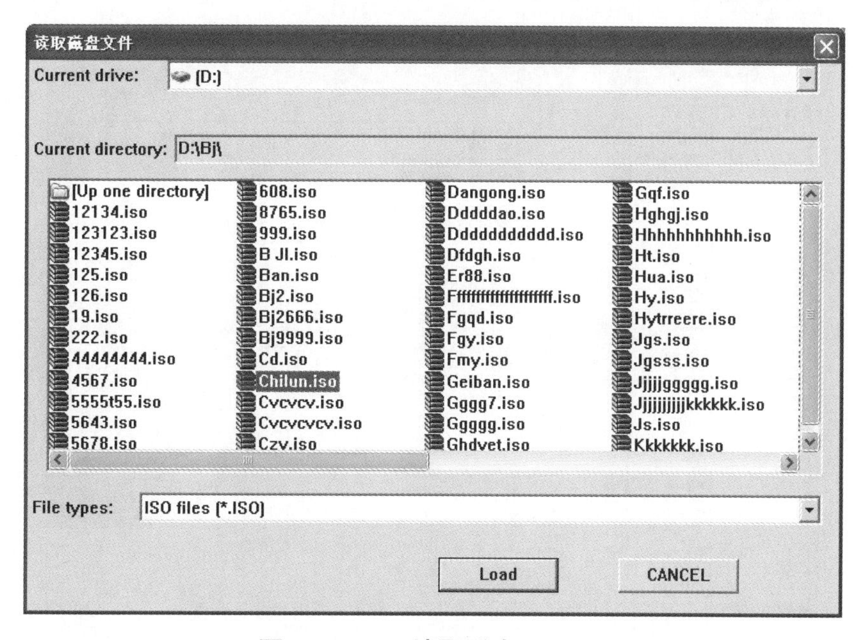

图 2-3-24　读取磁盘

③此时界面显示“读取磁盘”文件对话框，找到名为“chilun.iso”的文件，单击

“load”按钮，如图 2-3-25 所示。

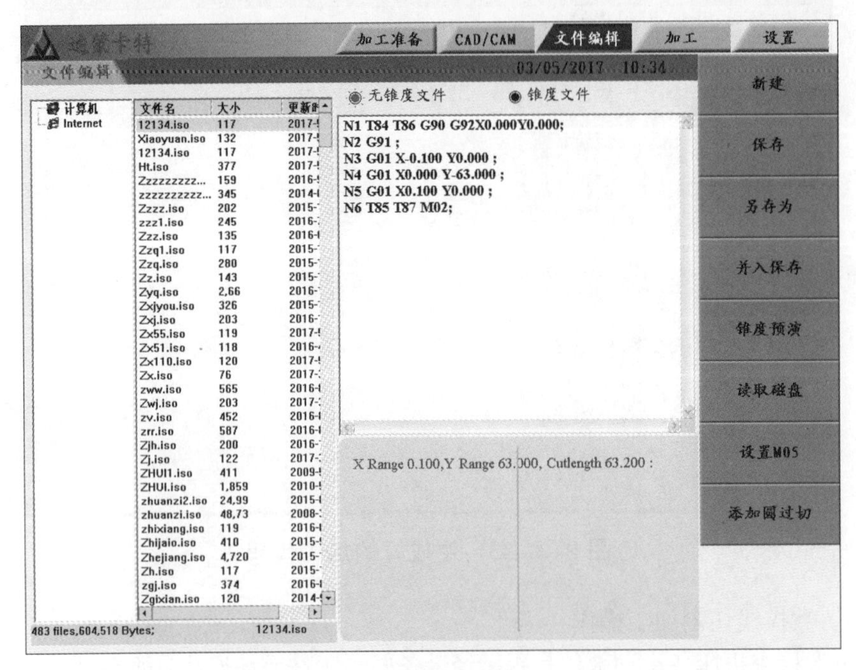

图 2-3-25 读取磁盘文

④此时弹出工件预显框，如图 2-3-26 所示。

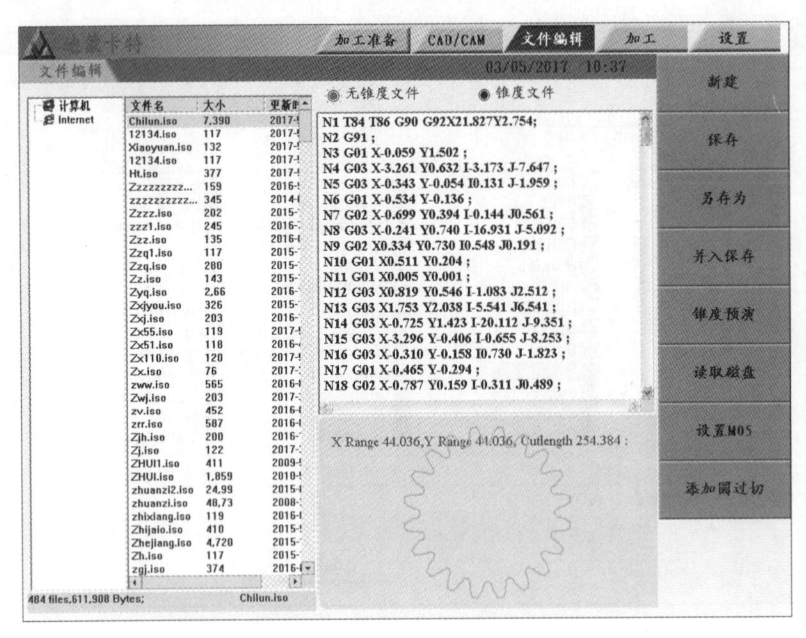

图 2-3-26 工件预显框

⑤操作手控盒定位电极丝到加工起点处，此处使用目测法。

⑥单击主页面中的“加工”按钮，然后单击“开始加工”按钮，如图 2-3-27 所示。注意，加工过程中要充分浇注切削液，以免出现断丝。

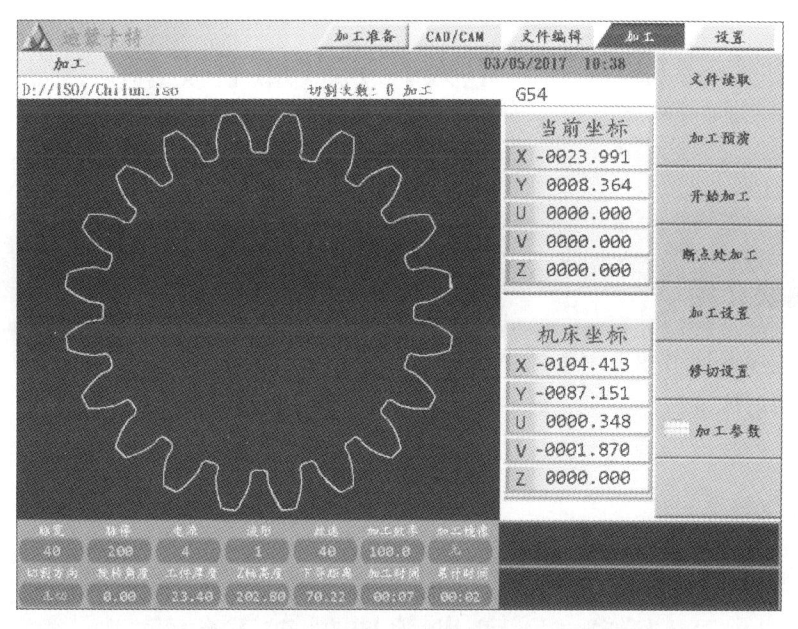

图 2-3-27　开始加工

◇思考与练习◇

1. 简要概述线切割加工的工作原理。
2. 数控线切割加工的特点是什么？
3. 数控线切割加工的优缺点分别有哪些？
4. 数控线切割加工机床的编程方式主要有哪几类？
5. CAXA 电子图板将图形绘制分为哪两个部分？
6. 数控线切割加工机床由哪几部分组成？各部分的作用是什么？
7. 如何校正电极丝的垂直度？
8. 简述零件加工的注意事项。

模块三　电火花成型加工技术

◇模块介绍◇

电火花成型加工技术主要用于对各类模具、精密零部件制造等各种导电体的复杂型腔和曲面形体进行加工。它具有加工精度高、光洁度高、速度快等特点。电火花成型加工机床外观设计美观大方，结构设计合理紧凑，机械结构坚固结实，具有极强的实用性功能。

任务1　电火花成型加工知识

◇任务简介◇

认识电火花成型加工机的基本原理，了解其分类。熟练掌握电火花加工方式的特点及加工适用范围。

◇学习目标◇

认识电火花成型加工，掌握电火花成型加工机的工作原理、机床结构、常用术语、加工特点等。

◇知识要点◇

一、电火花成型加工机床的组成

电火花成型加工机床是利用电火花加工原理加工导电材料的特种加工机床，又称电蚀加工机床。其主要用于加工各种高硬度的材料（如硬质合金和淬火钢等）和复杂形状的壳体模具、零件，以及切割、开槽和去除折断在工件孔内的工具等。

数控电火花成型加工机床由于功能的差异，导致在布局和外观上有很大的不同，但其基本组成是一样的，都由机床本体、脉冲电源、数控装置、工作液循环系统、伺服进给系统、基础部件等组成（图 3-1-1）。①机床本体包括床身、立柱、主轴头和工作台等部分；其作用主要是支承、固定工件和工具电极，并通过传动机构，实现工具电极相对于工件的进给运动。主轴头是机床的关键部分，应有一定的轴向和侧向刚度；灵敏度高，无爬行现象；运动的直线性和防扭转性好；有一定的承载能力。主轴头有多种结构形式，如电 - 液式主轴头（包括喷嘴挡板式液压头、伺服阀液压头）和电 - 机式主轴头（包括伺服电机、步进电机和宽调速电机驱动的主轴头）等。②脉冲电源的作用是提供电火花加工的能量，有弛张式、闸流管式、电子管式和晶体管式脉冲电源，其中，晶体管式脉冲电源使用范围最广。脉冲电源的性能直接影响电火花加工的加工速度、表面粗糙度、加工精度和电极损耗等工艺指标。③自动控制系统由自动调节器和自适应控制装置组成。自动调节器及其执行机构用于电火花加工过程中维持一定的火花放电间隙，保证加工过程正常、稳定地进行。自适应控制装置主要对间隙状态变化的各种参数进行单参数或多参数的自适应调节，以实现最佳的加工状态。④工作液循环过滤系统是实现电火花加工必不可少的组成部分，它主要起集中放电能量、冷却放电通道、恢复绝缘状态和排除加工产物等作用，使电火花加工持续进行。一般采用煤油、火花油等作为工作液。工作液循环过滤系统由储液箱、过滤器、泵和控制阀等部件组成。过滤方法有介质过滤、离心过滤和静电过滤等。⑤夹具附件包括电极的专用夹具、油杯、轨迹加工装置（平动头）、电极旋转头和电极分度头等。

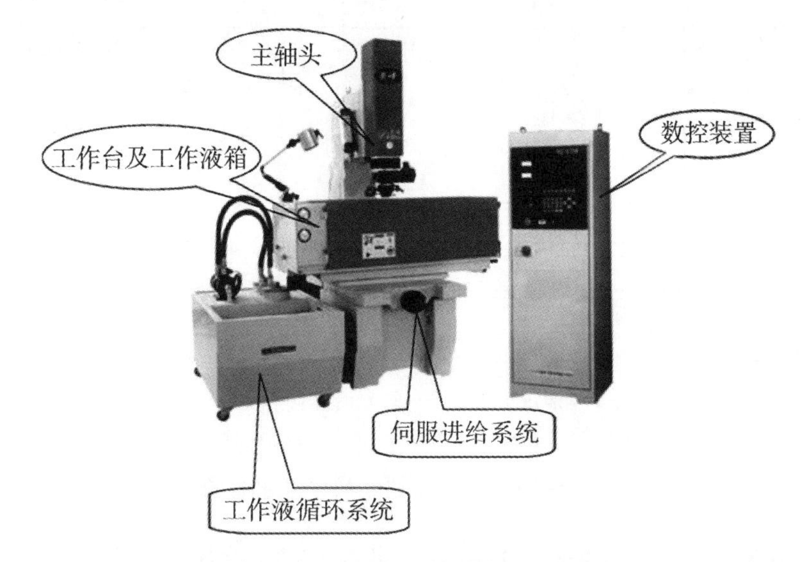

图 3-1-1　数控电火花成型加工机床

1. 机床本体

电火花成型加工机床的本体一般包含床身、立柱。主轴头上装有电极夹，用来装夹及调整电极装置。在装夹电极时，旋转调整螺钉，用百分表校正电极，使电极与工作台面垂直，与 X 或 Y 轴平行。

2. 工作液循环过滤装置

如图 3-1-2 所示，电火花成型加工用的工作液循环过滤系统包括工作液泵、容器、过滤器及管道等，使工作液强迫循环，其中 a、b 为冲油式，c、d 为抽油式。冲油是把经过过滤的清洁工作液经液压泵加压，强迫其被冲入电极与工件之间的放电间隙里，将放电蚀除的电蚀产物随同工作液一起从放电间隙中排除，以达到稳定加工。在加工时，冲油的压力可根据不同工件和几何形状及加工的深度随时改变，一般压力选为 0~200 kPa。对不通孔加工，如图 3-1-3 所示，从图中可看出，采用冲油的方法循环效果比抽油更简单，特别在型腔加工中大都采用这种方式，可以改善加工的稳定性。

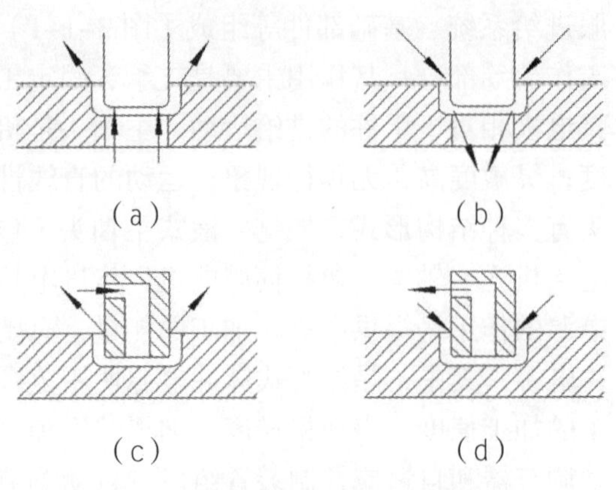

（a）下冲油式；（b）上冲油式；
（c）下抽油式；（d）上抽油式；

图 3-1-2 冲、抽油方式

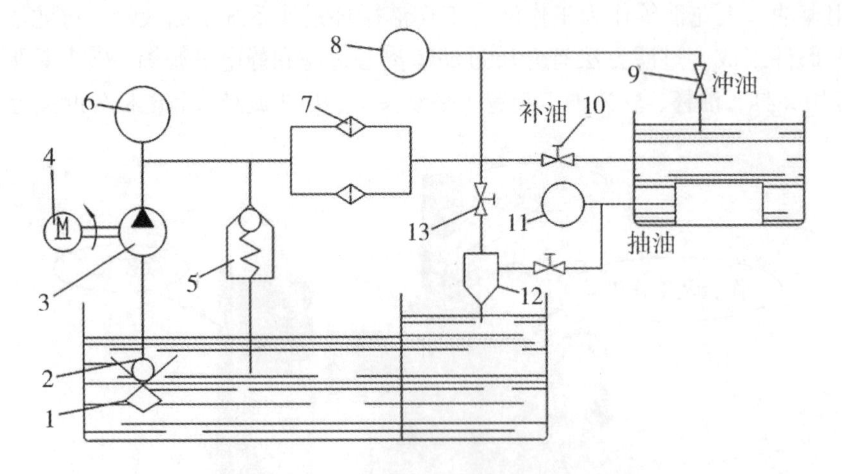

1—粗过滤；2—单向阀；3—涡旋泵；4—电动机；5—安全阀；6—压力表；
7—精过滤器；8—冲油压力表；9—压力调节阀；10—快速进油控制阀；
11—抽油压力表；12—射流抽吸管；13—抽油选择阀；

图 3-1-3 工作液循环系统油路图

图 3-1-3 为工作液循环系统油路图，它既能冲油又能抽油。其工作过程是：储油箱的工作液首先经过粗过滤器 1、单向阀 2 吸入液压泵 3，这时高压油经过不同形式的精过滤器 7 输向机床工作液槽，溢流安全阀 5 控制系统的压力不超过 400 KPa，快速进油控制阀 10 供快速进油用，待油注满油箱时，可及时调节冲油选择阀 13，由阀 9 来控制工作液循环方式及压力，当阀 13 在冲油位置时，补油、冲油都不通，这时油杯中油的压力由阀 9 控制；当阀 13 在抽油位置时，补油、抽油两路都通，这时压力工作

液穿过射流抽吸管 12，利用流体速度产生负压，达到实现抽油的目的。工作液循环过滤装置的过滤对象主要是金属粉屑和高温分解出来的碳黑。

数控电源柜由彩色 CRT 显示器、键盘、手控盒以及数控电器装置等部件组成。数控电源柜是控制电火花成型机床动作的装置。

（1）输入装置。

在机床操作过程中，操作者可以通过键盘、磁盘等装置将操作指令或程序、图形等输入，并控制机械动作。如果输入内容较多，则可以直接连接外部计算机通过连接线输入。

（2）输出装置。

输出装置通过 CRT、磁盘等装置，将电火花加工方面的程序、图形等资料输送出来。

（3）加工电源。

电火花加工原理是在极短的时间内击穿工作介质，在工具电极和工件之间进行脉冲火花放电，通过热能熔化、气化工具材料去除工件上多余的金属。电火花成型机床的加工电源性能的好坏直接影响电火花加工的加工速度、表面质量、加工精度、工具电极损耗等工艺指标。所以电源往往是电火花加床制造厂商的核心机密之一。

（4）伺服系统。

在实际操作中，当电极与工件距离较远时，由于脉冲电压不能击穿电极与工件的绝缘工作液，故不会产生火花放电；当电极与工件直接直接接触时，则所供给的电流只是流过却无法进行工件加工。

3. 加工电源的分类

加工电源按其作用原理和所用的主要元件、脉冲波形等可分为多种类型，详见 3-1-1 表。

表 3-1-1　加工电源分类表

分类	类型
按主回路中主要元件种类	张驰式、电子管式、闸流管式、脉冲发电机式、晶闸管式、晶体管式、大功率集成器件式
按输出脉冲波形	矩形波、梳状波分组脉冲、三角波形、阶梯波、正弦波、高低压复合脉冲
按间隙状态对脉冲参数的影响	独立式、非独立式
按工作回路数目	单回路、多回路

二、电火花成型机的工作原理

电火花加工时，脉冲电源的一极接工具电极（紫铜或其他导电材料如石墨），另一极接工件电极（被加工的导体），两极均浸入具有一定绝缘度的液体介质（常用煤油、矿物油或去离子水）中。工具电极由自动进给调节装置控制，以保证工具与工件在正常加工时维持很小的放电间隙（0.01~0.05 mm）。当脉冲电压加到两极之间时，会将当时条件下极间最近点的液体介质击穿，形成放电通道。由于通道的截面积很小，放电时间极短，致使能量高度集中（10~107 W/mm），放电区域产生的瞬时高温足以使材料熔化甚至蒸发，以致形成一个小凹坑。第一次脉冲放电结束之后，经过很短的间隔时间，第二个脉冲又在另一极间最近点击穿放电。如此周而复始、高频率地循环下去，工具电极不断地向工件进给，它的形状最终就复制在工件上，形成所需要的加工表面。与此同时，总能量的一小部分也释放到工具电极上，从而造成工具损耗。图 3-1-4 为电火花成型机工作原理图。

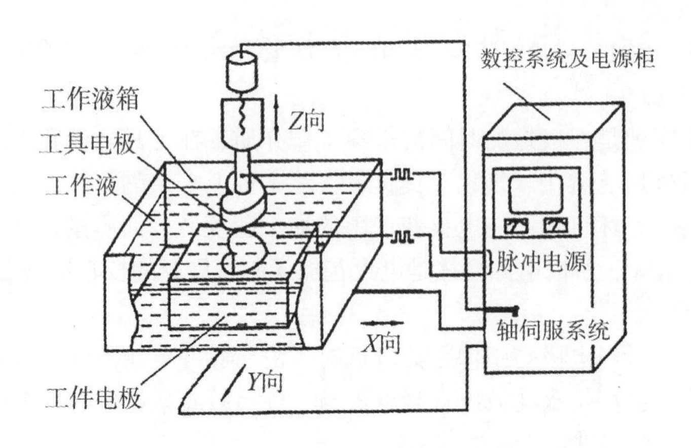

图 3-1-4　电火花成型机工作原理图

由此我们看出，进行电火花加工必须具备三个条件：必须采用脉冲电源；必须采用自动进给调节装置，以保持工具电极与工件电极间微小的放电间隙；火花放电必须在具有一定绝缘强度（10~107 Ω · m）的液体介质中进行。

三、电火花加工的基本术语及表述符号

1. 放电间隙

放电间隙指加工时工具和工件之间产生火花放电的一层距离间隙，在加工过程中，称为加工间隙 S。它的大小一般为 0.01~0.5 mm，粗加工时间隙较大，精加工时则较小。加工间隙又可分为端面间隙 S_F 和侧面间隙 S_L。

2. 脉冲宽度 t_i（μs）

脉冲宽度简称脉宽，它是加到工具和工件上放电间隙两端的电压脉冲的持续时间。为了防止电弧烧伤，电火花加工只能用断断续续的脉冲电压波。粗加工可用较大的脉宽 $t_i>100$μs，精加工时只能用较少的脉宽 $t_i<50$ μs。

3. 脉冲间隔 t_o（μs）

脉冲间隔简称脉间或间隔，也称脉冲停歇时间。它是两个电压脉冲之间的间隔时间。脉冲间隔过短，放电间隙来不及消除电离和恢复绝缘，容易产生电弧放电，烧伤工具和工件；脉冲间隔过长，会降低加工效率。加工面积、加工深度较大时，脉冲间

隔也应稍大。

4. 开路电压或峰值电压

开路电压是间隙开路时电极间的最高电压，等于电源的直流电压。峰值电压高时，放电间隙大、生产率高，但成型复制精度稍差。

5. 火花维持电压

火花维持电压是每次火花击穿后，在放电间隙上火花放电时的维持电压，一般在 25 V 左右，但它实际是一个高频振荡的电压。电弧的维持电压比火花的维持电压低 5 V 左右，高频振荡频率很低，一般示波器上观察不到高频成分，观察到的是一条水平亮线。过渡电弧的维持电压则介于火花维持电压和维持电压电弧之间。

6. 加工电压或间隙平均电压 U（V）

加工电压或间隙平均电压是指加工时，电压表上指示的放电间隙两端的平均电压，它是多个开路电压、火花放电维持电压、短路和脉冲间隔等零电压的平均值。在正常加工时，加工电压为 30~50 V，它与占空比、预置进给量等有关。占空比大、欠进给、欠跟踪、间隙偏开路时，加工电压偏大；占空比小、过跟踪或预置进给量小（间隙偏短路）时，加工电压即偏小。

7. 加工电流 I（A）

加工电流是加工时电流表上指示的流过放电间隙的平均电流。精加工时小，粗加工时大；间隙偏开路时小，间隙合理或偏短路时则大。

8. 短路电流 I_S（A）

短路电流是放电间隙短路时（或人为短路时）电流表上指示的平均电流（因为短路时还有停歇时间内无电流）。它比正常加工时的平均电流要大 20%~40%。

9. 峰值电流 I_e（A）

峰值电流是间隙火花放电时脉冲电流的最大值（瞬时），日本、英国、美国常用 Ie 表示。虽然峰值电流不易直接测量，但它是实际影响生产率、表面粗糙度等指标的重要参数。在设计制造脉冲电源时，每一只功率放大管串联限流电阻后的峰值电流是预先选择计算好的。为了安全，每个 50 W 的大功率晶体管选定的峰值电流约为 2~3 A，电源说明书中也有说明，可以按此选定粗、中、精加工时的峰值电流（实际上是选定用几个功率管进行加工）。

10. 放电状态

放电状态指电火花加工时，放电间隙内每一个脉冲放电时的基本状态。一般分为五种放电状态和脉冲类型

（1）开路（空载脉冲）。

放电间隙没有击穿，间隙上有大于 50 V 的电压，但间隙内没有电流流过，为空载状态（t_d=t_i）。

（2）火花放电（工作脉冲或称有效脉冲）。

间隙内绝缘性能良好、工作液介质击穿后能有效地抛出、蚀除金属。波形特点是电压上有 t_d、t_e，I_e 波形上有高频振荡的小锯齿波形。

（3）短路（短路脉冲）。

放电间隙直接短路相接，这是由于伺服进给系统瞬时进给过多或放电间隙中有电蚀产物搭接所致。间隙短路时电流较大，但间隙两端的电压很小，没有蚀除加工作用。

（4）电弧放电（稳定电弧放电）。

由于排屑不良，放电点集中在某一局部而不分散，局部热量积累，温度升高，恶性循环，此时火花放电就成为电弧放电。由于放电点固定在某一点或某一局部，因此称为稳定电弧。这种情况常使电极表面结炭、烧伤。波形特点是 t_a 和高频振荡的小锯齿波基本消失。

（5）过渡电弧放电（不稳定电弧放电或称不稳定火花放电）。

过渡电弧放电是正常火花放电与稳定电弧放电的过渡状态，是稳定电弧放电的前兆。波形特点是击穿延时 t_d 很小或接近于零，仅成为一尖刺，电压、电流波上的高频分量变低，变为稀疏和锯齿形。早期检测出过渡电弧放电，对防止电弧烧伤有很大意义。

以上各种放电状态在实际加工中是交替、概率性的出现的（与加工标准和进给量、冲油、间隙污染等有关），甚至在一次单脉冲放电过程中，也可能交替出现两种以上的放电状态。

11. 加工速度 v_w 或 v_w（mm^3/min）或 v_m 或 V_m（g/min）

加工速度是单位时间（min）内从工件上蚀除加工下来的金属体积（mm^3），以质量（g）计算时用 v_m 或 V_m 表示，也称加工生产率。大功率电源粗加工时 v_w>500 mm^3/min，但电火花精加工时，通常 v_w<20mm^3/min。

12. 相对损耗或损耗比（损耗率）θ（%）

相对损耗或损耗比是工具电极损耗速度和工件加工速度的比值，并以此来综合衡量工具电极的耐损耗程度和加工性能。

13. 面积效应

面积效应指电火花加工时，随着加工面积的变化而使加工速度、电极损耗比和加工稳定性等指标随之变化的现象。一般加工面积过大或过小时，工艺指标通常降低，这是由电流密度过小或过大引起的。

14. 深度效应

随着加工深度的增加而使加工速度和稳定性降低的现象称为深度效应。深度效应主要是由电蚀产物积聚、排屑不良所引起的。

四、电火花加工的特点

1. 电火花加工速度与表面质量

电火花机对模具加工时，一般会采用粗、中、精分档的加工方式。粗加工属于大功率、低损耗的方式，而中、精加工电极相对损耗大，但一般情况下中、精加工余量较少，因此电极损耗也极小，可以通过加工尺寸控制进行补偿或在不影响精度要求时予以忽略。

2. 电火花碳渣与排渣

电火花机加工在产生碳渣和排除碳渣平衡的条件下才能顺利进行。实际生产中往往会以牺牲加工速度来排除碳渣，例如在中、精加工时采用高电压、大休止脉波等。另一个影响排除碳渣的原因是加工面形状复杂，使排屑路径不畅通。

3. 电火花工件与电极相互损耗

电火花机放电脉波时间长，有利于降低电极损耗。电火花机粗加工一般采用长放电脉波和大电流放电，加工速度快、电极损耗小。在精加工时，小电流放电必须减小放电脉波时间，这样不仅加大了电极损耗，也大幅降低了加工速度。

五、电火花加工的应用

（1）电火花加工可以加工任何难加工的金属材料和导电材料。可以实现用软的工具加工硬、韧的工件，甚至可以加工聚晶金刚石、立方氮化硼一类的超硬材料。目前电极材料多采用紫铜或石墨，因此工具电极较容易加工。

（2）电火花加工可以加工形状复杂的表面，特别适用于表面复杂形状工件的加工，如复杂型腔模具加工。电加工采用数控技术以后，使得用简单的电极加工复杂形状零件成为现实。

（3）电火花加工可以加工薄壁、弹性、低刚度、微细小孔、异形小孔、深小孔等有特殊要求的零件。由于加工中工具电极和工件的非接触，没有机械加工的切削力，更适宜加工低刚度工件及微细工件。

任务 2 电火花成型加工实作

◇任务简介◇

学习加工前的各项准备工作、加工时的注意事项、影响加工的因素及实际机床的操作方法等。

◇学习目标◇

熟练掌握电火花成型加工的方法，对加工中存在和出现的问题进行分析解决。

◇知识要点◇

一、加工条件

（1）工具电极和工件电极之间必须加以 60~300 V 的脉冲电压，同时还需维持合理的距离——放电间隙。大于放电间隙，介质不能被击穿，无法形成火花放电；小于放电间隙，会导致积碳，甚至发生电弧放电，无法继续加工。

（2）两极间必须充满介质。电火花成型加工一般为火花液或煤油，线切割一般为去离子水或乳化液。

（3）输送到两极间脉冲能量应足够大，即放电通道要有很大的电流密度（一般为 104~109 A/cm^2）。

（4）放电必须是短时间的脉冲放电，一般为 1 μs~1 ms。这样才能使放电产生的热量来不及扩散，从而把能量作用局限在很小的范围内，保持火花放电的冷极特性。

（5）脉冲放电需要多次进行，并且多次脉冲放电在时间上和空间上是分散的，避免发生局部烧伤。

（6）脉冲放电后的电蚀产物能及时排放至放电间隙之外，使重复性放电顺利进行。

二、影响加工的因素

1. 影响电火花加工生产率的主要因素

生产率通常以加工速度——单位时间内蚀除工件材料的体积（或质量）大小来衡量，用 mm^3/min（或 g/min）表示。

（1）极性效应。

在电火花成形加工中，工件材料在被逐渐蚀除的同时，工具电极的材料也在被蚀除。但是，二者的蚀除量是不一样的——即使正、负两电极使用同一材料，这种现象就叫做极性效应。所谓极性，是指工件与脉冲电源哪个电极相连接，若工件与电源的阳极相接，则称为阳极性加工；若工件与电源的阴极相接，则称为阴极性加工。

（2）电参数的影响。

①脉冲宽度：当其他参数不变时，增大脉宽，工具电极损耗减小，生产率提高，加工稳定性变好。但是，应该针对不同的电极材料、不同的工件材料和加工要求，选择脉冲宽度。

②脉冲间隔：脉冲间隔减小，放电频率提高，生产率相应提高。

③脉冲能量：在正常情况下，蚀除速度与脉冲能量成正比。

2. 影响电火花加工精度的主要因素

（1）加工斜度。

斜度主要与二次放电的次数及单个脉冲能量大小有关。二次放电次数越多，脉冲能量越大，则斜度就越大。而二次放电的次数主要与排屑条件、排屑方向及加工余量有关。

（2）工具电极的精度及损耗。

由于电火花加工属仿形加工，工具电极的加工缺陷会直接复印在工件上，因此，工具电极的制造精度对工件的加工精度会造成直接影响。

（3）电极和工件的装夹及定位。

装夹、定位的精度和校正的准确度都会直接影响工件的加工精度。

（4）机床的热变形。

电火花加工产生的加工热量是很高的，加工热量会使得机床主轴轴线产生偏转，从而影响工件的加工精度。

三、电火花的加工方法

电火花加工主要由三部分组成：电火花加工的准备工作、电火花加工、电火花加工检验工作，如图 3-2-1 所示。其中电火花加工可以加工通孔和盲孔，前者习惯称为电火花穿孔加工，后者习惯上称为电火花成型加工。它们不仅是名称不同，而且加工工艺方法有着较大的区别，我们将分别加以介绍。电火花加工的准备工作有电极准备、电极装夹、工件准备、工件装夹、电极工件的校正定位等。

电火花穿孔加工一般应用于冲裁模具加工、粉末冶金模具加工、拉丝模具加工、螺纹加工等。本节以加工冲裁模具的凹模为例，说明电火花穿孔加工的方法。

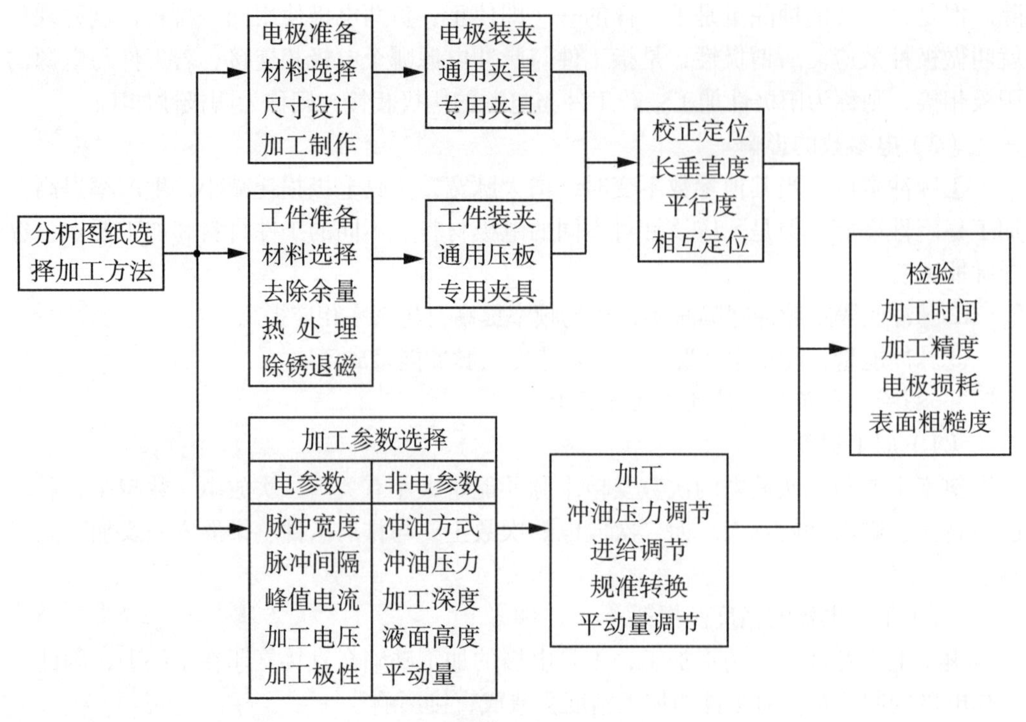

图 3–2–1

凹模的尺寸精度主要靠工具电极来保证，因此，对工具电极的精度和表面粗糙度都应有一定的要求。如凹模的尺寸为 L_2，工具电极相应的尺寸为 L_1（见图 3–2–2），单边火花间隙值为 S_L，则 $L_2=L_1+2S_L$ 其中，火花间隙值 S_L 主要取决脉冲参数与机床的精度。只要加工规准选择恰当，加工稳定，火花间隙值 S_L 的波动范围会很小。因此，只要工具电极的尺寸精确，用它加工出的凹模的尺寸也是比较精确的。

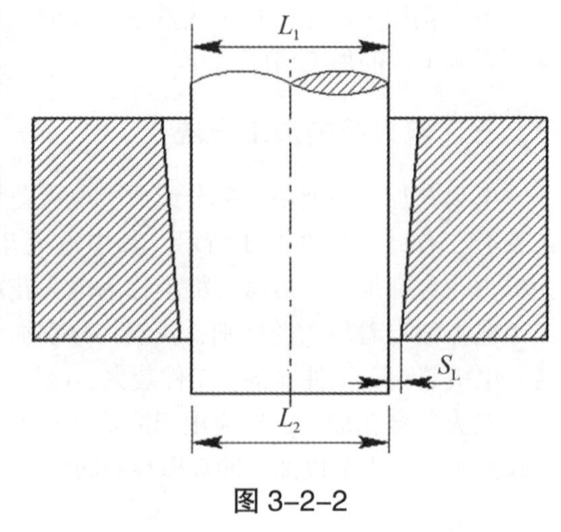

图 3–2–2

用电火花穿孔加工凹模有较多的工艺方法，在实际中应根据加工对象、技术要求等因素灵活地选择。穿孔加工的具体方法简介如下。

1. 间接法

间接法是指在模具电火花加工中，加工凸模与加工凹模用的电极分开制造，首先根据凹模尺寸设计电极，然后制造电极，进行凹模加工，再根据间隙要求来配制凸模。图 3–2–3 为间接法加工凹模的过程。

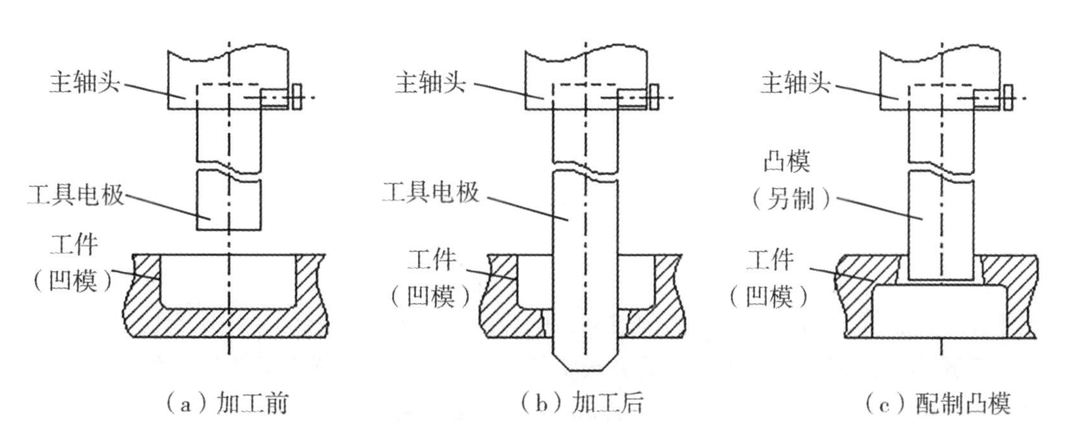

图 3-2-3　间接法

间接法的优点：

（1）可以自由选择电极材料，电加工性能好。

（2）因为凸模是根据凹模另外进行配制的，所以凸模和凹模的配合间隙与放电间隙无关。

间接法的缺点：电极与凸模分开制造，配合间隙难以保证均匀。

2. *直接法*

直接法适合于加工冲模。直接法凸模长度适当增加，先作为电极加工凹模，然后将端部损耗的部分去除直接成为凸模。直接法加工的凹模与凸模的配合间隙靠调节脉冲参数、控制火花放电间隙来保证。

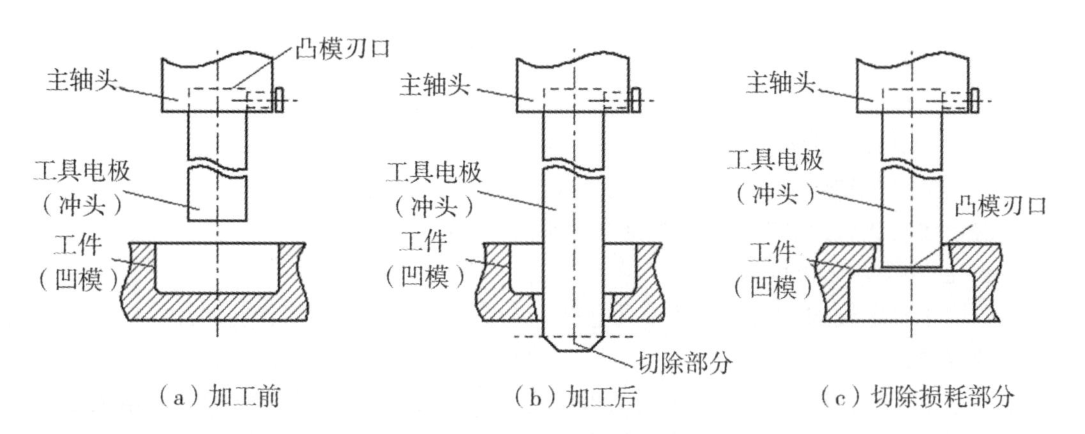

图 3-2-4　直接法

直接法的优点：

（1）可以获得均匀的配合间隙、模具质量高。

（2）无须另外制作电极。

（3）无须修配工作，生产率较高。

直接法的缺点：

（1）电极材料不能自由选择，工具电极和工件都是磁性材料，易产生磁性，电蚀下来的金属屑可能被吸附在电极放电间隙的磁场中而形成不稳定的二次放电，使加工过程很不稳定，故电火花加工性能较差。

（2）电极和冲头连在一起，尺寸较长，磨削时较困难。

3. 混合法

混合法也适用于加工冲模。混合法将电火花加工性能良好的电极材料与冲头材料黏结在一起，共同用线切割或磨削成型，然后用电火花性能好的一端作为加工端，将工件反置固定，用“反打正用”的方法实行加工。这种方法不仅可以充分发挥加工端材料好的电火花加工工艺性能，还可以达到与直接法相同的加工效果。

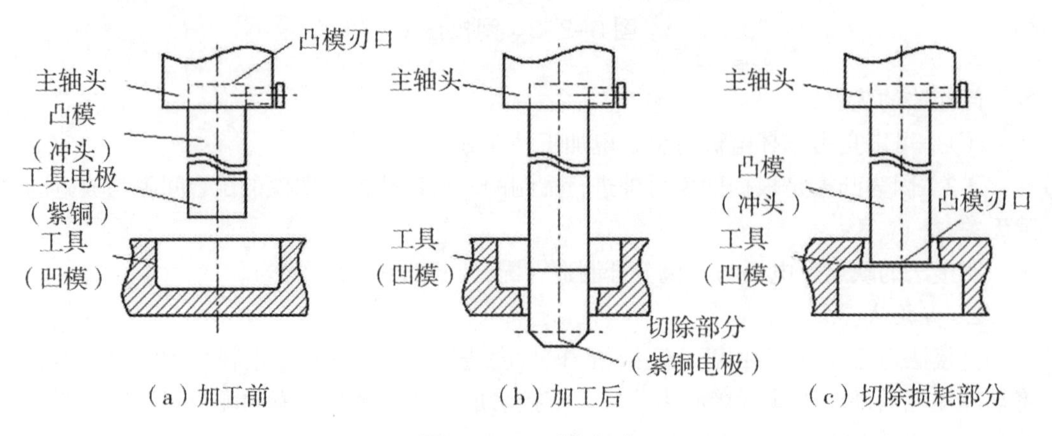

图 3–2–5　混合法

混合法的优点：

（1）可以自由选择电极材料，电加工性能好。

（2）无须另外制作电极。

（3）无须修配工作，生产率较高。

混合法的缺点：电极一定要黏结在冲头的非刃口端。

4. 阶梯工具电极加工法

阶梯工具电极加工法在冷冲模具电火花成型加工中应用极为普遍，其应用主要有以下两方面：

（1）无预孔或加工余量较大时，可以将工具电极制作为阶梯状，将工具电极分为两段，即缩小了尺寸的粗加工段，也保持了凸模尺寸的精加工段。粗加工时，采用工具电极相对损耗小、加工速度高的电规准加工，粗加工段加工完成后，只剩下较小的加工余量。精加工段即凸模段，可采用类似于直接法的方法进行加工，以达到凸凹模配合的技术要求。

（2）在加工小间隙、无间隙的冷冲模具时，配合间隙小于最小的电火花加工放电间隙，用凸模作为精加工段是不能实现加工的。此时可将凸模加长后，再加工或腐蚀

成阶梯状，使阶梯的精加工段与凸模有均匀的尺寸差。通过加工规准对放电间隙尺寸的控制，使加工后的条件符合凸凹模配合的技术要求。

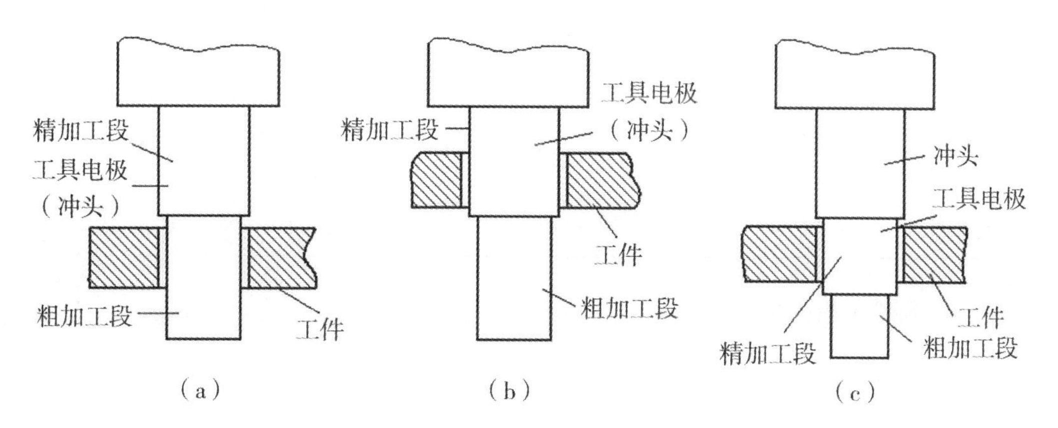

图 3-2-5　阶梯工具电极加工法

除此以外，可根据模具或工件不同的尺寸，要求采用双阶梯或多阶梯工具电极。阶梯形的工具电极可以由直柄形的工具电极用王水酸洗、腐蚀而成。机床操作人员应根据模具工件的技术要求和电火花加工的工艺常识，灵活运用阶梯工具电极技术，充分发挥穿孔电火花加工工艺的潜力，完善其工艺技术。

四、电火花加工的准备工作

1. 电极准备

电极材料的选择。

从理论上讲，任何导电材料都可以做为电极。但由于不同的材料做电极对于电火花加工速度、加工质量、电极损耗、加工稳定性有重要的影响。因此，在实际加工中，应综合考虑各个方面的因素，选择最合适的材料做电极。

目前常用的电极材料有紫铜（纯铜）、黄铜、钢、石墨、铸铁、银钨合金、铜钨合金等。这些材料的性能见表 3-2-1。

表 3-2-1 电火花加工常用电极材料性能

电极材料	电加工性能		机加工性能	说明
	稳定性	电极损耗		
钢	较差	中等	好	在选择电规准时注意加工稳定性
铸铁	一般	中等	好	加工冷冲模时常用的电极材料
黄铜	好	大	尚好	电极损耗太大
紫铜	好	较大	较差	磨削困难，难与凸模连接后同时加工

续表

电极材料	电加工性能		机加工性能	说明
	稳定性	电极损耗		
石墨	尚好	小	尚好	机械强度较差，易崩角
铜钨合金	好	小	尚好	价格贵，在深孔、直壁孔、硬质合金模具加工中使用
银钨合金	好	小	尚好	价格贵，一般少用

（1）铸铁电极的特点。

①来源丰富，价格低廉，机械加工性能好，便于采用成型磨削，因此电极的尺寸精度、几何形状精度及表面粗糙度等都容易保证。

②电极损耗和加工稳定性均一般，容易起弧，生产效率也不及铜电极。

③是一种较常用的电极材料，多用于穿孔加工。

（2）钢电极的特点。

①来源丰富，价格便宜，具有良好的机械加工性能。

②加工稳定性较差，电极损耗较大，生产效率较低。

③多用于一般的穿孔加工。

（3）紫铜（纯铜）电极的特点。

①加工过程中稳定性好，生产效率高。

②精加工时比石墨电极损耗小。

③易于加工成精密、微细的花纹，采用精密加工时能达到优于 1.25 μm 的表面粗糙度。

④因其韧性大，故机械加工性能差，磨削加工困难。

⑤适宜于做电火花成型加工的精加工电极材料。

（4）黄铜电极的特点。

①在加工过程中稳定性好，生产效率高。

②机械加工性能尚好，可用仿形刨加工，也可用成型磨削加工，但其磨削性能不如钢和铸铁。

③电极损耗最大。

（5）石墨电极的特点。

①机加工成型容易，容易修正。

②加工稳定性能较好，生产效率高，在长脉宽、大电流加工时电极损耗小。

③机械强度差，尖角处易崩裂。

④适用做电火花成型加工的粗加工电极材料。因石墨的热胀系数小，也可作为穿孔加工的大电极材料。

2. 电极设计

电极设计是电火花加工中的关键点之一。在设计中，首先详细分析产品图纸，确定电火花加工位置；其次根据现有设备、材料、拟采用的加工工艺等具体情况，确定电极的结构形式；最后根据不同的电极损耗、放电间隙等工艺要求对照型腔尺寸进行缩放，同时要考虑工具电极各部位投入放电加工的先后顺序，工具电极上各点的总加工时间和损耗，同一电极上端角、边和面上的损耗值等因素来适当补偿电极。例如，图 3-2-7 是经过损耗预测后对电极尺寸和形状进行补偿修正的示意图。

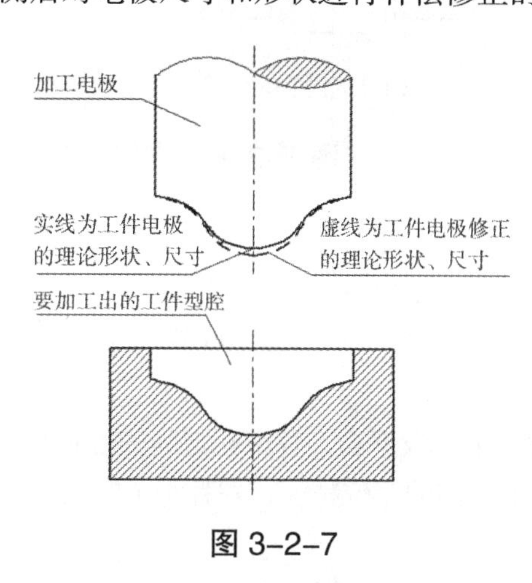

图 3-2-7

3. 电极的结构形式

电极的结构形式可根据型孔或型腔的尺寸大小、复杂程度及电极的加工工艺性等来确定。常用的电极结构形式如下。

（1）整体电极。

整体式电极由一整块材料制成。若电极尺寸较大，则在内部设置减轻孔及多个冲油孔。

对于穿孔加工，有时为了提高生产效率和加工精度及降低表面粗糙度，常采用阶梯式整体电极，即在原有的电极上适当增长，而增长部分的截面尺寸均匀减小，呈阶梯形。如图 3-2-8 所示，L_1 为原有电极的长度，L_2 为增长部分的长度。阶梯电极在电火花加工中的加工原理是先用电极增长部分 L_2 进行粗加工，来蚀除掉大部分金属，只留下很少余量，然后再用原有的电极进行精加工。阶梯电极的优点：粗加工快速蚀除金属，将精加工的加工余量降低到最小值，提高了生产效率；可减少电极更换的次数，以简化操作。

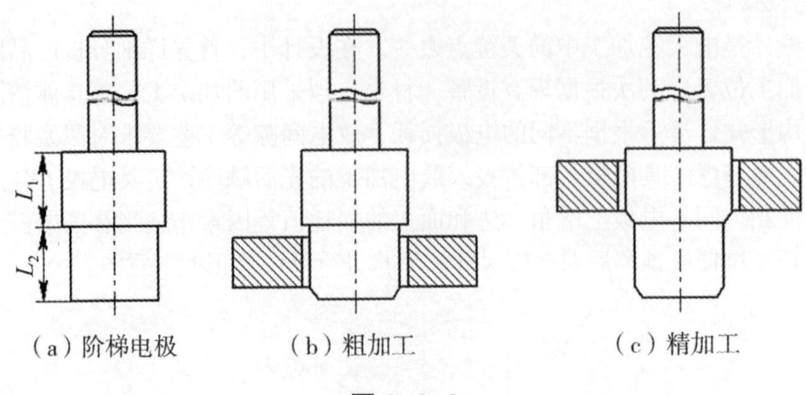

图 3-2-8

（2）组合电极。

组合电极是将若干个小电极组装在电极固定板上，可一次性同时完成多个成型表面电火花加工的电极。如图 3-2-9 所示的加工叶轮的工具电极是由多个小电极组装而构成的。

采用组合电极加工时，生产效率高，各型孔之间的位置精度也较准确。但是对组合电极来说，一定要保证各电极间的定位精度，并且每个电极的轴线要垂直于安装表面。

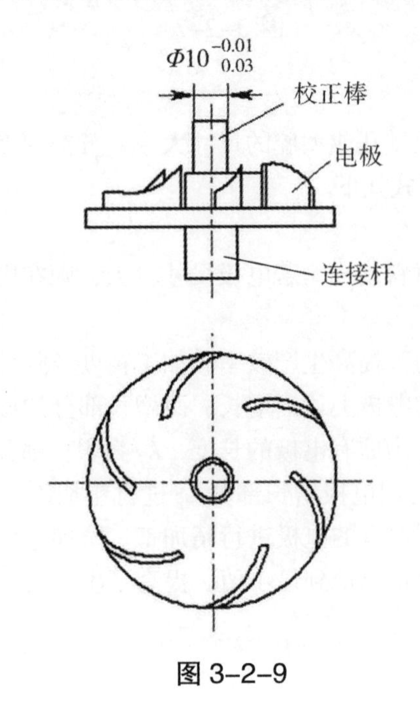

图 3-2-9

（3）镶拼式电极。

镶拼式电极是将形状复杂而制造困难的电极分成几块来加工，然后再镶拼成整体的电极。如图 3-2-10 所示，将 E 字形硅钢片冲模所用的电极分成三块，加工完毕后

再镶拼成整体。这样不但保证电极的制造精度，得到尖锐的凹角，而且简化了电极的加工，节约了材料，降低了制造成本。但在制造中，应保证各电极分块之间的位置准确，配合要紧密牢固。

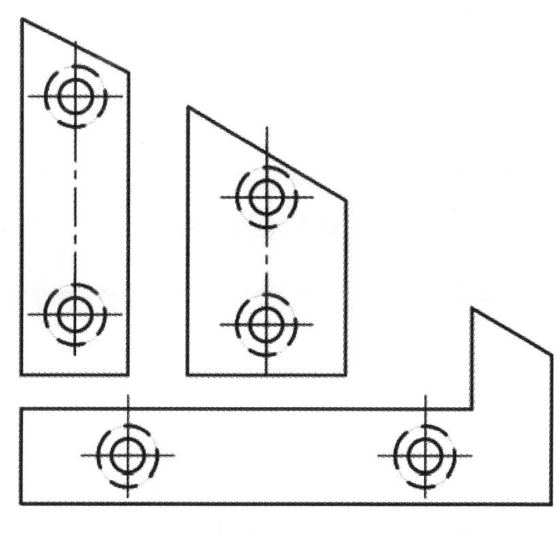

图 3-2-10

4. 电极的制造

在进行电极制造时，尽可能将要加工的电极坯料装夹在即将进行电火花加工的装夹系统上，避免因装卸而产生定位误差。

常用的电极制造方法如下。

（1）切削加工。

过去常见的切削加工有铣、车、平面和圆柱磨削等方法。随着数控技术的发展，目前经常采用数控铣床（加工中心）制造电极。数控铣削加工电极不仅能加工精度高、形状复杂的电极，而且加工速度快。

石墨材料时容易碎裂、粉末飞扬，所以在加工前需将石墨放在工作液中浸泡 2~3 天，这样可以有效减少崩角及粉末飞扬。紫铜材料切削较困难，为了达到较好的表面粗糙度，经常在切削加工后进行研磨抛光。

在用混合法穿孔加工冲模的凹模时，为了缩短电极和凸模的制造周期，保证电极与凸模的轮廓一致，通常采用电极与凸模联合成型磨削的方法。这种方法的电极材料大多选用铸铁和钢。

当电极材料为铸铁时，电极与凸模常用环氧树脂等材料胶合在一起，如图 3-2-11 所示。对于截面积较小的工件，由于不易黏牢，为防止在磨削过程中发生电极或凸模脱落，可采用锡焊或机械方法使电极与凸模连接在一起。当电极材料为钢时，可把凸模加长些，将其做成电极，即把电极和凸模做成一个整体。

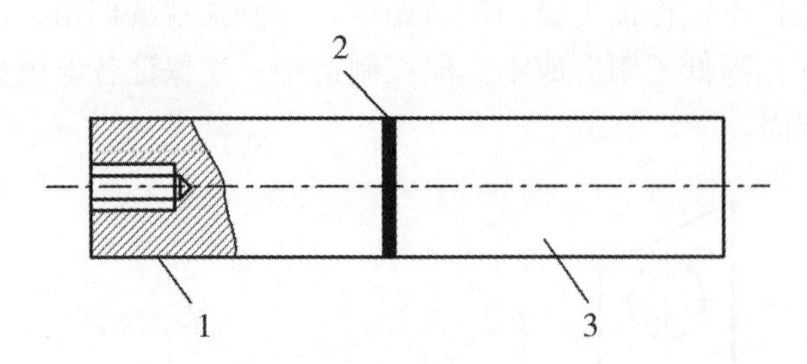

1—电极；2—黏结面；3—凸模；

图 3-2-11

电极与凸模联合成型磨削，其共同截面的公称尺寸应直接按凸模的公称尺寸进行磨削，公差取凸模公差的 1/2~2/3。

当凸、凹模的配合间隙等于放电间隙时，磨削后电极的轮廓尺寸与凸模完全相同；当凸、凹模的配合间隙小于放电间隙时，电极的轮廓尺寸应小于凸模的轮廓尺寸，在生产中可用化学腐蚀法将电极尺寸缩小至设计尺寸；当凸、凹模的配合间隙大于放电间隙时，电极的轮廓尺寸应大于凸模的轮廓尺。在生产中可用电镀法将电极扩大到设计尺寸。

（2）线切割加工。

除用机械方法制造电极外，在比较特殊需要的场合下也可用线切割加工电极，即适用于形状特别复杂、用机械加工方法无法胜任或很难保证精度的情况。

如图 3-2-12（a）所示的电极，在用机械加工方法制造时，通常是把电极分成四部分来加工，然后再镶拼成一个整体，如线图所示。由于分块加工中产生的误差及拼合时的接缝间隙和位置精度的影响，使电极产生一定的形状误差。如果使用线切割加工机床对电极进行加工，则可很容易制作出来，并能很好地保证其精度，如图 3-2-12（b）所示。

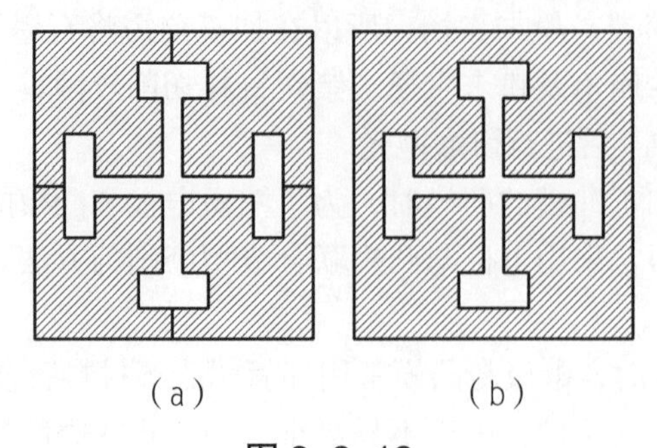

（a）　　（b）

图 3-2-12

（3）电铸加工。

电铸方法主要用来制作大尺寸电极，特别是在板材冲模领域。使用电铸方法制作出来的电极的放电性能特别好。

用电铸法制造电极，复制精度高，可制作出用机械加工方法难以完成的细微形状的电极。它比较适合有复杂形状和图案的浅型腔的电火花加工。电铸法制造电极的缺点是加工周期长、成本较高、电极质地比较疏松，使电加工时的电极损耗较大。

五、电极的装夹与校正

1. 电极的装夹

电极装夹的目的是将电极安装在机床的主轴头上，电极校正的目的是使电极的轴线平行于主轴头的轴线，即保证电极与工作台台面垂直，必要时还应保证电极的横截面基准与机床的 X 轴、Y 轴平行。

电极在安装时，一般使用通用夹具或专用夹具直接将电极装夹在机床主轴的下端。常用装夹方法有下面几种。

小型的整体式电极多采用通用夹具直接装夹在机床主轴下端，采用标准套筒、钻夹头装夹；对于尺寸较大的电极，常将电极通过螺纹连接直接装夹在夹具上。

镶拼式电极的装夹比较复杂，一般先用连接板将几块电极拼接成所需的整体，然后再用机械方法固定；也可用聚氯乙烯醋酸溶液或环氧树脂黏合，如图 3-2-13 所示。在拼接时各结合面需平整密合，然后再将连接板连同电极一起装夹在电极柄上。

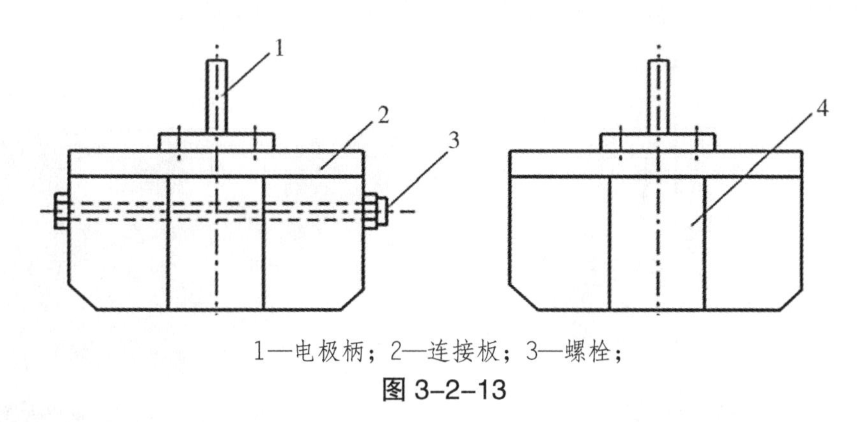

1—电极柄；2—连接板；3—螺栓；

图 3-2-13

当电极采用石墨材料时，应注意以下几点：

（1）由于石墨较脆，故不宜攻螺孔，因此可用螺栓或压板将电极固定于连接板上。石墨电极的装夹如图 3-2-14 所示。

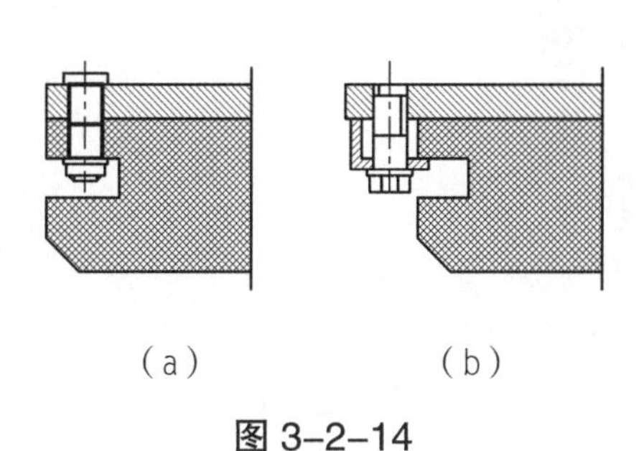

（a）　　（b）

图 3-2-14

（2）不论是整体的还是拼合的电极，都应使石墨压制时的施压方向与电火花加工时的进给方向垂直。图 3-2-15（a）箭头所示为石墨压制时的施压方向，图 3-2-15（b）为不合理的拼合，图 3-2-15（c）为合理的拼合。

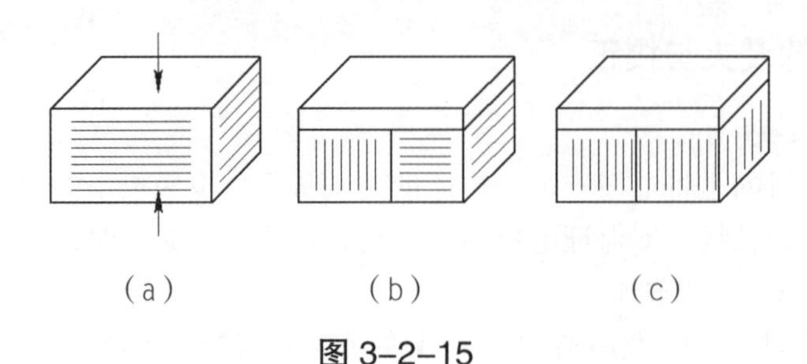

（a）　　（b）　　（c）

图 3-2-15

2. 电极的校正

电极装夹好后，必须进行校正才能加工，即不仅要调节电极与工件的基准面垂直，而且需在水平面内调节、转动一个角度，使工具电极的截面形状与将要加工的工件型孔或型腔定位的位置一致。电极与工件基准面垂直常用球面铰链来实现，工具电极的截面形状与型孔或型腔的定位靠主轴与工具电极安装面相对转动机构来调节，垂直度与水平转角调节正确后，都应用螺钉夹紧，如图 3-2-16 所示。

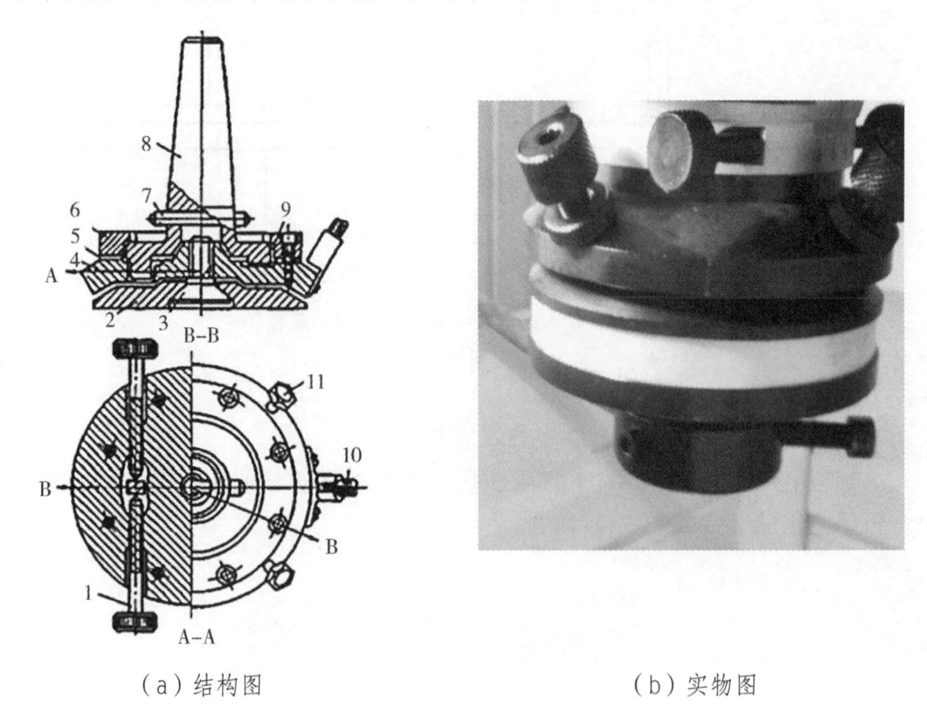

（a）结构图　　（b）实物图

1—调节螺钉；2—摆动法兰盘；3—球面螺钉；4—调角正架；5—调角垫；
6—上压板；7—销钉；8—锥柄座；9—滚珠；10—电源线；11—垂直度调节螺钉

图 3-2-16

电极装夹到主轴上后，必须进行校正，一般的校正方法有：

（1）根据电极的侧基准面，采用千分表找正电极的垂直度。

（2）电极上无侧面基准时，将电极上端面作辅助基准，找正电极的垂直度。

六、电极的定位

在电火花加工中，电极与加工工件之间定位的准确程度直接决定加工的精度。做好电极的精确定位主要有三方面内容：电极的装夹与校正、工件的装夹与校正、电极相对于工件定位。

电极的装夹与校正前面已详细讨论过，这里不再叙述。

电火花加工工件的装夹与机械切削机床相似，但由于电火花加工中的作用力很小，因此工件更容易装夹。在实际生产中，工件常用压板、磁性吸盘（吸盘中的内六角孔中插入扳手可以调节磁力的有无，如图 3–2–17 所示）、虎钳等来固定在机床工作台上，多用百分表来校正，使工件的基准面分别与机床的 X、Y 轴平行。如图 3–2–18 所示。

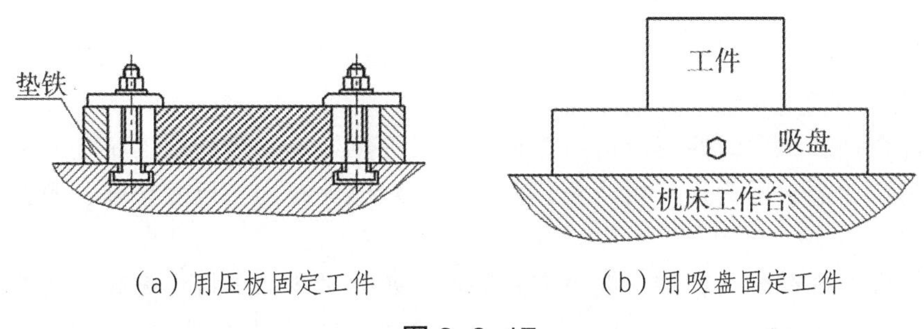

（a）用压板固定工件　　（b）用吸盘固定工件

图 3–2–17

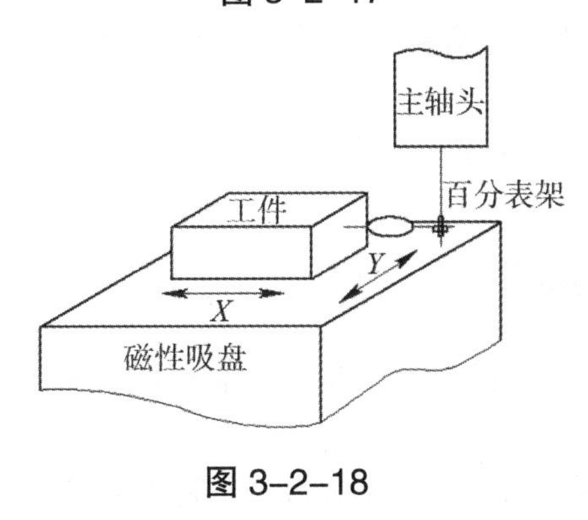

图 3–2–18

电极相对于工件定位是指将已安装校正好的电极对准工件上的加工位置，以保证加工的孔或型腔在凹模上的位置精度。习惯上将电极相对于工件的定位过程称为找正。电极找正与其他数控机床的定位方法大致形似，目前生产的大多数电火花机床都有接触感知功能，通过接触感知功能能较精确地实现电极相对工件的定位。

七、工件的准备

电火花加工在整个零件的加工中属于最后一道工序或接近最后一道工序，所以在加工前宜认真准备工件，具体内容如下。

1. 工件的预加工

一般来说，机械切削的效率比电火花加工的效率高。所以电火花加工前，应尽可能用机械加工的方法去除大部分加工余料，即预加工。预加工可以节省电火花粗加工时间，提高总的生产效率，但预加工时要注意以下几点：

（1）所留余量要合适，尽量做到余量均匀，否则会影响型腔表面粗糙度和电极不均匀的损耗，破坏型腔的仿型精度。

（2）对一些形状复杂的型腔，顶加工比较困难，可直接进行电火花加工。

（3）在缺少通用夹具的情况下，用常规夹具在预加工中需要将工件多次装夹。

（4）预加工后使用的电极上可能有铣削等机加工痕迹，如用这种电极精加工则可能会影响到工件的表面粗糙度。

（5）预加工过的工件进行电火花加工时，在起始阶段加工稳定性可能存在问题。

2. 热处理

工件在预加工后，便可以进行淬火、回火等热处理。热处理工序应尽量安排在电火花加工前面，因为这样可避免热处理变形对电火花加工尺寸精度、型腔形状等的影响。

热处理安排在电火花加工前也有其缺点，如电火花加工将淬火表层加工掉一部分，影响了热处理的质量和效果。所以有些型腔模安排在热处理前进行电火花加工，这样型腔加工后钳工抛光容易，并且淬火时的淬透性也较好。

3. 其他工序

工件在电火花加工前还必须除锈去磁，否则在加工中工件会吸附铁屑，很容易引起拉弧烧伤。

八、电蚀产物的排除

经过前面的学习，我们知道，如果电火花加工中电蚀产物不能及时排除，会对加工产生巨大的影响。

电蚀产物的排除虽然是加工中出现的问题，但为了较好地排除电蚀产物，其准备工作必须在加工前做好。通常采用的方法如下。

1. 电极冲油

电极上开小孔，并强迫冲油是型腔电加工最常用的方法之一。冲油小孔直径一般为 0.5~2 mm，可以根据需要开一个或几个小孔。

2. 工件冲油

工件冲油是通孔电加工最常用的方法之一。由于通孔加工大多在工件上开有预孔，因而具备冲油条件。型腔加工时如果允许工件加工部位开孔，则也可采用此法。

3. 工件抽油

工件抽油常用于穿孔加工。由于加工的蚀除物不经过加工区，因而加工斜度很小。抽油时要使放电时产生的气体（大多是易燃气体）及时排放，不能积聚在加工区，否则会引起“放炮”。“放炮”是严重的事故，轻则工件移位，重则工件炸裂，主轴头受到严重损伤。通常在安放工件的油杯上采取措施，将抽油的部位尽量接近加工位置，将产生的气体及时被抽走。抽油的排屑效果不如冲油好

4. 开排气孔

大型型腔加工时经常在电极上开排气孔。该方法工艺简单，虽然排屑效果不如冲油，但对电极损耗影响较小。开排气孔在粗加工时比较有效，精加工时需采用其他排屑办法。

5. 抬刀

工具电极在加工中边加工边抬刀是最常用的排屑方法之一。通过抬刀，电极与工件间的间隙加大，液体流动加快，有助于电蚀产物的快速排除。

抬刀有两种情况：一种是定时的周期抬刀，目前绝大部分电火花机床具备此功能，另一种是自适应抬刀，可以根据加工的状态自动调节进给的时间和抬起的时间（即抬起高度），使加工正好一直处于正常状态。自适应抬刀与自适应冲油一样，在加工出现不正常时才抬刀，正常加工时则不抬刀。显然，自适应抬刀减少了不必要的抬刀，可提高加工效率。

6. 电极的摇动或平动

电火花加工中电极的平动或摇动加工从客观上改善了排屑条件。排屑的效果与电极平动或摇动的速度有关。

在采用上述方法实现工作液冲油或抽油强迫循环中，往往需要在工作台上装上油杯（见图 3–3–19），油杯的侧壁和底边上开有冲油也和抽油孔。电火花加工时，工作液会分解产生气体（主要是氢气）。这些气体如不及时排出，就会存积在油杯里，若被电火花放电引燃，将产生放炮现象，造成电极与工件位移，给加工带来很大麻烦，影响被加工工件的尺寸精度。所以对油杯的应用要注意以下几点：

（1）油杯要有合适的高度，能满足加工较厚工件的电极伸出长度，在结构上应满足加工型孔的形状和尺寸要求。油杯的形状一般有圆形和长方形两种，都应具备冲、抽油的条件。为防止在油杯顶部积聚气泡，抽油的抽气管应紧挨在工件底面。

（2）油杯的刚度和精度要好。根据加工的实际需要，油杯的两端面不平度不能超过 0.01 mm，同时密封性要好，防止有漏油现象。

（3）油杯底部的抽油孔，如底部安装不方便，可安置在靠底部侧面，也可省去抽油抽气管和底板，而直接安置在油杯侧面的最上部。

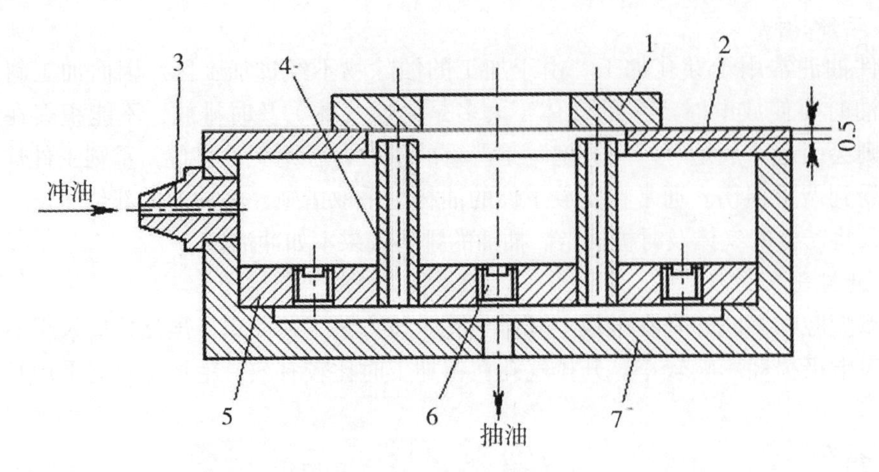

1—工件；2—油杯管；3—管接头；4—抽油抽气管；5—底板；6—油塞；7—油箱

图 3-2-19

九、加工规准转换及加工实例

1. 加工规准转换

电火花加工中，在粗加工完成后，再使用其他规准加工，使工件粗糙度逐步降低，逐步达到加工尺寸。在加工中，规准的转换还需要考虑其他因素，如加工中的最大加工电流要根据不同时期的实际加工面积确定并进行调节，但总体上来说有一些共同点。

1. 掌握加工余量

掌握加工余量是提高加工质量和缩短加工时间的最重要环节。一般来说，分配加工余量要做到事先心中有数，在加工过程中只进行微小的调整。

加工余量的控制，主要从粗糙度和电极损耗两方面来考虑。在一般型腔低损耗（θ<1%）加工中，能达到的各种表面粗糙度与最小加工余量有一定的规律（见表 3-2-2）。在加工中必须使加工余量不小于最小加工余量。若加工余量太小，会造成粗糙度加工不出或者工件达不到规定的尺寸。

表 3-2-2

表面粗糙度 *Ra*/μm		最小加工余量 /μm
低损耗规准的范围（θ<1%）	50~25	0.5~1
	12.5	1
	6.3	0.20~0.40
	3.2	0.10~0.20
	1.6	0.05~0.10
	0.8	0.05 以下

2. 粗糙度逐级逼近

电规准转换的另一个要点是使粗糙度逐级逼近，非常忌讳粗糙度转换过大，尤其是要防止在损耗明显增大的情况下又使粗糙度变大。这样电极损耗的痕迹会直接反映在电极表面上，使最后加工粗糙度变差。

粗糙度逐级逼近是降低粗糙度的一种经济、有效的方法。低损耗加工时，粗糙度转换可以大一些。转换规准的时机是必须把前一电规准的粗糙表面全部均匀地修光并达到一定尺寸后才进行下一电规准的加工。

3. 尺寸控制

加工尺寸控制也是规准转换时应予充分注意的问题之一。一般来说，*X*、*Y* 平面尺寸的控制比较直观，并可以在加工过程中随时进行测量；加工深度的控制比较困难，一般机床只能指示主轴进给的位置，至于实际加工深度还要考虑电极损耗和电火花间隙。因此在一般情况下，深度方向都加工至稍微超过规定尺寸，然后在加工完之后，再将上平面磨去一部分。

近年来，新发展研制的数控机床，有的具有加工深度的显示，比较高级的机床其显示的深度还自动地扣除了放电间隙和电极损耗量。

4. 损耗控制

在理想的情况下，当然最好是在任何粗糙度时都用低损耗规准加工，这样加工质量比较容易控制，但这并不是在所有情况下都能够办得到的。同时由于低损耗加工的效率比有损耗加工要低，故对于某些要求并不太高而加工余量又很大的工件，其电极损耗的工艺要求可以低一些。有的加工，由于工艺条件或者其他因素，其电极损耗很难控制，因此要采取相应的措施才能完成一定要求的放电加工。

在加工中，为了有目的地控制电极损耗，应先了解如下内容：

（1）如果用石墨电极作粗加工时，电极损耗一般可以达到 1% 以下。

（2）用石墨电极采用粗、中加工规准加工得到的零件的最小粗糙度 *R*a 能达到 3.2 μm，但通常只能在 6.3 μm 左右。

（3）若用石墨作电极且加工零件的表面粗糙度 *R*a<3.2 μm，则电极损耗在 15%~50%。

（4）不管是粗加工还是精加工，电极角部损耗较大。粗加工时，电极表面会产生缺陷。

（5）紫铜电极粗加工的电极损耗量也可以低于 1%，但加工电流超过 30 A 后，电极表面会产生起皱和开裂现象。

（6）在一般情况下，用紫铜作电极采用低损耗加工规准进行加工，零件的表面粗糙度 *R*a 可以达到 3.2 μm 左右。

（7）紫铜电极的角损耗比石墨电极更大。

了解上述情况后，在规准转换时控制损耗就比较有把握了。电规准转换时对电极损耗的控制最主要的是要掌握低损耗加工转向有损耗加工的时机，也就是用低损耗规准加工到什么粗糙度，加工余量多大的时候才用有损耗规准加工，每个规准的加工余量取多少才适当。

石墨电极低损耗加工粗糙度 *Ra* 一般可达到 6.3 μm 左右，转向有损耗加工时其加工余量一般控制在 0.20 mm 以下，这样就可以使总的电极损耗量小于 0.20 mm。当然形状不同，加工工艺条件不同，低损耗规准的要求也不一样。例如，形状简单的型腔的低损耗规准与窄槽等的低损耗规准就不一样，转换规准时机也不一样，前者 T_{on}/I_p 值可以小一些，后者则要大一些；前者在损耗值允许时，可以在粗糙度较大的情况下转换为有损耗加工，后者则为了保证成型精度，应当尽可能用低损耗规准加工到较小的粗糙度。

紫铜电极加工时，除了要控制 *Ton*/*I*p 值外，还要注意加工电流不要太大。规准转换时要使低损耗加工粗糙度达到尽量小的等级，使精加工损耗量减少到最低限度。

表 3-2-3 所示为电夫准转换与平动量分配。

表 3-2-3 电规准转换与平动量分配

序号	脉冲宽度 /μs	脉冲电流幅值 /A	平均加工电流 /A	表面粗糙度 *Ra*/μm	单边平动量 /mm	端面进给量 /mm	备注
1	350	30	14	10	0	19.90	1. 型腔深为 20 mm，考虑 1% 损耗，端面总进给量为 20.2 mm 2. 型腔加工表面粗糙度 *Ra* 为 0.6 μm 3. 用 *Z* 轴数控电火花成型机床加工
2	210	18	8	7	0.1	0.12	
3	130	12	6	5	0.17	0.07	
4	70	9	4	3	0.21	0.05	
5	20	6	2	2	0.23	0.03	
6	6	3	1.5	1.3	0.245	0.02	
7	2	1	0.5	0.6	0.25	0.01	

2. 加工实例

（1）机床安全操作规程。

①电火花机床在放电加工中，严禁用手触及电极，以免发生触电危险；放电加工过中，绝对不允许操作人员擅自离开。

②油箱中要有足够的油量，控制油温不超过 50℃，若温度过高时，应该加快加工液的循环，用以降低油温。

③加工时，可喷油加工，也可浸油加工。喷油加工时容易引起火灾，应小心。浸油加时，加工液应全部浸没工件，工作液的液面一定要高于工件 30 mm 以上。如果液面过低或加工电流较大，极有可能导致发生火灾。

④加工完成后，必须先切断总电源，然后拉动加工液槽边上的放油拉杆，放掉加工液后，擦试机床，确保机床的清洁。

⑤每次加工完毕后，应将工作液槽的煤油泄放回工作液内，将工作台面用棉纱擦拭干净。

⑥放电加工时，请勿接触电极头，以免触电。

⑦当电极面较大时，可先用弱规准以电火花放电校正电极和工件的平贴性。

⑧碰撞对刀时，勿移动工作台，以免损伤电极及主轴。

⑨在电极和工件之间，不能有锈蚀、棉布等不导电物体，以免造成撞刀保护失灵。

⑩加工时，操作者不能离开机床。

⑪加工油槽内，勿放置棉纱、布等易燃物，槽内铁屑不应太多，应经常清理油槽内的杂物。

动手操作并初步掌握对工件和电极的装夹、定位和加工方法

加工前相关材料的准备：

①电极棒（可使用铜、石墨等材质）；

②被加工材料（具有导电性）；

③夹具（使用常见通用夹具）；

④将材料预加工完毕；

⑤安装定位后找正；

⑥检查电火花成型机各部是否正常。

（2）加工图纸，如图 3-2-21 所示。

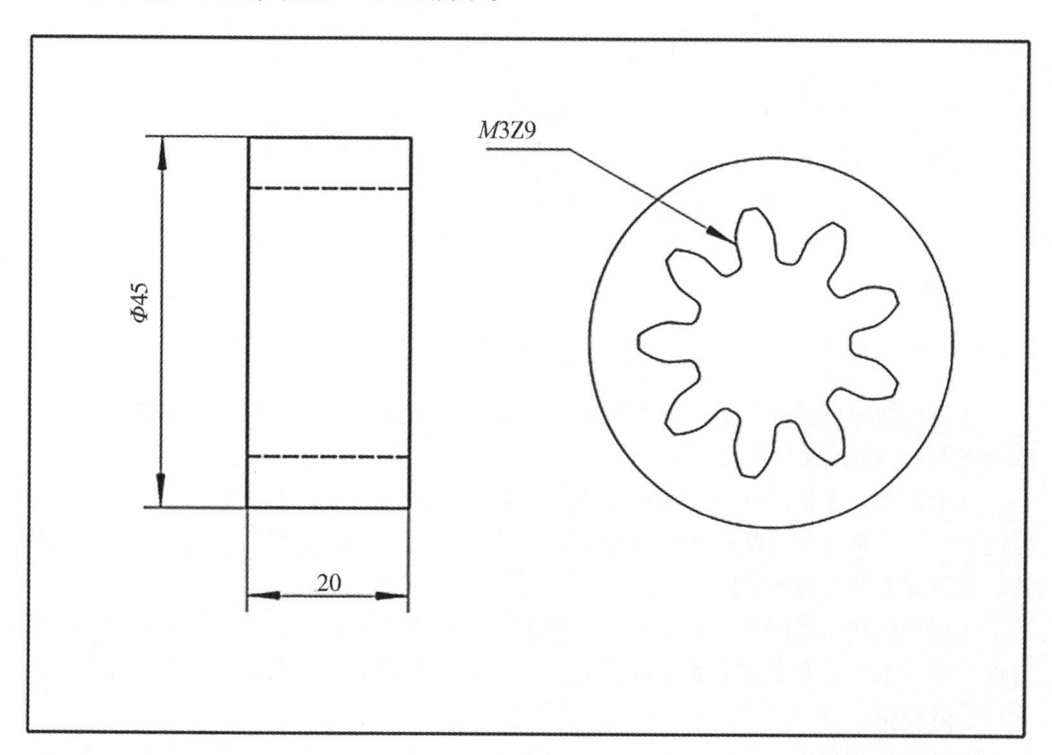

图 3-2-20

（3）加工步骤。

如图 3–2–21 所示，需要在一圆形板材上加工一个内齿轮。

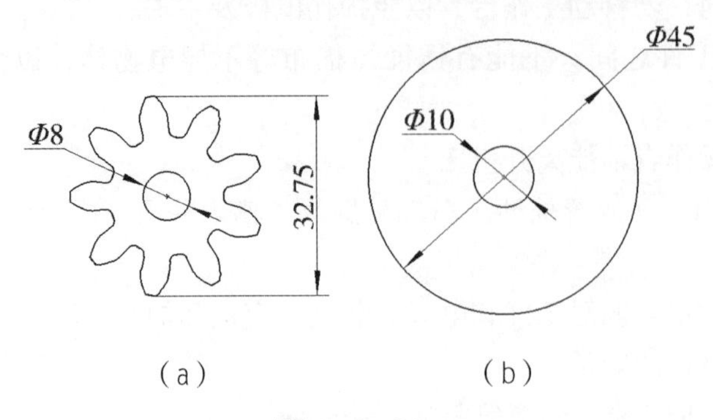

图 3–2–21

①使用线切割加工一个如图 3–2–21（a）所示的电极，为了节省材料我们使用铜制组合式电极。在预先加工好的齿轮中间开一个 8 mm 的孔，使用螺栓将电极安装在连接杆上，并校正，安装完成，如图 3–2–22 所示。

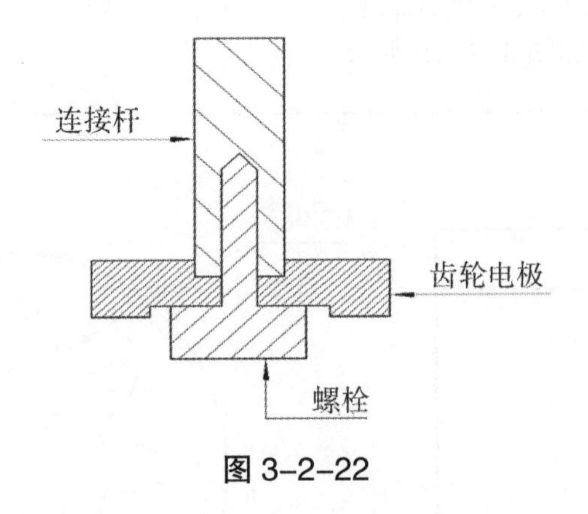

图 3–2–22

注意：齿轮电极的安装一定要和被加工工件的表面平行，否则可能出现加工时轮廓精度无法控制的情况。

②工件上预先加工好一个可以使螺栓通过的通孔，这样既可以节省加工时间，也可使螺栓不会和工件接触产生电蚀效应，导致和齿轮铜电极之间出现加工不均匀的现象，也保证了电极的可靠性。

③将预先加工好的工件安装在工作台上，这里使用的是一个通过压板固定在工作台面上的三爪自定心卡盘。将工件安装在三爪卡盘上固定好，保证工件和工作台之间为可导电通路。

④将电极通过手动或自动的方式移动到工件上进行圆心找正，使电极根据图纸要求正对工件中心。

⑤打开机床控制面板上的 F11 键，同时关闭储油的工作液箱，关闭泄油阀，把游

标提升至侵没工件的位置。

⑥该工件 X 向、Y 向基准设定在工件对称中心处，Z 向基准设在工件的上表面。找正后，设备程序在该处位置显示值为零，如图 3–2–23 所示。采用对刀速度，机头慢速下行，直至电极与工件上表面接触，下行动作自行停止（此时机床会发出“嘀”声）。

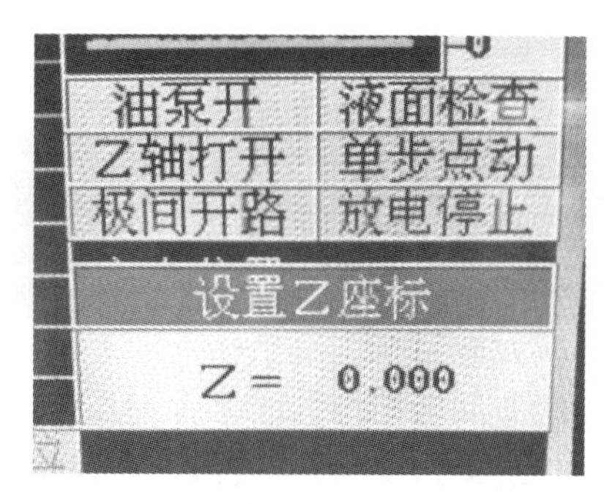

图 3–2–23

⑦令控制面板 Z 值显示为零；电极以对刀速度靠工件 X 向两侧面以获取该两面的 X 值，设备程序根据该两面 X 值作自动分中，令控制面板该处 X 值显示为零；电极以对刀速度靠工件 Y 向两侧面以获取该两面的 Y 值，程序根据该两面 Y 值作自动分中，令控制面板该处 Y 值显示为零；

⑧按下键盘上的 F9 键，启动加工。

⑨待工件加工完毕后，按下 F9 键断电停止，再按下操作手柄上的 Z+ 键，升起主轴，打开泄油阀，待油液完全泄去之后，取出工件。

⑩检测。

◇思考与练习◇

1. 电火花成型机由哪几部分组成？
2. 简述电火花成型机的工作原理？
3. 电火花成型机的加工特点有哪些？
4. 电火花加工主要由哪几部分组成？
5. 电火花加工的准备工作有哪些？
6. 常用的电极有哪些？

模块四　精密测量技术

◇模块介绍◇

三坐标测量仪又称为三次元测量仪、三坐标量床、三坐标或三坐标测量机。三坐标测量仪是指在一个六面体的空间范围内，能够表现几何形状、长度及圆周分度等测量能力的仪器。三坐标测量仪又可定义为：一种具有可作三个方向移动的探测器，可在三个相互垂直的导轨上移动，此探测器以接触或非接触等方式传递信号，三个轴的位移测量系统（如光栅尺）经数据处理器或计算机等计算出工件的各点（X，Y，Z）及各项功能测量的仪器。三坐标测量仪的测量功能应包括尺寸精度、定位精度、几何精度及轮廓精度等，属于高精密测量仪器。其广泛应用于汽车、电子、机械、航空、军工、模具等行业中的箱体、机架、齿轮、凸轮、蜗轮、蜗杆、叶片、曲线、曲面等测量。

任务1　三坐标测量仪介绍

◇任务简介◇

本任务主要对三坐标测量仪做基本介绍，使学习者对三坐标测量仪有进一步了解，为下一步操作技能打好基础。

◇学习目标◇

1. 三坐标测量仪的组成及部件名称。
2. 三坐标测量仪开关机。
3. CALYPSO 软件。
4. 三坐标测量仪的维护保养。

◇知识要点◇

一、基本组成

1. 硬件（图 4-1-1）

硬件主要由测量机主机、探测系统、控制系统组成。

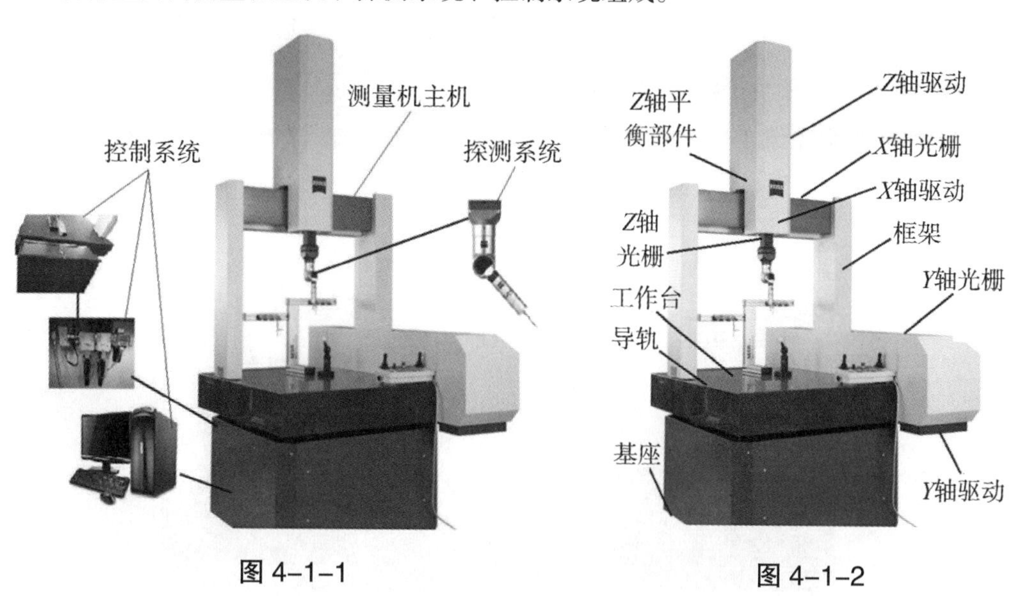

图 4-1-1　　图 4-1-2

（1）测量机主机结构（图 4-1-2）。

测量柱机主、结构包括框架结构、标尺系统、导轨、驱动装置、平衡部件、转台与附件、空气轴承气路系统等。

（2）探测系统（图 4-1-3）。

探测系统介绍及分类：

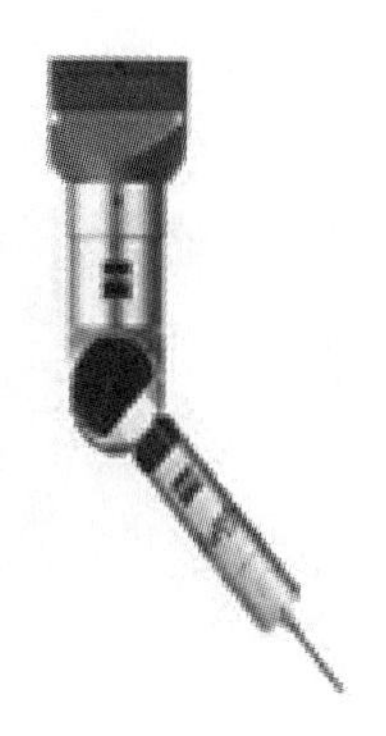

图 4-1-3

（3）控制系统。

控制系统由控制柜、计算机硬件部分、测量软件、及打印等装置组成。

2. 软件

软件主要由操作系统、测量软件（CALYPSO、GEAR PRO、HOLOS、BLADE PRO、CALIGO）组成

二、CMM 按结构形式和运动关系分类

1. 移动桥式（图 4–1–4）

移动桥式是运用最广泛的一种结构形式。

2. 固定桥式（图 4–1–5）

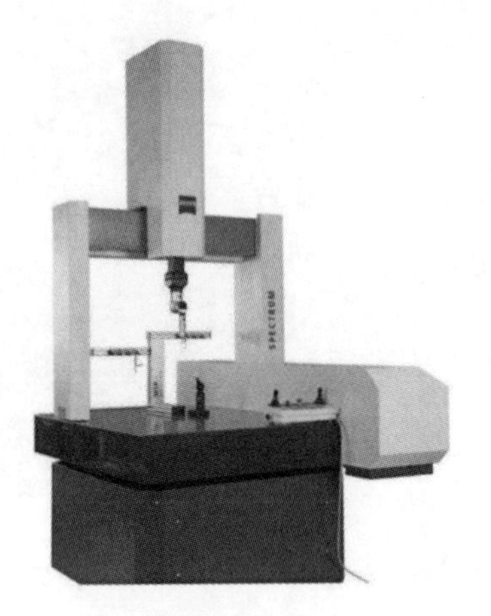

图 4–1–4

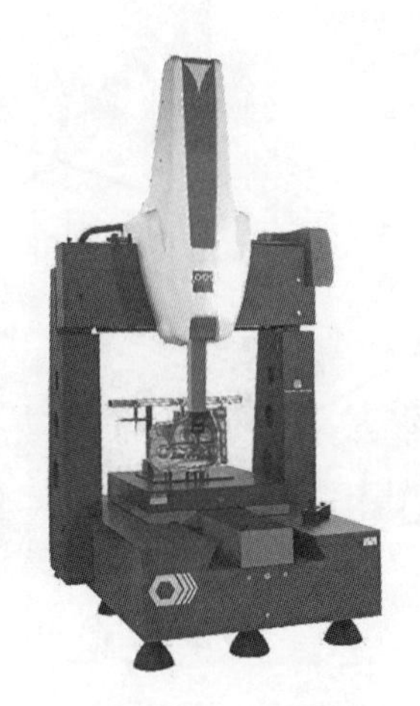

图 4–1–5

3. 龙门式（图 4–1–6）

龙门式适用于航空、造船、卫星装备等大尺寸产品测量的大型测量机。

4. 悬臂式（图 4–1–7）

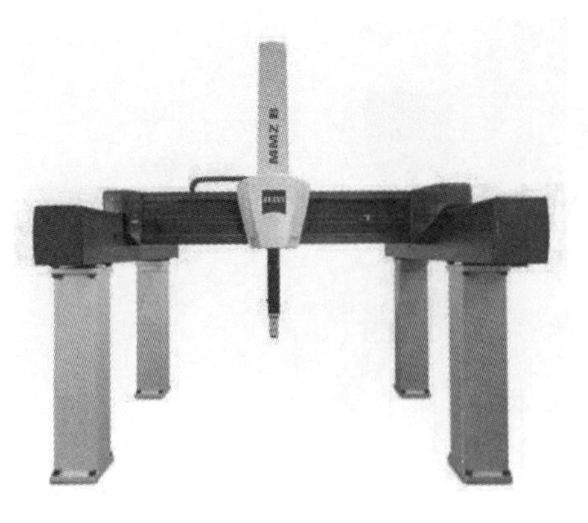

图 4–1–6

图 4–1–7

5. 水平臂式（图 4–1–8）

水平臂式有单臂式和双臂式两种，适用于汽车工业钣金等测量。

在线测量机在生产流水线上工作。其结构坚固，能抵御车间温度波动大和生产环境恶劣的不利条件，达到最高测量精度，保证测量结果的可靠性和稳定性（图 4–1–9）。

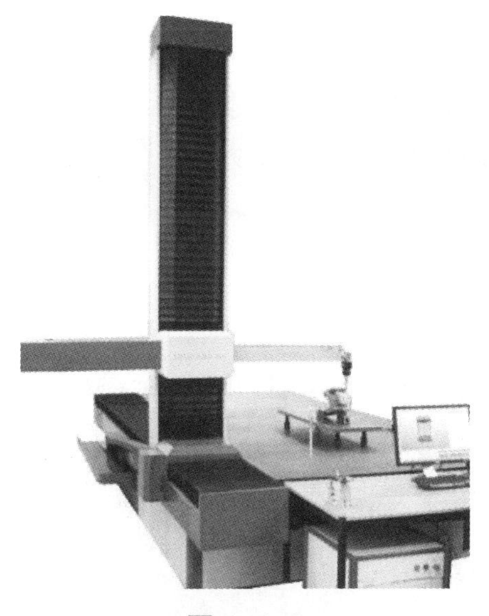

图 4–1–8

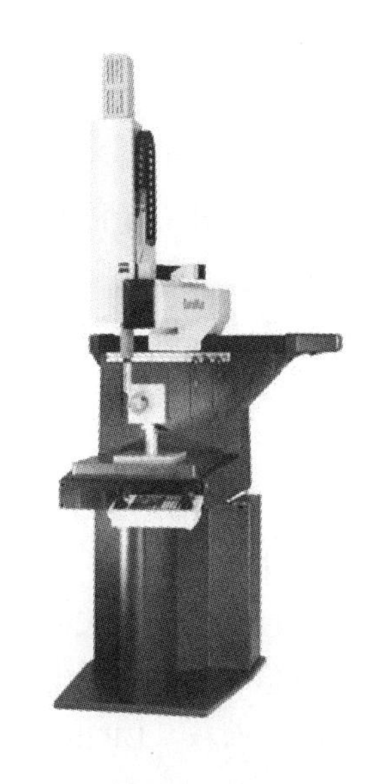

图 4–1–9

三、CMM 的常见环境要求

（1）温度：18°~22°；

（2）湿度：40%~60%；

（3）气压：4.8~6.0 bar;

（4）振动保护：在 CMM 周围装减震带；

（5）电源：220 ± 10% V；

四、容易对测量产生影响的因素

1. 温度

对 CMM 精度有较大影响（环境温度应稳定）。

2. 湿度

（1）湿度过大：水汽会在 CMM 上凝结——生锈。

（2）湿度过小：造成静电荷的增长，静电荷能吸引尘粒，特别在较小的测量力探测绝缘物体和在光学三坐标测量机上进行测量时，会导致测量精度下降。

3. 测针校验的准确性

4. 测量方法的准确性

五、启动CMM

1. 开机顺序

（1）检查CMM工作间温、湿度；

（2）打开总电源、总气源；

（3）等气压稳定后，打开CMM；

（4）打开计算机主机，进入操作系统；

（5）双击桌面上的快捷图标CALYPSO，控制机器回零；

（6）新建或打开一个测量程序，开始测量。

2. 关机顺序

（1）将探头停在合适的位置（一般要求Z轴不暴露光删尺，位于机器右后上方）；

（2）保存当前测量程序；

（3）退出CALYPSO软件（CMM控制柜不关，再次打开软件时CMM不回零）；

（4）关闭计算机主机、显示器等；

（5）按下急停按钮，关闭CMM控制柜；

（6）关闭总电源、总气源。

3. 标准控制面板（BP26_SE）简单介绍，如图4-1-10所示

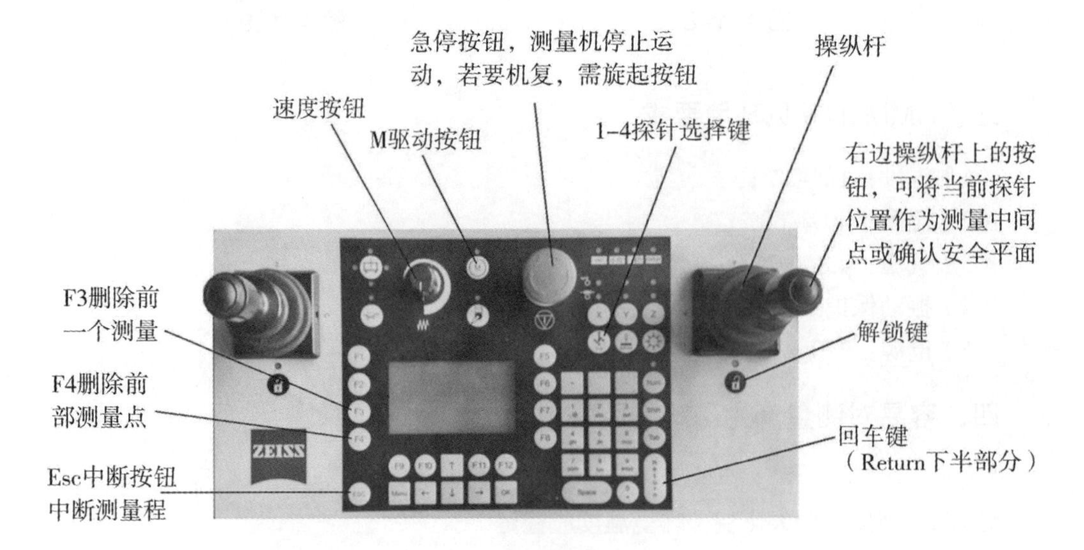

图4-1-10

六、启动 CALYPSO

双击桌面 CALYPSO 图标后进入登录窗口，点击“确定”。（如果设置有密码，请先输入密码）如图 4–1–11 所示。

图 4–1–11

七、交通灯窗口

（1）交通灯窗口（图 4–1–12）点击红灯是终止 CNC 程序。

（2）绿灯是恢复正常联机状态，黄灯暂停 CNC。

（3）星形针组提示当前使用的测针编号。

注意：交通灯窗口在运行程序时不可关闭。

（4）状态窗口（图 4–1–13 显示的是记录 CMM 所有的运行信息，方便工程师调用、观察）。

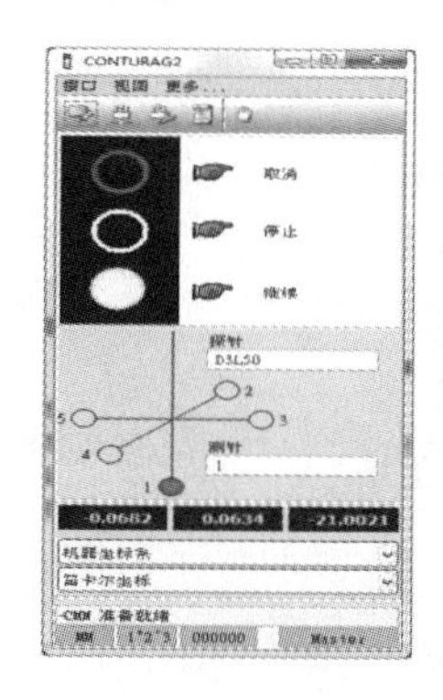

图 4–1–12

图 4–1–13

八、打开测量程序

打开已有测量程序可以通过以下两个途径，如图 4–1–14、图 4–1–15 所示。

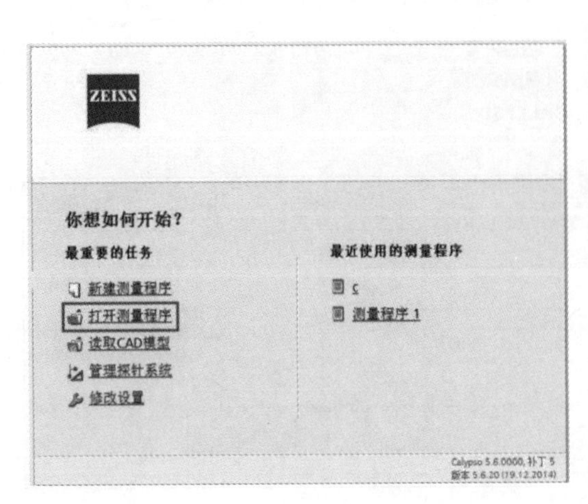

图 4–1–14

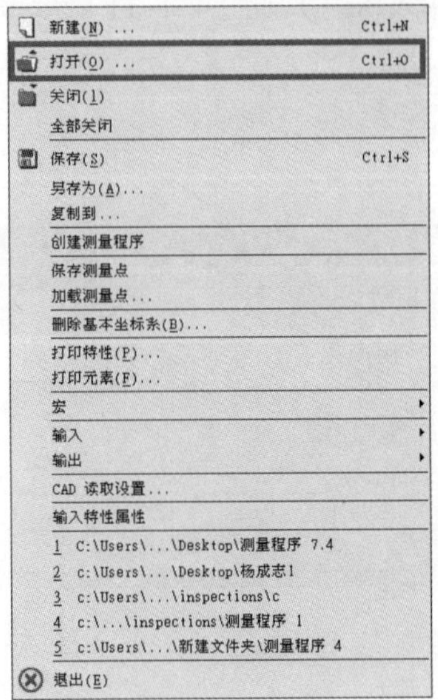

图 4–1–15

九、程序窗口介绍

（1）菜单栏 文件(F) 编辑(E) 视图(V) 资源(R) 元素(A) 构造(C) 尺寸(S) 形状与位置(Q) 程序(P) CAD 系统 模拟 窗口 ?。

（2）工具栏。

（3）测量程序功能标签。

CMM 标签内包括 CMM 设置、探针管理页面，如图 4–1–16 所示。

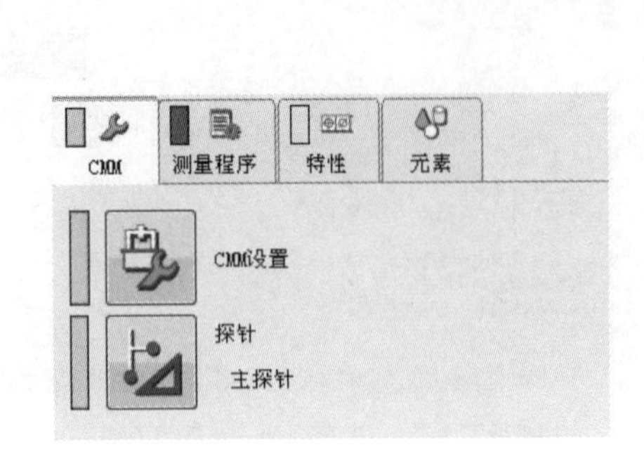

图 4–1–16

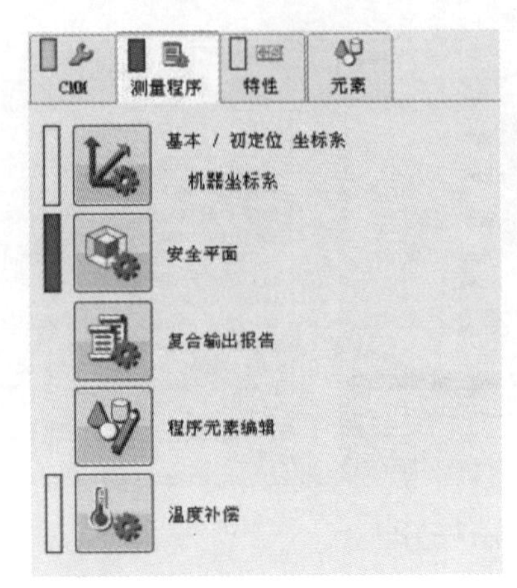

图 4–1–17

测量程序标签内包括，如基本／初定位坐标系、安全平面、复合输出报告、程序元素编辑及温度补偿等，如图 4–1–17 所示。

特性标签内是用户需要输出计算的尺寸即图纸要求尺寸（图 4–1–18）。

元素标签内是所需要采集的几何元素即被测元素（图 4–1–19）。

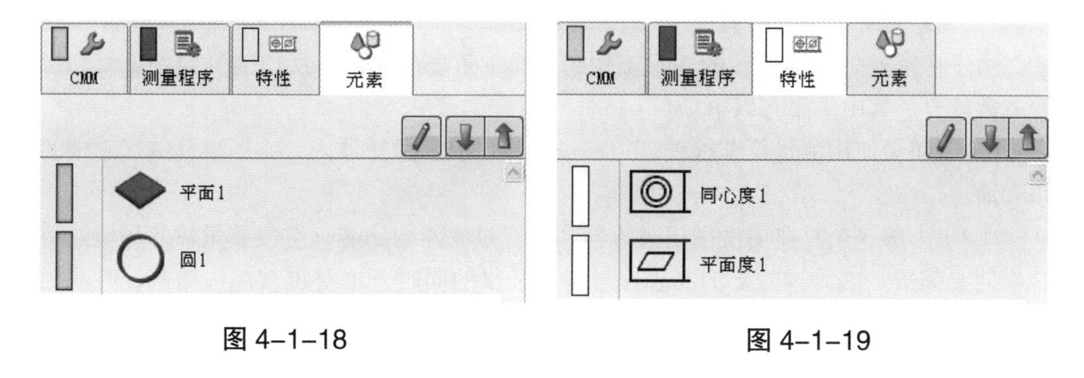

图 4–1–18　　　　图 4–1–19

（4）测量：。

（5）CAD 窗口：。

（6）CAD 功能菜单：。

十、8 步创建测量程序

（1）打开测量程序；

（2）校验探针（如果需要）；

（3）导入模型（如果需要）；

（4）建立基本坐标系；

（5）定义安全平面；

（6）编写测量程序；

（7）定义报告输出；

（8）运行自动测量程序。

十一、维护保养及注意事项

三坐标测量仪的组成比较复杂，主要由机械部件、电气控制部件、计算机系统组成。平时我们在使用三坐标测量仪测量工件的同时，也要注意机器的保养，以延长机器的使用寿命。三坐标测量仪的机械部件有多种，我们需要日常保养的是传动系统和气路系统的部件，保养的频率应该根据测量仪所处的环境决定。一般在环境比较好的测量间中的测量仪，推荐每三个月进行一次常规保养；如果测量仪的使用环境中灰尘比较多，测量间的温度、湿度不能完全满足测量仪使用的环境要求，那就应该每月进行一次常规保养。对测量仪的常规保养，应了解影响测量仪的因素。

1. 压缩空气对测量仪的影响

（1）要选择合适的空压机，最好另有储气罐，保障压力稳定。

（2）空压机的启动压力一定要大于工作压力。

（3）开机时，要先打开空压机，然后再接通电源。

2. 油和水对测量仪的影响

由于压缩空气对测量仪的正常工作起着非常重要的作用，所以对气路的维修和保养非常重要。其中主要有以下项目：

（1）每天使用测量仪前检查管道和过滤器，放出过滤器内、空压机及储气罐中的水和油。

（2）一般 3 个月要清洗随机过滤器和前置过滤器的滤芯，空气质量较差环境的清洗周期要缩短。因为过滤器的滤芯在过滤油和水的同时，本身也被油污堵塞，时间稍长就会使测量机实际工作气压降低，影响测量仪的正常工作。因此一定要定期清洗过滤器滤芯。

（3）每天都要擦拭导轨油污和灰尘，保持气浮导轨的正常工作状态。

3. 养成良好的工作习惯

（1）用布或胶皮垫在下面，保证导轨安全。

（2）工作结束后要擦拭导轨。

当我们在使用测量仪时要尽量保持测量仪机房的环境温度与检定时一致。另外电气设备、计算机、人员都是热源，在设备安装时要做好规划，使电气设备、计算机等与测量仪有一定的距离。测量仪房要加强管理，不要有多余人员停留。高精度的测量仪的使用环境管理更应该严格。

4. 空调的风向对测量仪温度的影响

（1）测量仪房的空调应尽量选择变频空调。变频空调调节能性能好，最主要的是控温能力强。在正常容量情况下，控温可在 ±1℃范围内。

（2）由于空调器吹出风的温度不是 20℃，因此决不能让风直接吹到测量仪上。有时为防止风吹到测量仪上而把风向转向墙壁或一侧，结果出现机房内一边热一边凉，温差非常大的情况。

（3）空调器的安装应有规划，应让风吹到室内的主要位置，风向向上形成大循环（不能吹到测量仪），尽量使室内温度均衡。

（4）有条件的，应安装风道，将风送到房间顶部，通过双层孔板送风，回风口在房间下部。这样使气流无规则的流动，可以使机房温度控制更加合理。

5. 空调的开关时间对机房温度的影响

（1）每天早晨上班时打开空调，晚上下班再关闭空调。待机房温度稳定大约 4 h 后，测量仪精度才能稳定。

6. 机房结构对机房温度的影响

（1）由于测量仪机房要求恒温，所以机房要有保温措施。如有窗户要采用双层窗，并避免阳光照射。门口要尽量采用过渡间，减少温度散失。机房的空调选择要与房间相当，机房过大或过小都会对温度控制造成困难。

（2）在南方湿度较大的地区或北方的夏天或雨季，正在制冷的空调突然被关闭后，空气中的水汽会很快凝结在温度相对比较低的测量仪导轨和部件上，使测量仪的气浮块和某些部件严重锈蚀，影响测量仪寿命。计算机和控制系统的电路板会因湿度过大而出现腐蚀或短路。如果湿度过小，会严重影响花岗石的吸水性，可能造成花岗石变形，灰尘和静电也会对控制系统造成危害。所以机房的湿度并不是无关紧要的，要尽量控制在 60% ± 5% 的范围内。

（3）空气湿度大、测量仪机房密封性不好是造成机房湿度大的主要原因。在湿度比较大的地区，机房的密封性要求好一些，必要时可增加除湿机。

（4）改变管理方式，将“下班前打扫卫生”改为“上班时打扫卫生”，而且要打开空调和除湿机，清除水分。要定期清洁计算机和控制系统中的灰尘，减少或避免因此造成的故障隐患。

任务 2　探针校准及坐标系建立

◇任务简介◇

本任务主要对探头和探针进行详细介绍。掌握安装、卸下、校准等；掌握坐标系的建立。

◇学习目标◇

1. AST XXT 探头的组成。
2. 主探针、工作探针的校准。
3. 坐标系的建立。

◇知识要点◇

一、探头、探针的介绍及组成

在装卸吸盘时要注意对应；吸盘位置标记点和传感器（XXT）标记点分别相对应（图 4–2–1）。

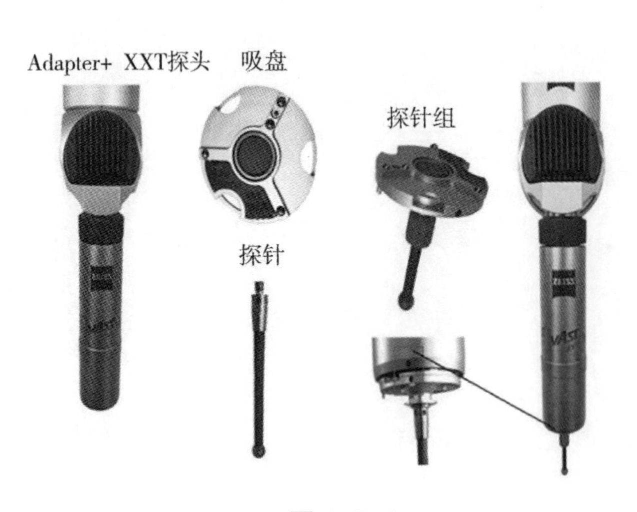

图 4–2–1

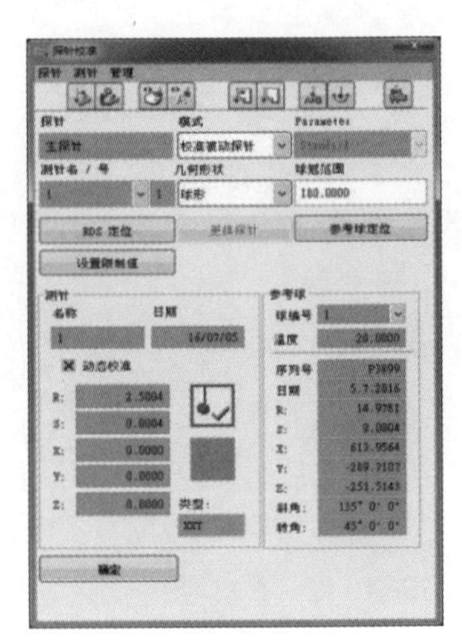

图 4–2–2

二、探针窗口（图 4-2-2）

（1）探针工具栏，如图 4-2-3 所示。
（2）探针窗口界面，如图 4-2-4 所示。

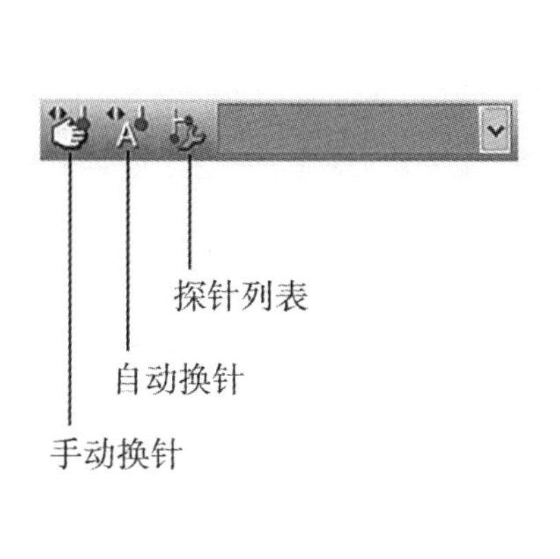

图 4-2-3

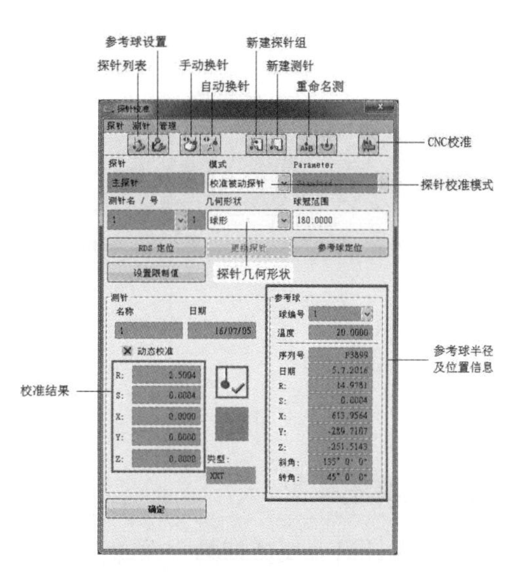

图 4-2-4

三、探针校准的意义

（1）正确确定探针的实际位置。
（2）补偿测球的半径及探针变形挠度误差。

四、探针校准步骤

先校准主探针，再校准工作探针。

五、校准主探针

选择资源→探针→手动更换探针，如图 4-2-5 所示。

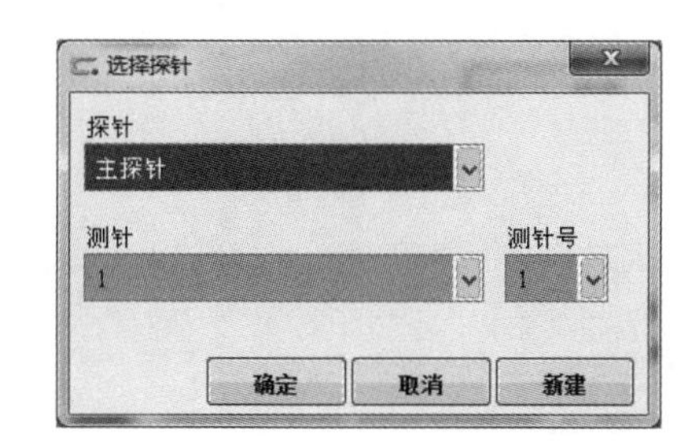

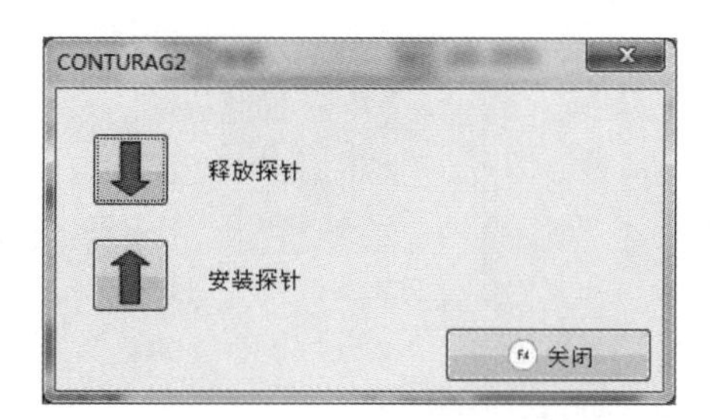

图 4-2-5

六、选择参考球角度及校准参数（图 4-2-6）

斜角为参考球支撑杆与立柱之间的夹角，转角为在 *XY* 平面内支撑杆相对于球心基于 *X* 轴沿逆时针方向的角度（图 4-2-7）。

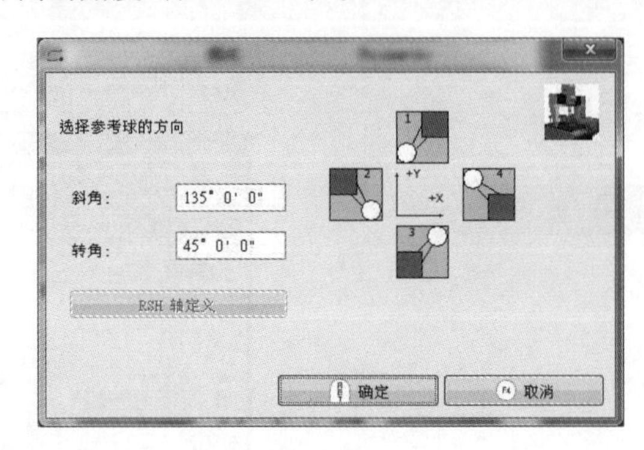

图 4-2-6

七、校准主探针

移动主探针沿着探针杆的方向探测一点，如图 4-2-8 所示。

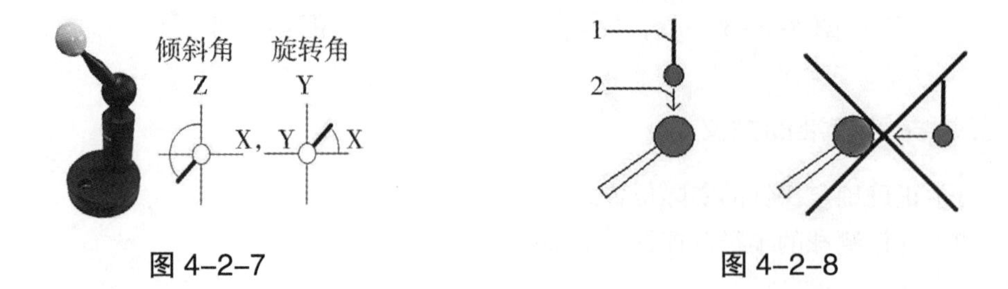

图 4-2-7　　　　图 4-2-8

八、创建工作探针

点击新建探针组，输入探针组名和测针名，如图 4-2-9 所示。

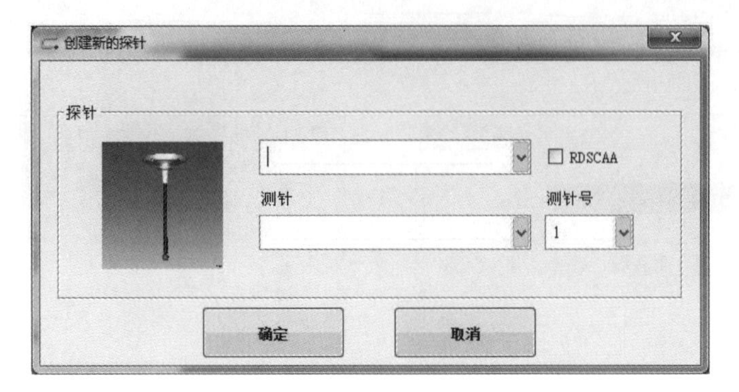

图 4-2-9

九、卸下主探针然后安装工作探针（图 4–2–10）

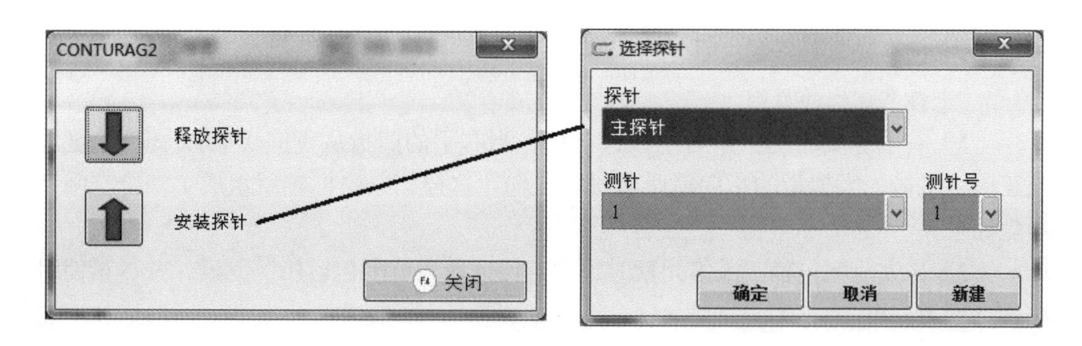

图 4–2–10

十、校准工作探针

移动工作探针，沿着探针杆的方向探测一点（图 4–2–8）。

十一、坐标系的种类及建立

1. 坐标系的介绍

（1）CALYPSO 坐标系。

为实现准确的位置定义和可靠的测量能力，CALYPSO 需要精确定义且可变换的坐标系。

（2）机器坐标系。

开机时以探头回零位置为原点，以 X，Y，Z 三个导轨方向为坐标轴所构成的直角坐标系，称为机器坐标系。

机器坐标系是三坐标测量仪移动指令及测量的基础。然而对于常规工件的测量，使用机器坐标系是不方便的。通常对于测量程序来讲，用户需定义一个参照工件的坐标系。

（3）工件坐标系。

工件坐标系用来约束工件，对于 CALYPSO 坐标系和三坐标测量仪来讲，它确定了工件在工作台上的位置，对于一个工件有可能会存在多个工件坐标系。

（4）基本坐标系。

对于测量程序来讲，其中的一个工件坐标系被定义为基本坐标系。所有其他的工件坐标系都可以转化为相对的基本坐标系计算。

注意：坐标系的建立是后续测量的基础，建立了错误的坐标系将直接导致测量尺寸的错误。因此，选择合适的基准，建立正确的坐标系，在测量过程中是非常关键和重要的。

2. 坐标系的分类

（1）直角坐标系。

（2）圆柱坐标系。

（3）球坐标系。

3. 坐标系建立的原则

（1）右手螺旋法则：以右手握住 Z 轴，当右手的四指从正向 X 轴以 $\pi/2$ 角度转向正向 Y 轴时，大拇指的指向就是 Z 轴的正向，这样三条坐标轴就组成了一个空间直角坐标系。

（2）最大范围包容：采集元素时，注意保证最大范围包容所测元素，并尽量使得测量点均匀分布。

4. 坐标系建立的常用方法

（1）常规机加工行业，根据点、线、面基准或者一面两孔基准可以建立基本坐标系；

（2）其他方法还有面 / 面 / 面、面 / 线 / 线、面 / 线 / 圆等；

（3）模具行业，一般来说是以四面分中的方法来建立基本坐标。

5. 标准坐标系建立的步骤

定义基本坐标系，以一个圆柱、一个平面建立举例（图 4-2-11）。

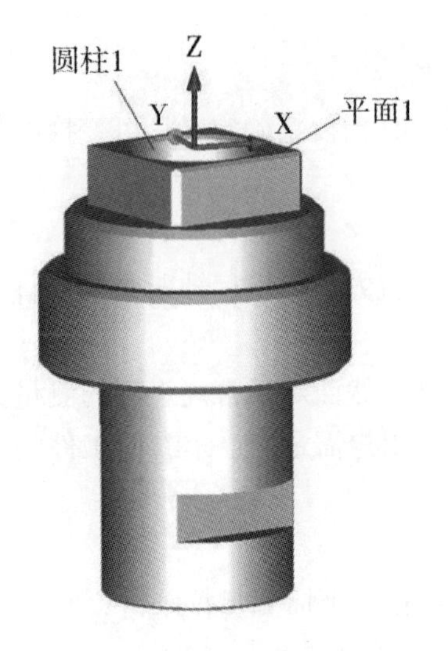

图 4-2-11

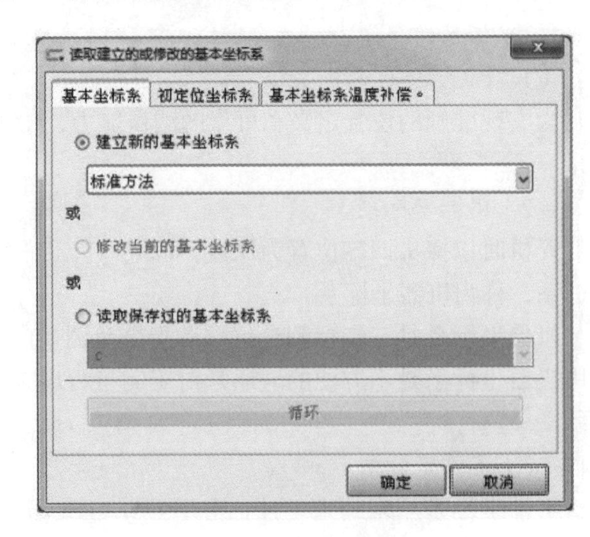

图 4-2-12

（1）单击坐标系图标。

（2）选择“建立新的基本坐标系”然后点击“确定”（图 4-2-12）。

（3）显示如图 4-2-13 所示对话框。

在这里，主参考、第二参考、第三参考被多个元素定义，即包括空转、面转坐标系、零点。

注意：通过按 F1 键，可以打开在线帮助，在那可以找到详细的信息。

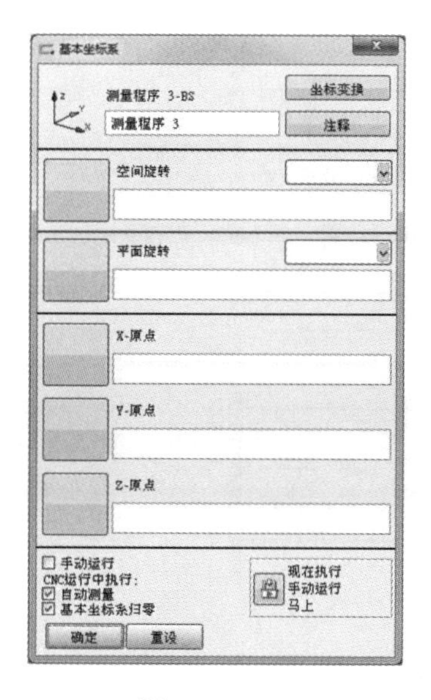

图 4-2-13

图 4-2-14

（4）单击“空间旋转”（图 4-2-14）。

现在可以在选择窗口中选择一个元素，单击“圆柱 1”，点击“确定”，把圆柱 1 选择到坐标系内（图 4-2-15）。

现在第一个主参考分配完成即工件的主参考（空间旋转）分配完成（图 4-2-16）。

图 4-2-15

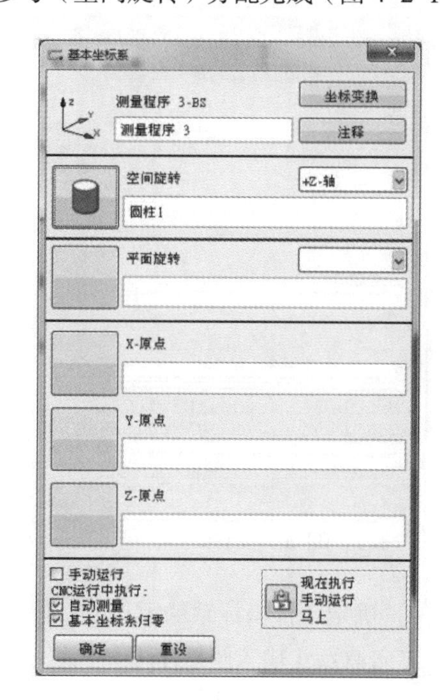

图 4-2-16

（5）单击“平面旋转”（图 4–2–17）。

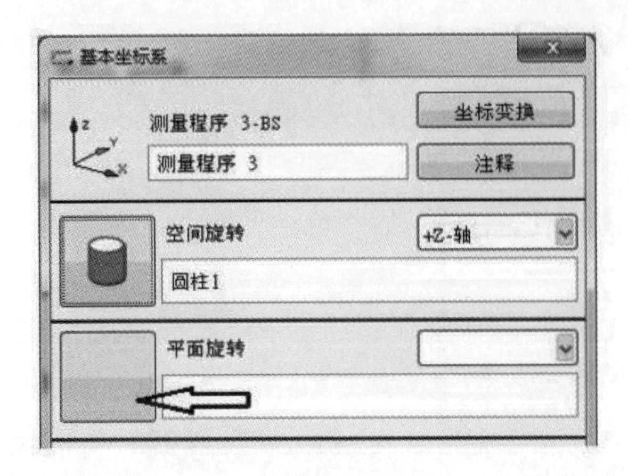

图 4–2–17

单击“平面 1”，点击“确定”，把平面 1 选择到坐标系内（图 4–2–18）。现在第二参考（面转）分配完成（图 4–2–19）。

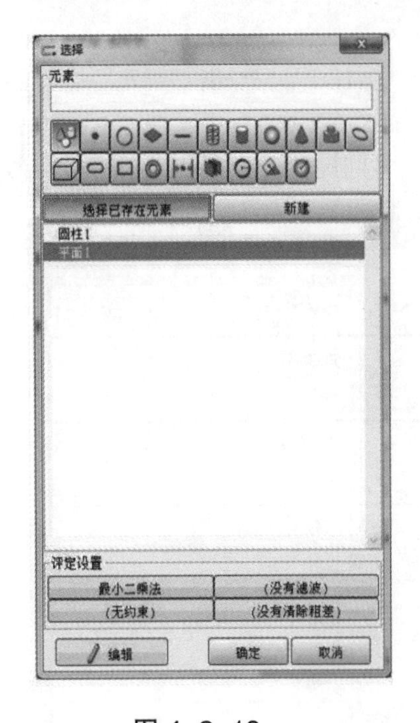

图 4–2–18

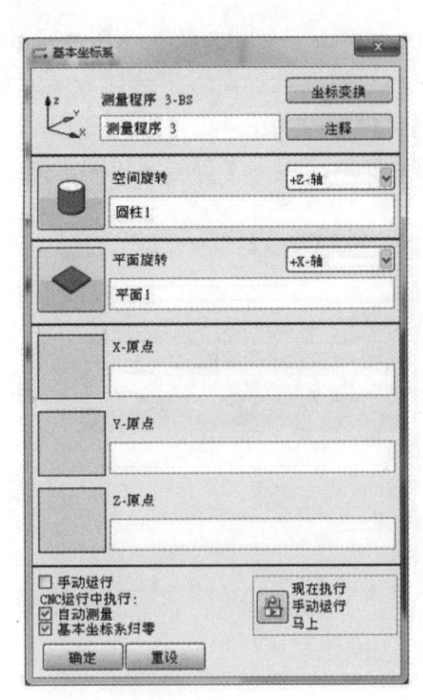

图 4–2–19

（6）确定工件坐标系的零点。

X 方向原点：输入圆柱 1；

Y 方向原点：输入圆柱 1；

Z 方向原点：输入平面 1；

在空转、面转选择完毕后，将零点输入到 X，Y，Z，一个完整的基本坐标系定义如图 4-2-20 所示。

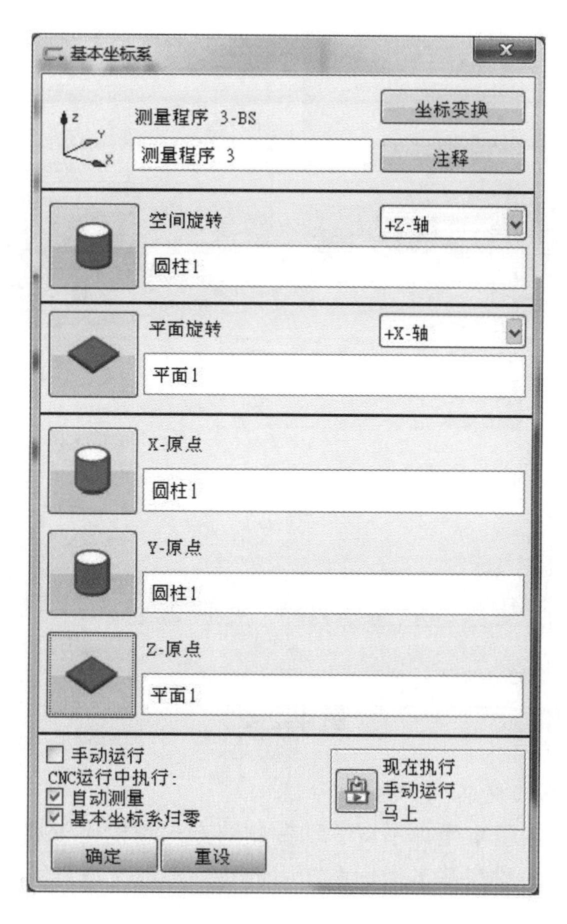

图 4-2-20

（7）计算原点。

CALYPSO 构造了一个圆柱、一个平面的交点并将其设置为坐标系原点。

6. 坐标系变换

（1）坐标系的平移。

输入需要平移坐标原点的距离，点击 X、Y 或 Z 的输入框，输入相应的值（图 4-2-21）。

（2）坐标系的角度旋转。

选择旋转环绕的空间轴，输入旋转角度（以度为单位）（图 4-2-22）。

（3）坐标系的距离旋转。

选择旋转环绕的空间轴及用于计算旋转角的矢量，用在同一旋转平面上的两个坐标指定矢量（旋转平面依赖于所选的空间轴）（图 4-2-23）。

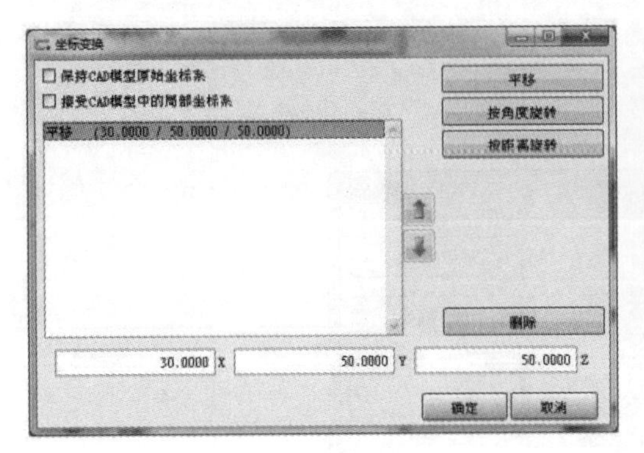

图 4-2-21

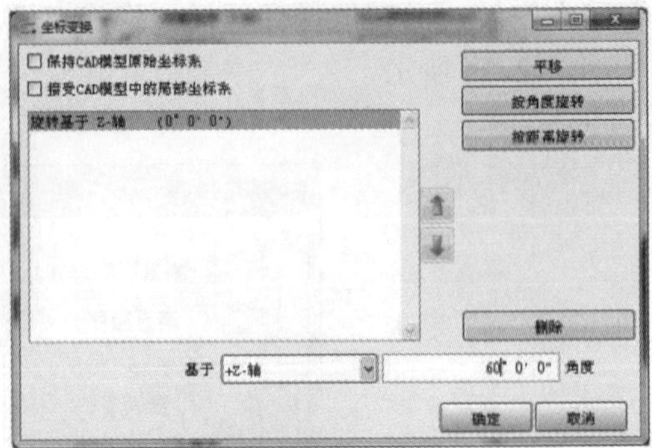

图 4-2-22

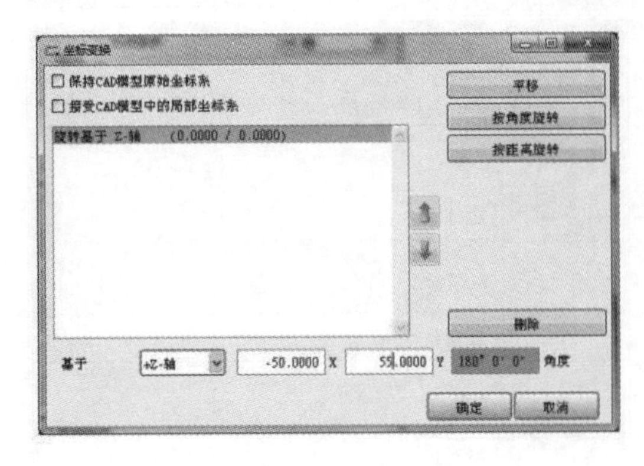

图 4-2-23

7. 初定位坐标系的建立及步骤

初定位坐标系是当基本坐标系以手动探测的方式测量比较烦琐时创建，或者工件有夹具系统时创建。一般在基本坐标系之后创建，不然无法计算它和基本坐标系之间的相对位置。点击“基本 / 初定位坐标系”，在“初定位坐标系”栏目中勾选“使用初定位坐标系”，依据标准方法选择基准元素建立坐标系（图 4-2-24）。

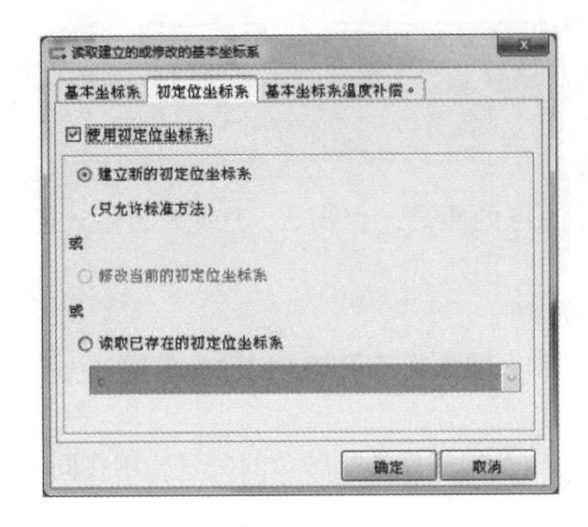

图 4-2-24

8. 安全平面

安全平面使测量仪可以在 CNC 状态下绕着工件运行，这些安全平面一起形成了一个安全立方体，保护探针避免碰撞。定义安全平面组之前必须确保基本坐标系已经建立（图 4-2-25）。建立安全平面的三种方式：通过操作手柄手动建立、通过手动输入数据确定、通过 CAD 获取。

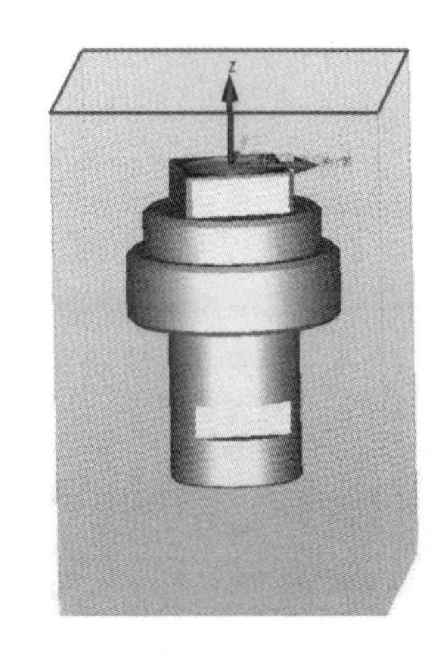

图 4-2-25

下面以手动输入数据和 CAD 获取举例。

（1）通过输入参数确定安全平面。

①点击“安全平面”按钮。

②在箭头所指的框体中输入数值，该数值都是基于工件坐标系的。输入的正确数值形成的蓝色六面框体可以完全将工件包络（图 4-2-26）。

（2）通过 CAD 模型获取是一种最简便的方式（图 4-2-27）。

①点击“从 CAD 模型获取安全平面”，输入边界距离，点击“确定”，安全平面便建立完成。

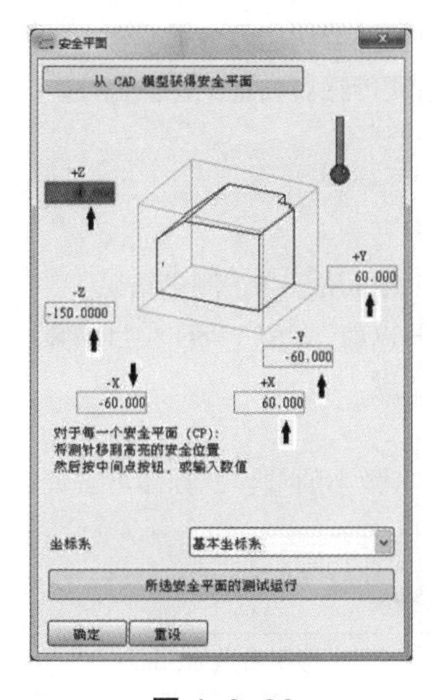

图 4-2-26

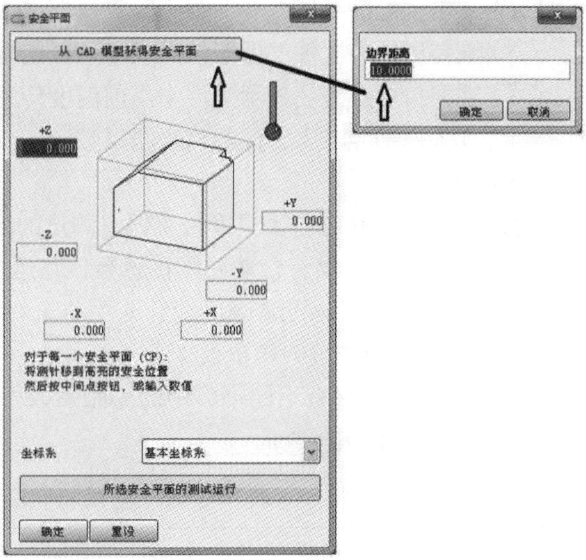

图 4-2-27

9. 坐标系的温度补偿（图 4-2-28）

（1）激活基本坐标系温度补偿选项。

（2）激活“不同材质的温度补偿”，输入夹具的温度补偿系数

（3）如果工件参考点不是基本坐标系原点，用户必须输入参考点在基本坐标系下的坐标值信息。

（4）确认输入。

10. 工件坐标系的温度补偿（图 4-2-29）

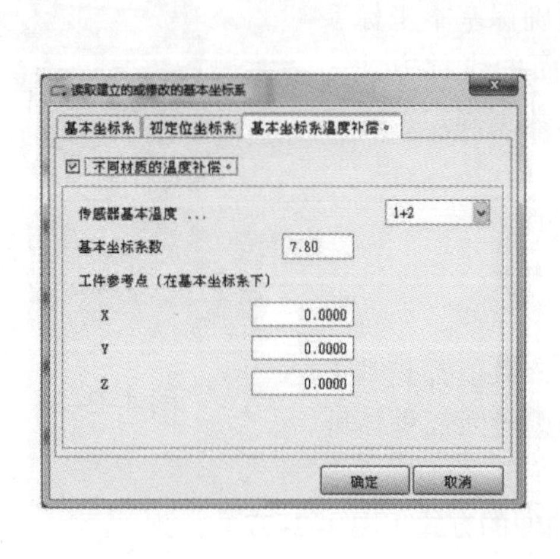

图 4-2-28

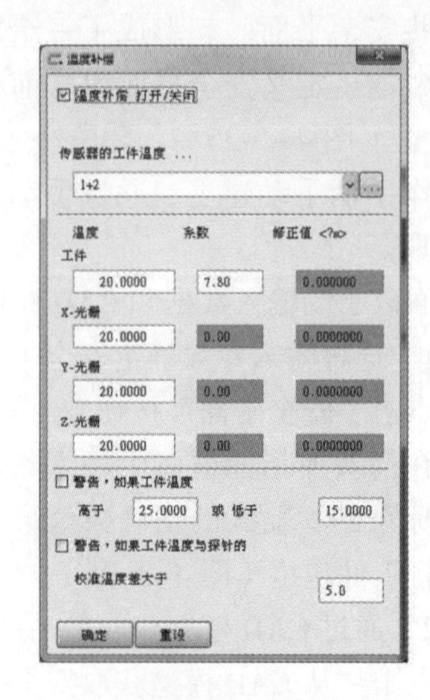

图 4-2-29

（1）点击“温度补偿打开 / 关闭”复选框，激活温度补偿功能。

（2）在传感器的工件温度下拉列表中选择用哪个温度传感器确定工件的温度。

（3）在窗口中点击“显示工件中当前温度传感器的值”。

（4）在零件部分输入工件的热膨胀系数。

（5）确认输入。

如果用户的 CMM 有自动温度传感器，测量的温度将自动用于修正测量结果。

如果用户的 CMM 没有自动温度传感器，在运行程序以前，CALYPSO 会自动显示温度补偿窗口。用户可以配置温度探针或手动输入测量温度。

11. 温度补偿的常用膨胀系数（表 4-2-1）

由于材料中合金含有不同资料中的膨胀系数可能会有微小的差异，具体可查询工件设计图纸或者根据国标查询。

表 4-2-1　常用材料膨胀系数

材料	膨胀系数 /（μm · ℃ $^{-1}$）	材料	膨胀系数 /（μm · ℃ $^{-1}$）
铝（2024–T3）	22.7	镍	13.0
铝（6061–T6）	24.3	钢（AISI C1020）	15.1
铝（7079–T6）	24.7	钢（AISI 304）	17.8
铸铁	11.7	碳钢	11.3
铜	16.6	钛（B 120VCA）	9.4

任务 3　三坐标测量仪手动测量工件

◇任务简介◇

本任务主要对工件进行手动测量。

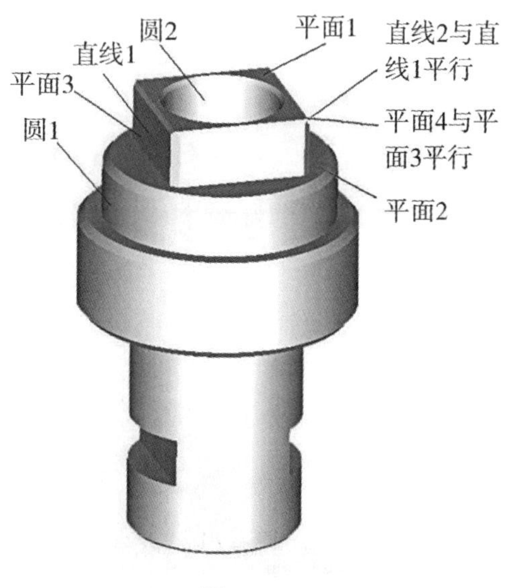

图 4-3-1

◇学习目标◇

1. 检测零件的安装。
2. 手动测量的注意事项。
3. CALYPSO 软件的使用。

◇知识要点◇

一、目标任务，检测该零件图的部分尺寸

1. 手动测量圆 1 直径。
2. 手动测量圆 2 直径。
3. 手动测量直线 1 到直线 2 的垂直距离。
4. 手动测量平面 1 到平面 2 的垂直距离。

工件如图 4-3-1 所示

二、安装工件

（1）夹具介绍（图 4-3-2）。

（2）安装工件（图 4-3-3）。

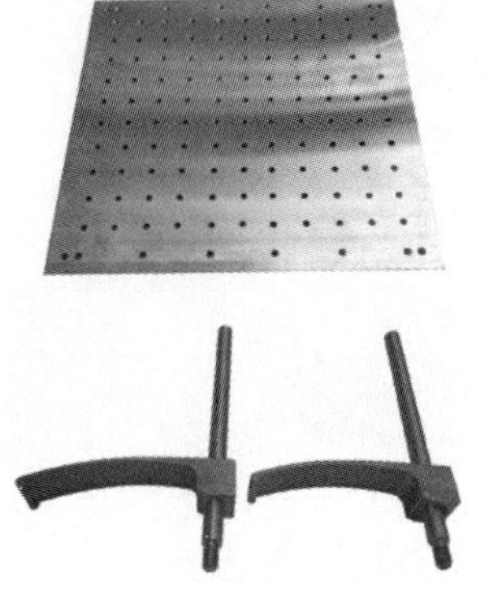

图 4-3-2

图 4-3-3

三、测量工件

打开软件，新建测量程序。

1. 手动测量圆 1 直径

（1）手动控制操作杆在圆 1 上探测三点，测量点分布均匀（图 4-3-4），探测结果在软件上显示（图 4-3-5）。

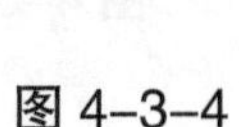
图 4-3-4

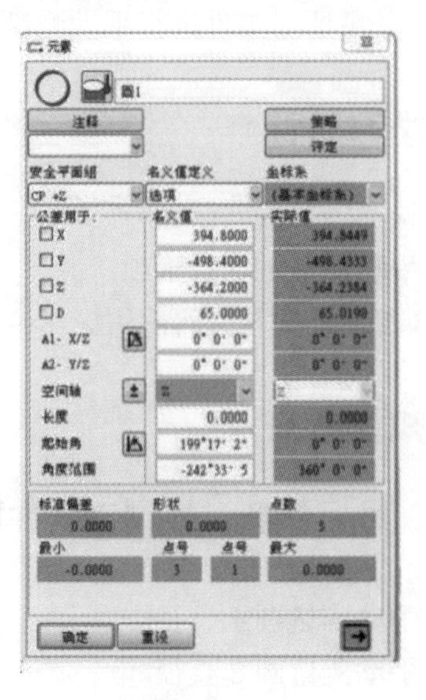

图 4-3-5

（2）设置圆 1 公差（图 4-3-6）。

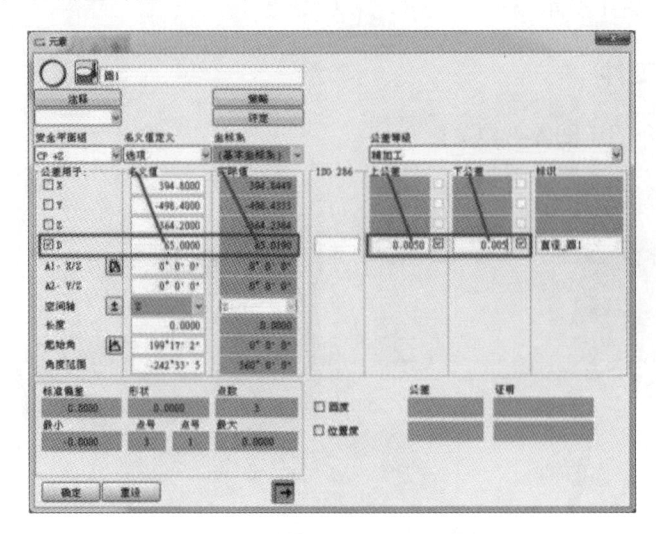

图 4-3-6

（3）检测结果（图 4-3-7）。

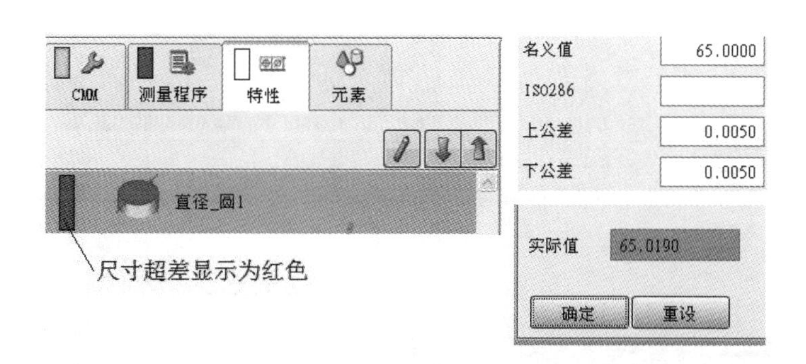

图 4–3–7

2. 手动测量圆 2 直径

手动控制操作杆在圆 2 上探测三点，测量点分布均匀，操作方法和测量圆 1 一样，检测结果（图 4–3–8）。

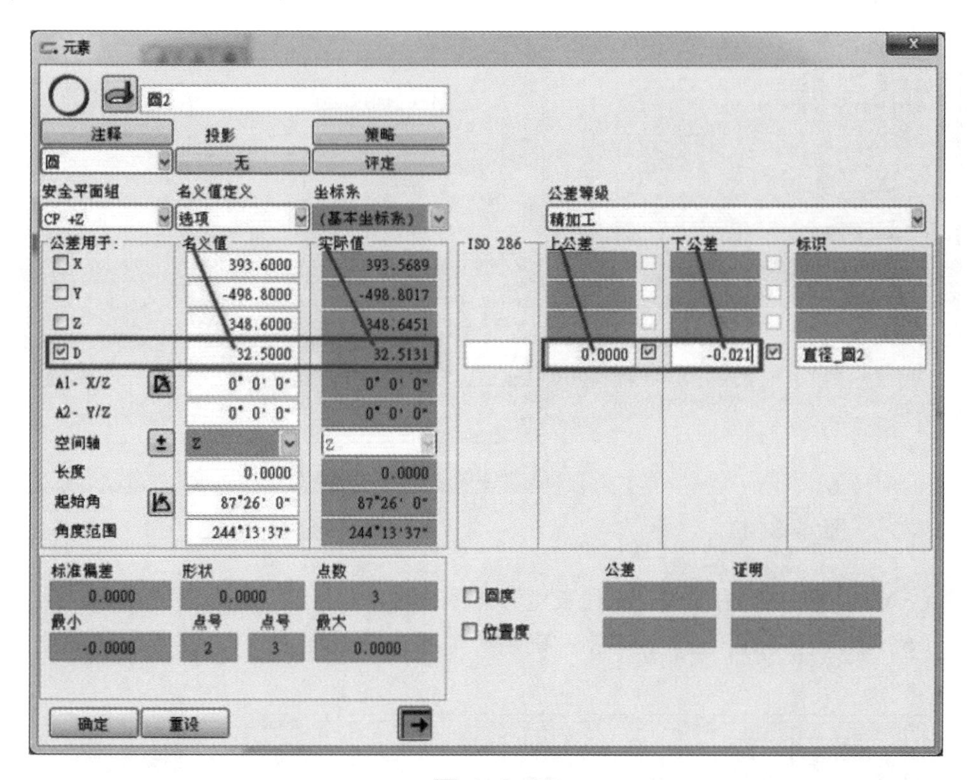

图 4–3–8

3. 手动测量直线 1 到直线 2 的垂直距离（图 4–3–9）

（1）手动控制操作杆在平面 3 上探测两点、平面 4 上探测两点，要求这四个点在同一高度。

（2）单击“菜单栏”→“构造”→“垂直线”（图 4–3–10）。

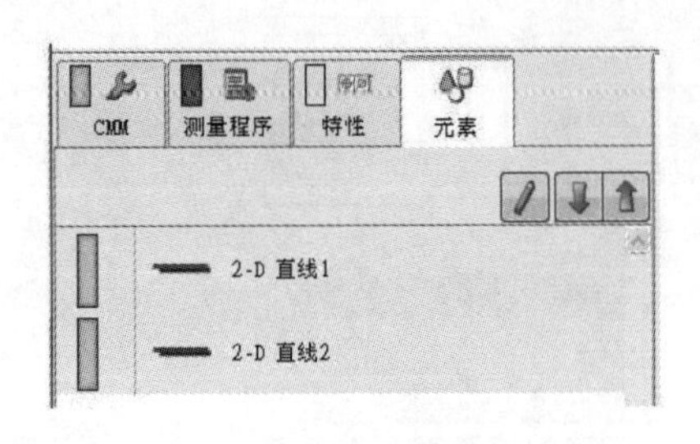

图 4–3–9

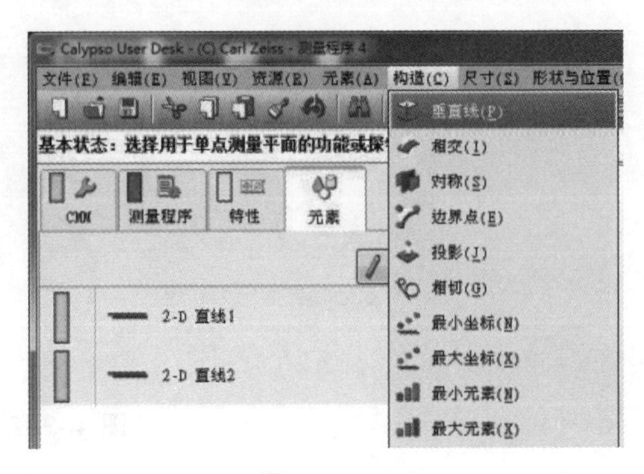

图 4–3–10

（3）双击“元素”列表中的“垂直线”（图 4–3–11）。

（4）添加“元素 1”“元素 2”，设置上下公差（图 4–3–12）。

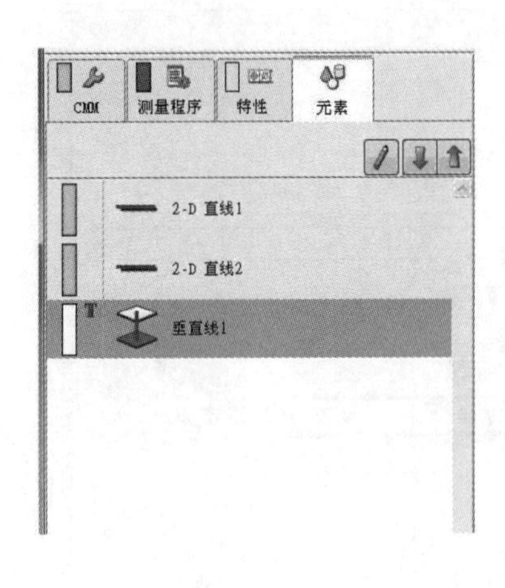

图 4–3–11

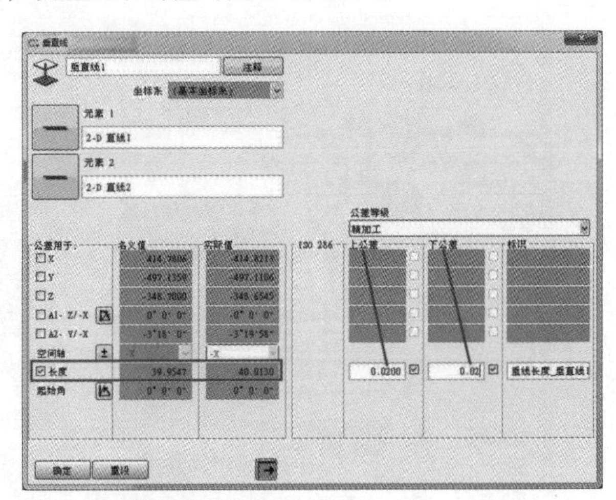

图 4–3–12

（5）在“特性”中双击“垂线长度”（图 4–3–13）。

（6）修改名义值、公差，单击“确定”（图 4–3–14）。

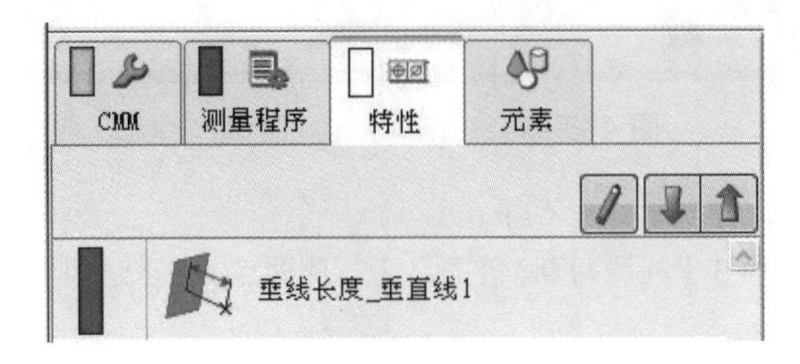

图 4–3–13

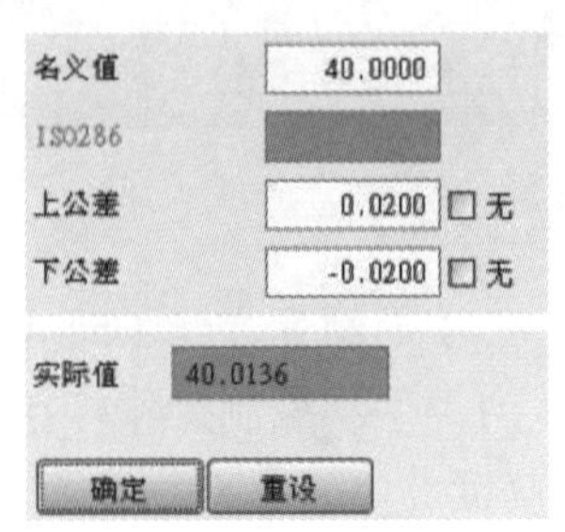

图 4–3–14

（7）检测结果（图 4-3-15）。

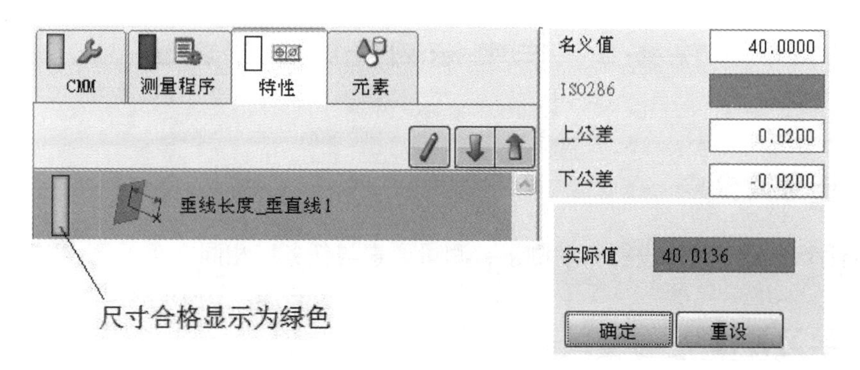

图 4-3-15

任务 4　三坐标测量仪自动测量

◇任务简介◇

本任务主要对工件进行自动测量，测量要素与任务三相同。

◇学习目标◇

1. 被测元素策略的创建、修改。
2. 安全五项的创建、修改。
3. 检测结果输出。

◇知识要点◇

一、目标任务，检测该零件图的部分尺寸

工件如图 4–4–1 所示。

（1）自动测量圆 1 直径。

（2）自动测量圆 2 直径。

（3）自动测量平面 1 到平面 3 的垂直距离。

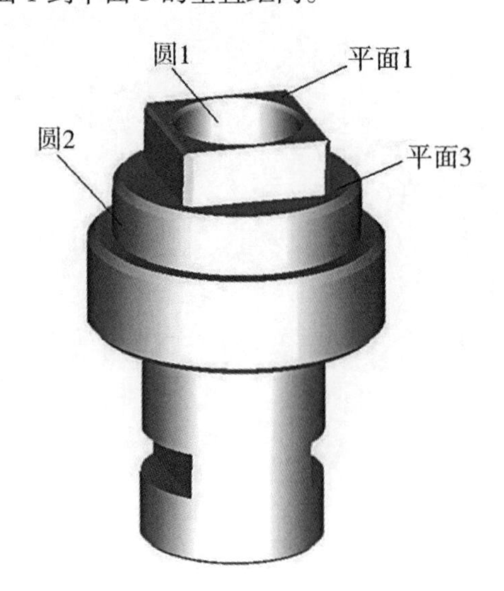

图 4–1–1

二、绘制工件三维图形

利用 CAD/CAM 软件绘制工件的三维图形，保存为“.igs”文件。

三、导入三维图形

菜单栏→ CAD → CAD 文件→导入（图 4-4-2）。

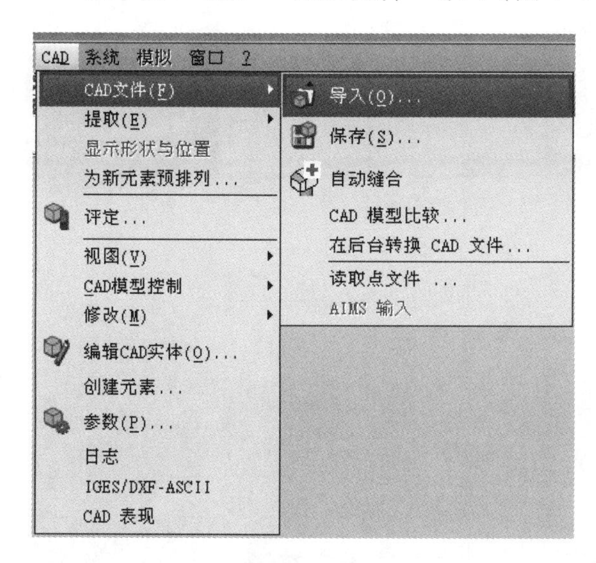

图 4-1-2

图 4-1-3

四、建立坐标系

坐标系位于工件顶部，X_0，Y_0，Z_0 位于圆柱 1 中心，*Y* 轴与平面 2 平行，*X* 轴与平面 2 垂直（图 4-4-3）。

五、拾取被测元素及创建特性

单击 CAD“菜单栏 ”按键，选择“抽取元素”，选取相应的被测元素或辅助元素（图 4-4-4）。

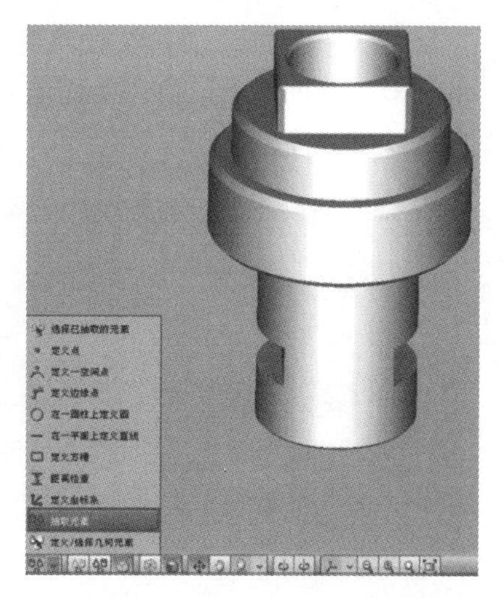

图 4-1-4

六、修改被测元素策略

1. 修改圆柱 1 策略（使用同样的方法修改圆柱 2 策略）

双击圆柱 1 →策略→圆路 2 路径→自动生成圆路径→双击第一个圆路径→修改起始高度（图 4-4-5）→确定→双击第二个圆路径—修改起始高度（图 4-4-6）→确定

→确定→修改公差（图 4-4-6）—确定（观察三维图形，两条圆路径会发生变化，修改起始高度是为了不让探针撞到工件）。

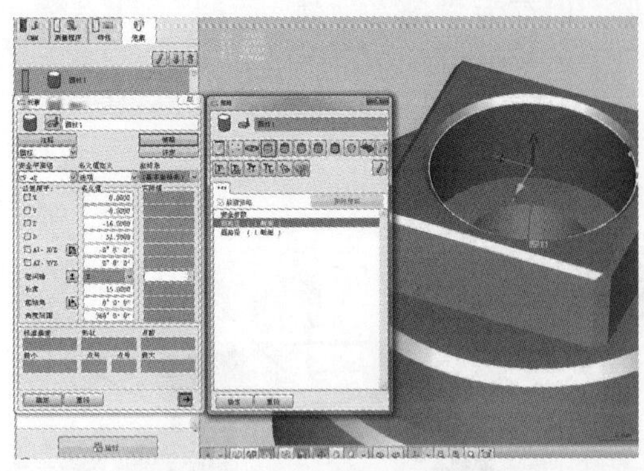

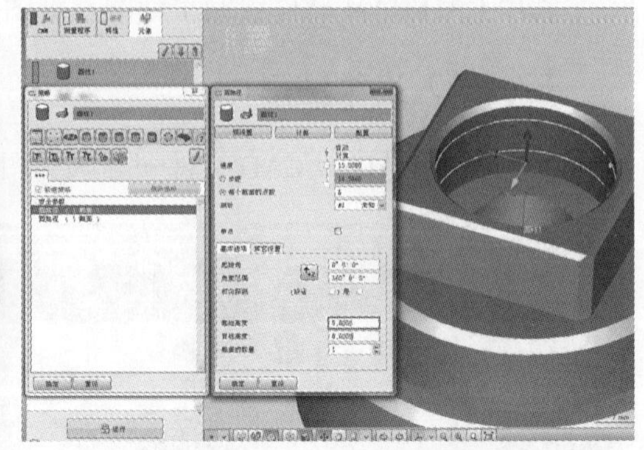

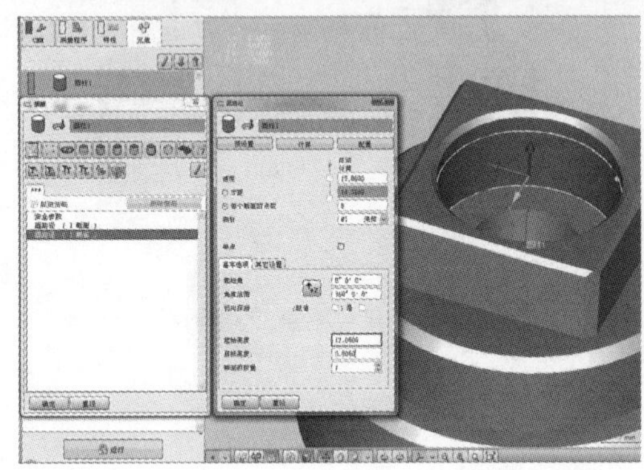

图 4-1-5

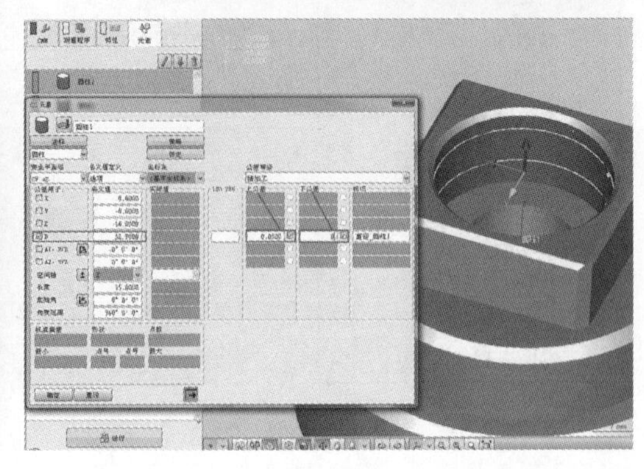

图 4-1-6

2. 修改平面 1 策略（使用同样的方法修改平面 3 策略）（图 4-4-7）

双击平面 1→策略→平面上的环形路径→自动生成圆路径→双击圆路径→修改直径→确定→确定。

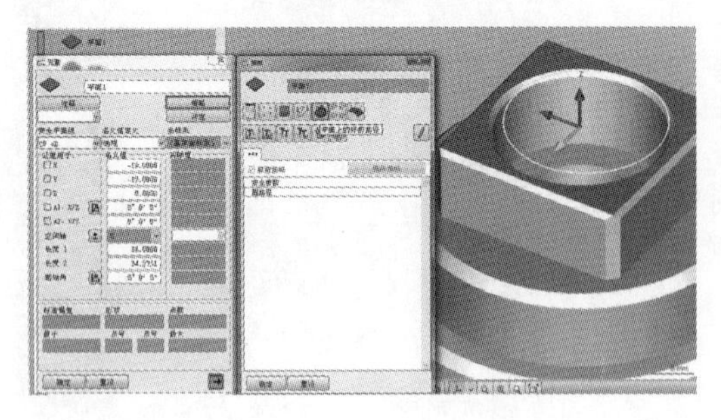

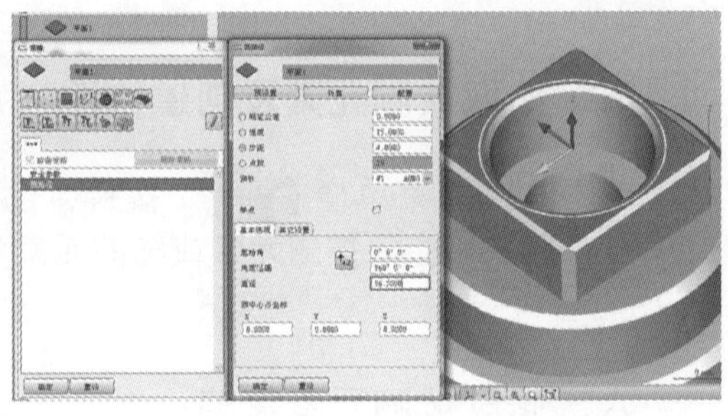

图 4-4-7

3. 创建“垂直线”（图 4-4-8）

菜单栏→构造→垂直线→单击垂直线→选择平面 1、平面 2→拾取长度→设置公差→确定。

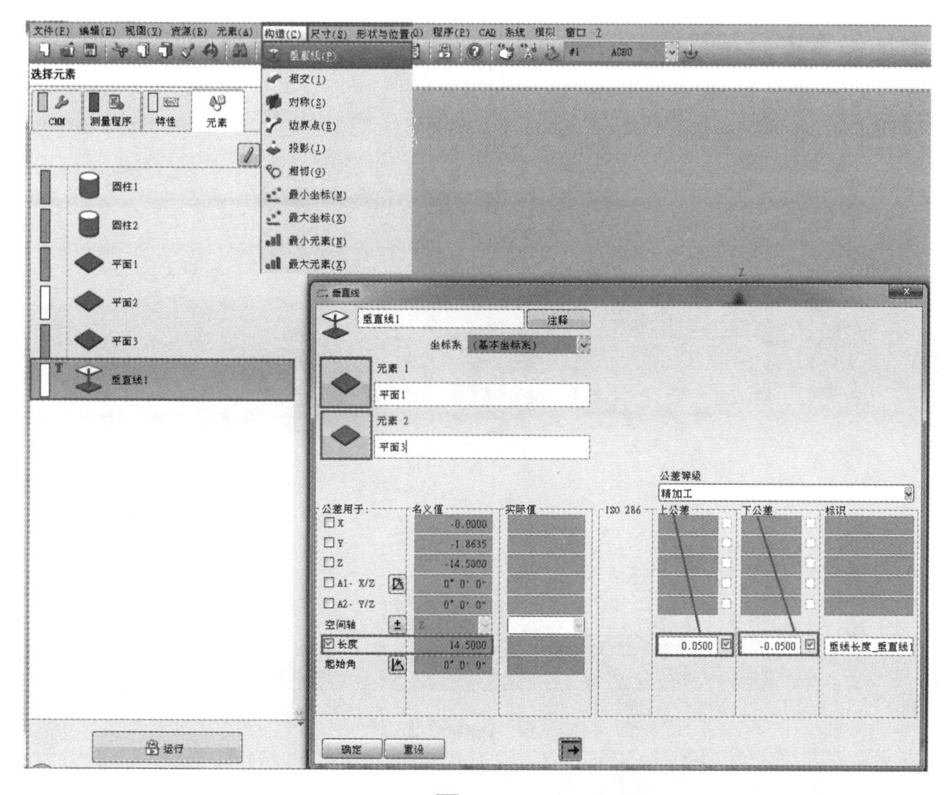

图 4–4–8

4. 元素列表变化情况（图 4–4–9）

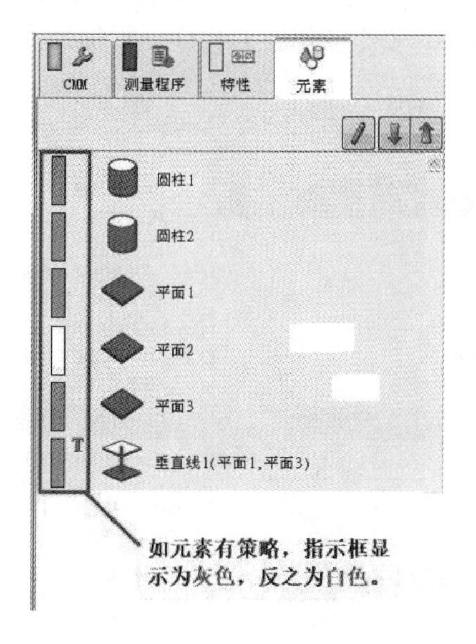

图 4–4–9

七、设置安全平面

测量程序→安全平面→从 CAD 模型获得安全平面（图 4-4-10）→确定。

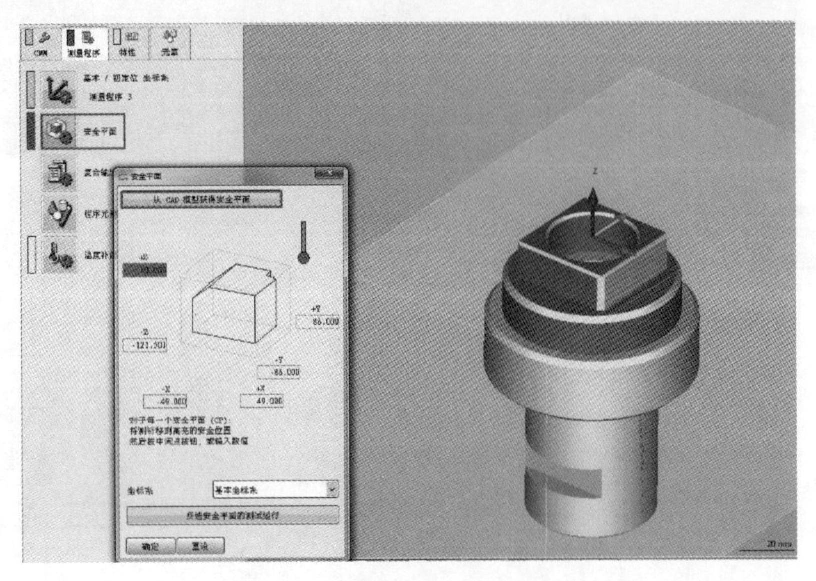

图 4-4-10

八、设置安全五项

安全平面组、安全距离、回退距离、探针、测针在程序运行之前需要检查这 5 项参数，统称为“安全五项”。安全五项在“程序元素编辑”里（图 4-4-11）。

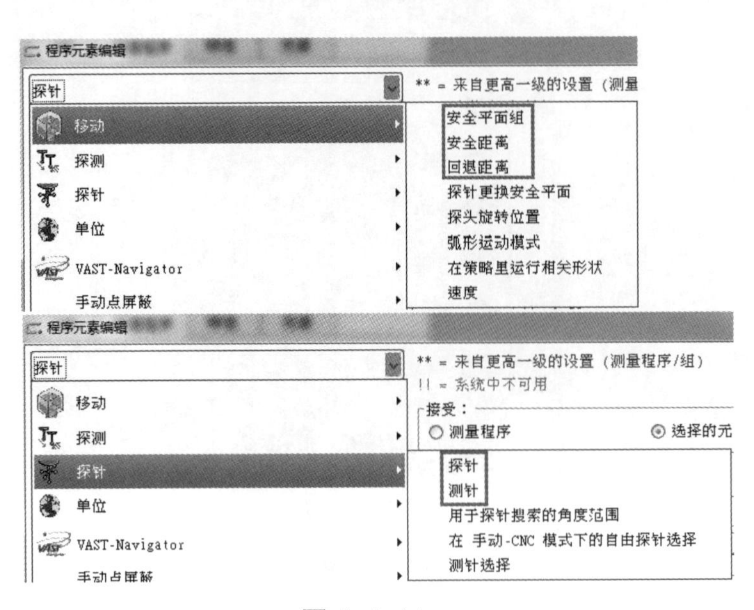

图 4-4-11

（1）安全平面组：检查（图 4-4-12）。

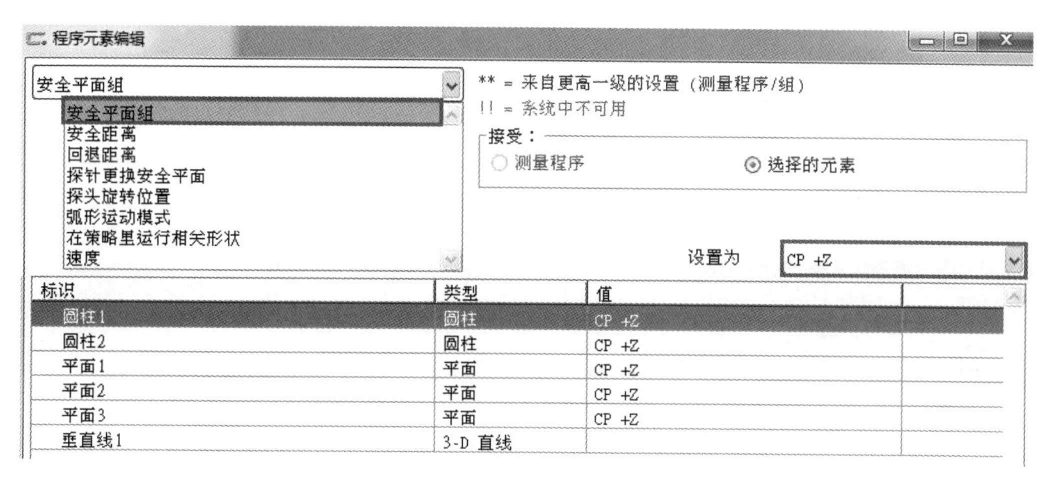

图 4-4-12

（2）安全距离：探针从安全平面下来，朝被测元素运动的接近距离。每个元素的安全距离的方向是不同的（图 4-4-13）。

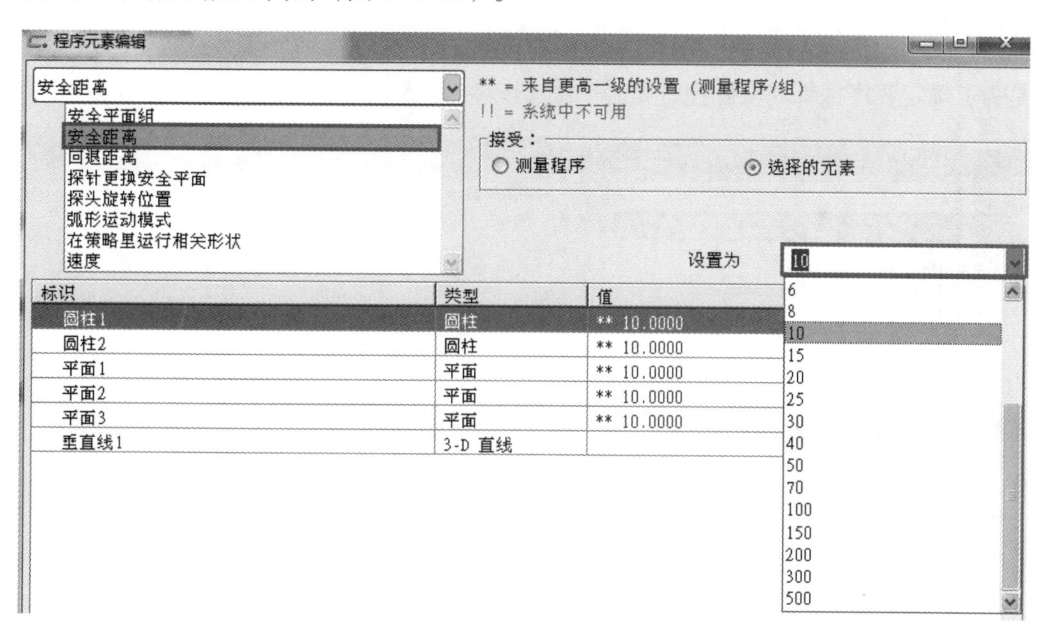

图 4-4-13

（3）回退距离：测针在采集元素时，每测一个测量点的回退量（图 4-4-14）。

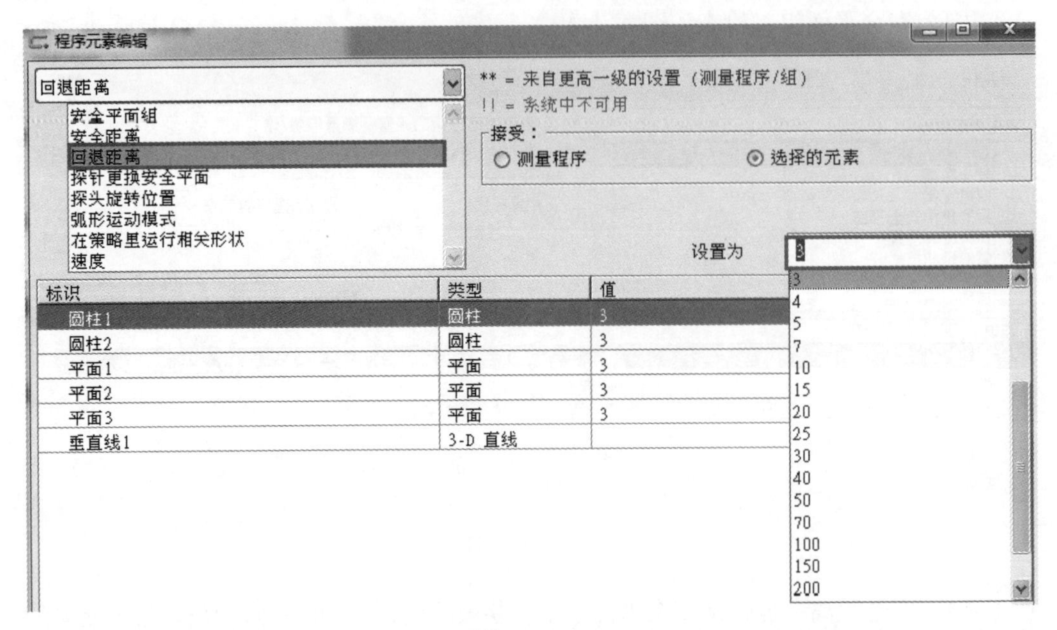

图 4–4–14

（4）探针 – 探针：是一个组合，一个探针组下可以有 1 个或多个测针。该检测是为了确定程序探针和实际探针是否一致（图 4–4–15）。

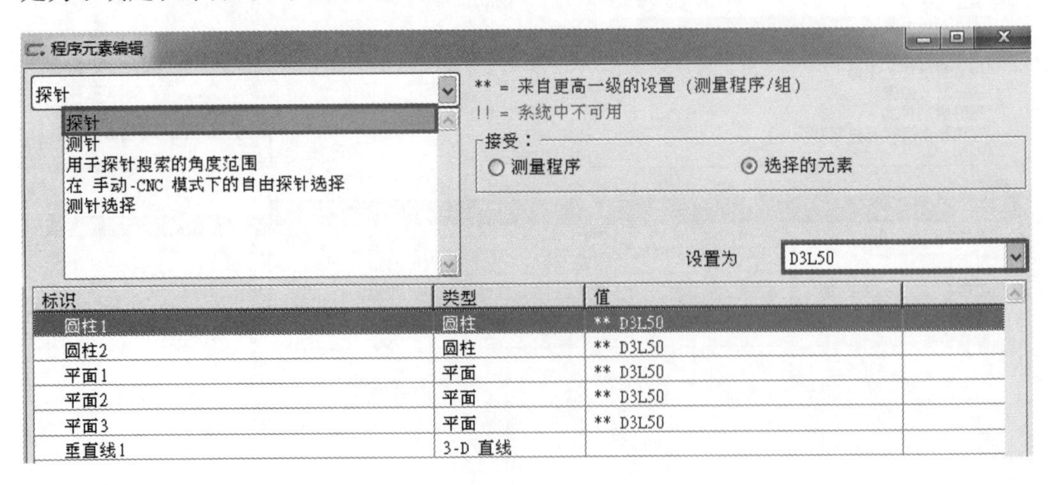

图 4–4–15

（5）测针 – 测针：直接作用在工件上，用于采集测量点，通常为球形的红宝石测针。该检测是确定测针角度、探针、安全平面组（图 4–4–16）。

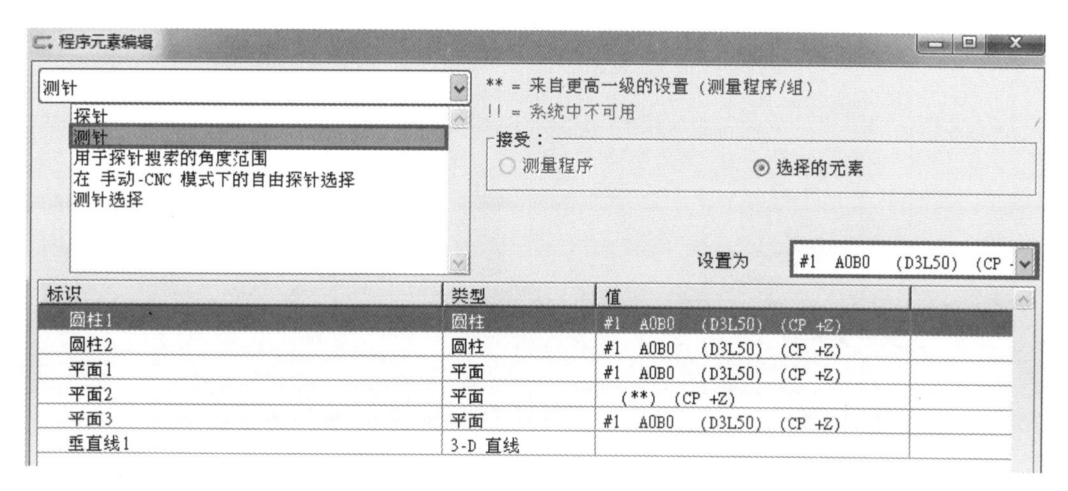

图 4–4–16

九、程序运行

特性→单击“运行”（图 4–4–17）→弹出“启动测量”对话框→修改相应参数（图 4–4–18）→确定。

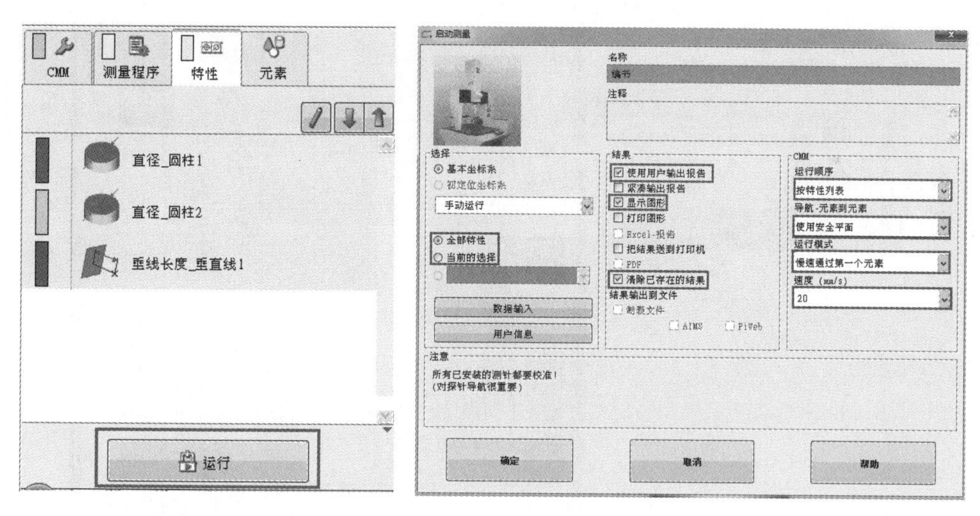

图 4–4–17　　图 4–4–18

为了确定实测工件在工作台上的位置，首件选择“手动运行”，待运行程序无误后，第二件可选择“当前坐标系”运行，即自动运行，只需要实测工件与首件定位一致，即可批量检测（图 4–4–19）。

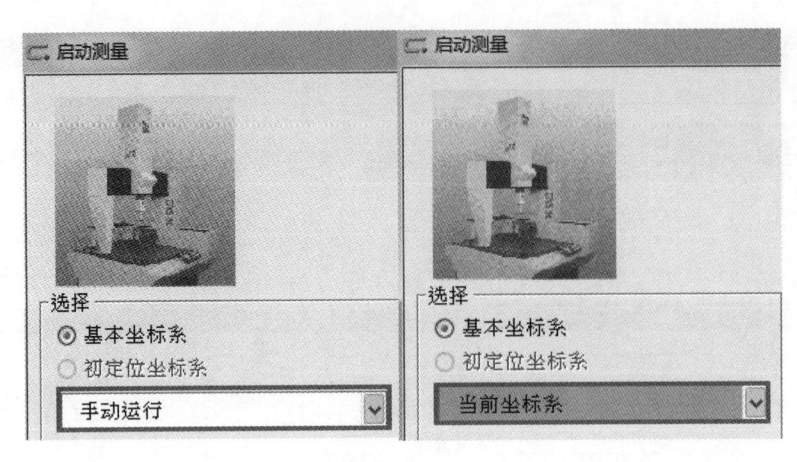

图 4-4-19

十、输出报告

当程序运行结束时，会自动弹出检测报告，红色表示尺寸错误，绿色表示尺寸正确。单击“打印输出”，即可以选择相应需求（图 4-4-20）。

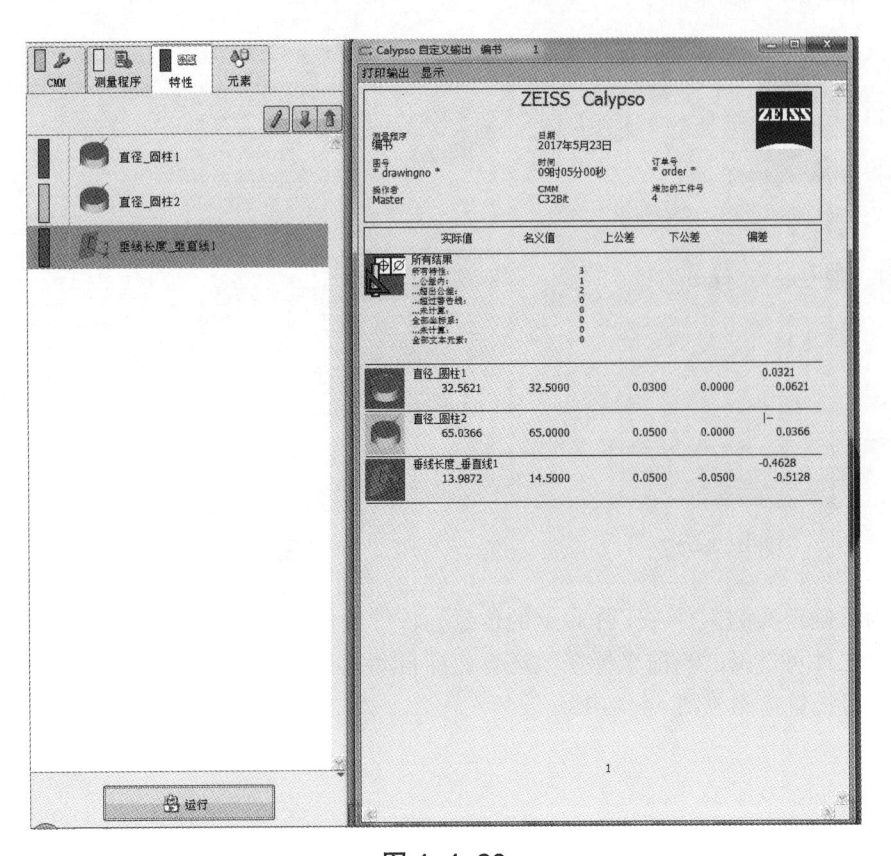

图 4-4-20

举例输出 PDF 报告（图 4-4-21），最终输出结果（图 4-4-22）。

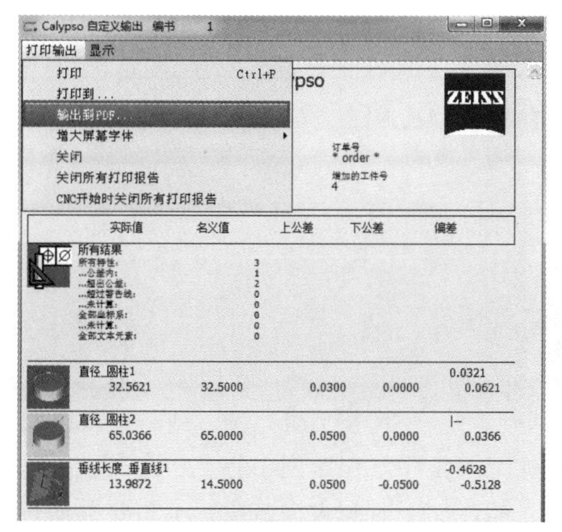

图 4-4-21

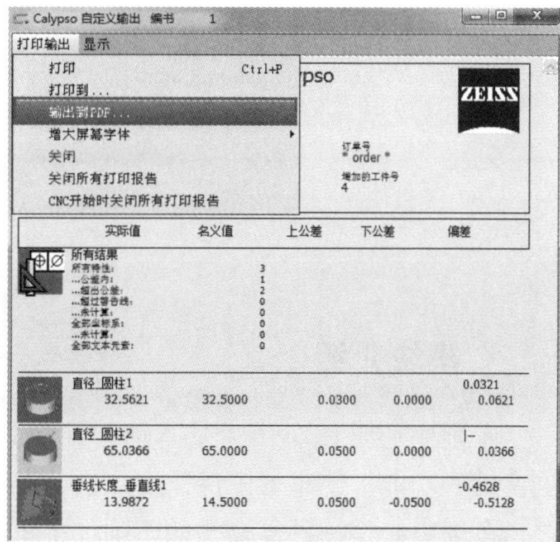

图 4-4-22

◇思考与练习◇

1. 简述三坐标测量仪的定义。
2. 三坐标测量仪的基本组成有哪些？
3. 三坐标测量仪对环境有哪些要求？
4. 对测量产生影响的因素有哪些？应如何避免？
5. 影响三坐标测量仪的因素有哪些？
6. 坐标系建立的原则是什么？
7. 安全平面的作用是什么？如何建立安全平面？
8. 手动测量工件时应注意什么？
9. 安全五项是哪五项？安全五项的作用分别是什么？

模块五　车削中心

◇模块介绍◇

车削中心是以车床为基本体，并在其基础上进一步增加动力铣、钻、镗，以及副主轴的功能，使车加工件需要二次、三次加工的工序，在车削中心上一次完成。总之，车削中心是一种复合式的车削加工机械，能让加工时间大大减少，不需要重新装夹，以达到提高加工精度的要求。

任务1　车削中心基本操作

◇任务简介◇

本任务主要讲解车削中心的基本操作。

◇学习目标◇

掌握车削中心的基本操作。

◇知识要点◇

一、机床通电、断电

1. 通电

在通电前检查完成后，确保一切无误，合上机床的总电源开关，然后按下主操纵面板上的NC电源启动按钮，系统启动，数秒后显示屏亮，显示有关位置和指令信息，此时机床通电完成。

2. 断电

无论任何时候，只要按下主操纵面板上的NC电源关闭按钮，数控系统即刻断电。

然后切断机床的总电源开关，机床断电完成。

二、急停

在机床主操作面板的左下角，有一个红色蘑菇头急停按钮，如果发生危险情况时，立即按下急停按钮，机床的全部动作会停止，该按钮能自锁。当险情或故障排除后，将该按钮顺时针旋转一个角度即可以复位弹开。

机床产生急停的原因：

（1）CNC 报警。

（2）主轴伺服或变频器报警。

（3）液压电机的空气开关断开。

（4）液压站系统压力低。

（5）急停按钮被按下。

注意：当机床在急停按钮被压下或机床产生急停后，各伺服轴可能出现少量的惯性位移。

三、机床操作面板介绍

（1）操作面板介绍（图 5–1–1）。

（2）手摇盒操作单元介绍（图 5–1–2）。

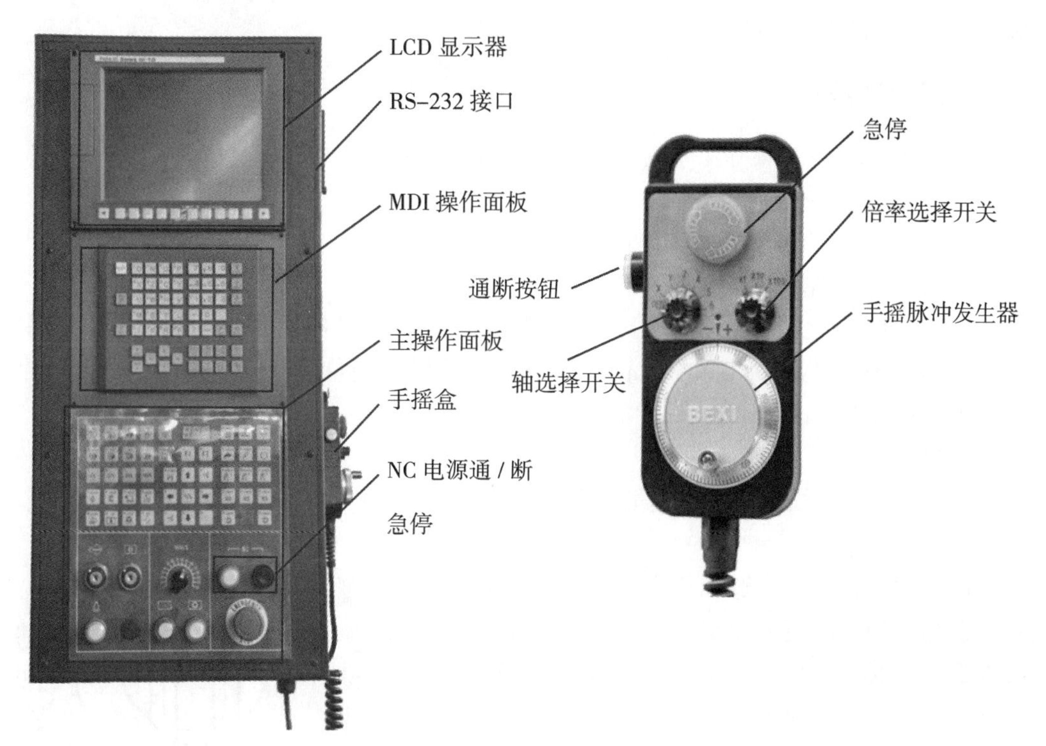

图 5–1–1　操作面板　　　图 5–1–2　手摇盒操作单元

四、方式选择

1. 编辑方式（EDIT）

编辑方式是输入、修改、删除、查询、呼叫工件加工程序的操作方式。在输入、修改、删除工件加工程序操作前，要将程序保护开关置于0位。修改完成后，务必将程序保护开关置于1位，以免误操作而引起程序的变动。

2. 自动（存储器）运行方式（MEM）

自动操作方式，是按照程序的指令控制机床连续自动加工的操作方式。自动操作方式所执行的程序，在循环启动前已存入数控系统的存储器内，所以这种方式又称为存储器运行方式。

3. 手动数据输入方式（MDI）

在这种方式下，可以通过数控系统（CNC）键盘输入一段程序，然后通过按循环启动按钮开始执行。

4. 手摇脉冲进给方式（HANDLE）

在这种方式下，选择相应的手摇轴及手摇倍率，操作者可以转动手摇脉冲发生器，令伺服轴移动。

5. 手动操作方式（JOG）

在这种方式下，按下手动进给方向按钮，能将刀具向目标位置移动；松开按钮，移动即停止。进给轴移动速度由进给倍率开关的位置决定。

五、手动操作

1. 手摇脉冲进给操作（手摇操作盒操作）

（1）轴选择开关。

在手摇脉冲进给方式下，用轴选择开关选择所需进给的轴。

（2）倍率选择开关。

在手摇脉冲进给方式下，用手摇倍率选择开关控制各轴手摇的进给量。其中“×1”位置脉冲当量为0.001 mm，“×10”位置脉冲当量为0.01 mm，“×100”位置脉冲当量为0.1 mm。

2. 手动操作方式

（1）手动连续进给和手动连续进给倍率（图5–1–3）。

在手动方式下，通过面板上的四个方向键移动各轴。进给轴的移动速度由进给倍率开关决定。手动连续进给倍率10%对应最低速率，150%对应最高速率，当倍率为0%时速率为0。

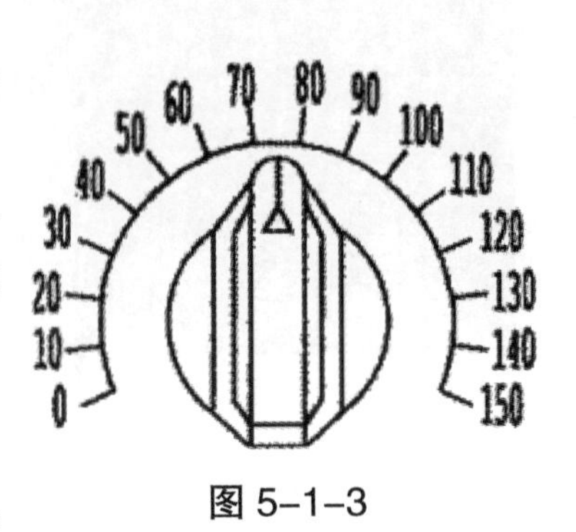

图 5–1–3

（2）手动快速进给和快速倍率。

同时按下某一方向的点动按钮与快速按钮时，进给轴快速移动。松开快速按钮，进给轴移动恢复成手动连续进给时的速度。

快速倍率有四种选择：FO、25%、50%、100%，按下其中任意按钮，其指示的倍率就是当前的快速倍率。其中 FO 的速率为固定较低速度。

注意：手动操作方式和手摇脉冲进给方式统称为手动方式，在手动方式下，也可以执行主轴启停，主轴加减速，液压启动、停止，排屑器，台尾，中心架，冷却，润滑，卡盘，选刀等操作。

六、程序的编制和编辑

1. 新程序的输入

在编辑（EDIT）方式下，首先输入程序号，程序号是以字母“O”开头的，后面接数字。然后按下 MDI 面板上的“INSERT”键，每段程序输入完后，使用结束符“；”（MDI 面板上的“EOB”键）结束，然后点击“INSERT”键插入。

2. 程序的修改和删除

（1）在原有程序中插入、替换和删除某个语句。把光标移到某个语句上，然后按 MDI 键盘上的“INSERT”（插入）键、“ALTER”（替换）键和“DELETE”（删除）键即完成相应操作。

（2）对整个程序的删除。在编辑方式下，键入要删除的程序号，然后按 MDI 键盘上的“DELETE”（删除）键即可。

3. 程序保护

程序保护是钥匙开关，当关闭此开关时，禁止对加工程序进行存储、编辑操作；禁止对 PMC 参数进行设定。当程序编辑完成后，把程序保护开关处于关闭状态，以免误操作而引起存储内容的变动。

七、自动操作

自动操作是按照程序的指令，控制机床连续自动加工的操作方式。自动操作包括自动（存储器）方式的操作与 MDI 方式的操作。

1. 自动（存储器）方式操作。

（1）循环启动和中停。

①循环启动按钮：在自动操作方式和手动数据输入方式（MDI）下，都用它启动程序。在程序执行期间，其指示灯亮。

②中停按钮：在自动操作方式和手动数据输入方式（MDI）下，在程序执行期间，按下此按钮，指示灯亮，执行中的程序暂停。再按下循环启动按钮后，进给暂停按钮指示灯灭，程序继续执行。

（2）程序启动。

自动操作循环启动前，必须用正确的对刀方法准确地测定出各个刀的刀补值并置入程序指定的刀具补偿单元。自动操作循环启动前，必须将刀架准确地移动到安全位置。

程序启动的基本步骤：

①选择要执行的程序。

②按下自动方式按钮，选择自动操作方式。

③按下循环启动按钮，按钮指示灯亮，自动加工循环开始。程序执行完毕，循环启动按钮指示灯灭，加工循环结束。返回到程序开头，准备下一次执行。

（3）程序停止。

程序停止包括程序终止和程序暂停两种形式。

①程序自动运行在下列情况时被终止：

a. 执行了 M30 或 M02 指令（正常终止）。

b. CNC 键盘上的复位键被按下。

c. 急停按钮被按下。

d. 程序错误报警。

e. 伺服报警。

②程序自动运行在下列情况时被暂停：

a. 中停被按下，中停按钮指示灯亮，程序暂停。此时再按下循环启动按钮，程序恢复自动运行。

b. 操作方式脱离了自动操作方式。此时只要重新使机床返回自动操作方式，然后再按循环启动按钮，程序即刻恢复自动运行

c. 程序执行了 M00 指令，按循环启动按钮，程序即刻恢复自动运行。

d. 程序执行了 M01 指令，（在程序选择停有效期间）按循环启动按钮，程序即刻恢复自动运行。

e. 单程序段，按循环启动按钮，程序继续运行。且在单程序段有效期间，每执行完一条程序段，就需按一次循环启动按钮。

2. 程序运行的辅助功能

（1）程序跳步。

按下该按钮，指示灯亮，程序段跳过功能有效。再按一下该按钮，指示灯灭，程序段跳过功能无效。

在自动操作方式下，在程序段跳过功能有效期间，凡是在程序段号 N 前冠以“/”符号（删节符号）的程序段，全都跳过不与执行。在程序段跳过功能无效期间，所有程序段全部照常执行。

功能用途：在程序中编写若干特殊的程序段（如试切、测量、对刀等），将这些程序段号 N 的前面全部冠以“/”符号，使用程序段跳过功能就可以控制机床有选择地执行这些程序段。

（2）单程序段。

在自动方式，按下按钮，按钮指示灯亮，单程序段功能有效。再按一下该按钮，指示灯灭，单程序段功能撤消。在程序连续运行期间，允许切换单程序段功能有效 / 无效。

在自动操作方式下单程序段功能有效期间，每按一次循环启动按钮，仅执行一段程序，执行完就停止。必须再按下循环启动按钮，才能执行下一程序段。

功能用途：主要用于测试程序。可根据实际情况，同试运行、机床锁住、程序段跳过功能组合使用。

（3）空运行（试运行）。

试运行操作，也可称做空运行，是在不切削的条件下试验、检查新输入工件加工程序的操作。为了缩短调试时间，在试运行期间，进给速率被系统强制在最大值上。

操作步骤如下：

①选择自动方式，调出要试验的程序。

②按下试运行按钮，此时试运行按钮指示灯亮，试运行状态有效。

③按下循环启动按钮，指示灯亮，试运行操作开始执行。再次按下试运行按钮，结束试运行状态。

（4）机床锁住。

按下该按钮，指示灯亮，机床锁住功能有效。再按一次，按钮指示灯灭，机床锁住功能解除。

在机床锁住功能有效期间，各伺服轴移动操作都只能使位置显示值变化，而机床各伺服轴位置不变。但主轴、冷却、刀架等其他功能照常。机床锁住功能执行完毕后，启动自动加工前应注意机械坐标值与绝对坐标值是否相符，否则易产生撞车问题。

（5）程序选择停

该按钮与程序中的 M01 指令配合使用，在程序执行到 M01 指令且该按钮已按下时，指示灯亮，程序停止。否则程序继续执行。

3. 手动数据输入（MDI）

在这种方式下，可以通过数控系统（CNC）键盘输入一段程序，然后通过按循环启动按钮予以执行。通常这种方式用于简单的测试操作。其操作如下：

①将按钮按下，进入 MDI 操作方式。

②按下 CNC 键盘上的“PRGR”键。

③通过 CNC 字符键盘输入程序的指令或一段程序，并在指令或程序段的结尾输入结束符（“；”，MDI 面板上的“EOB”键）结束。按下“INSERT”键，在显示屏上将显示出所输入的指令或程序段。

④待全部指令或程序段输入完毕后按下循环启动按钮，按钮指示灯亮，程序进入执行状态。执行结束后，指示灯灭，程序指令随之删除。

⑤再次执行同一程序段，必须重新键入。此方式也可以执行一段程序。

八、主轴

1. 主轴变速

在手动方式下，用主轴升速按钮和主轴降速按钮可在允许范围内连续改变主轴速度。每按一下主轴升 / 降速按钮，主轴速度增加 / 减少一个增量值。在自动方式下，用主轴升/降速按钮可在允许范围内随意改变主轴的倍率值。每按一下主轴升/降速按钮，主轴倍率增加/减少一个增量值。

2. 主轴操作

满足主轴运转条件时可以主轴启动，其中包括卡盘卡紧、防护门关闭、台尾顶尖顶紧（卧车有台尾时）、中心架夹紧（卧车有中心架时）、没有急停等。

（1）手动操作。

①按下主轴正转按钮，按钮指示灯亮，主轴正转。

②按下主轴反转按钮，按钮指示灯亮，主轴反转。

③按下主轴停止按钮，主轴正转、反转指示灯都灭，主轴停止转动。

④按下主轴点动按钮，主轴正转，松开即主轴停止。

⑤手动时，主轴转速为存储器内当前的 *S* 值。

（2）自动操作。

在自动或 MDI 方式下：

①执行主轴正转指令（M03）后，主轴正转指示灯点亮，主轴正转。

②执行主轴反转指令（M04）后，主轴反转指示灯点亮，主轴反转。

③如果执行了主轴停止指令（M05），正转或反转的指示灯全灭，主轴停止。

（3）门联锁。

机床防护门关闭时，由行程开关（或门锁开关）检测防护门是否关闭。只有当机床防护门关闭时，机床才可以执行程序加工工件或旋转主轴。一旦防护门打开，主轴立即停止转动，程序中停，实现与门开关联锁。但为了方便操作者观察工件的加工情况，在面板上设置了一个门联锁的钥匙开关，当此开关处于 ON 状态时，即使在防护门打开的情况下，取消与门开关联锁，程序和主轴可正常运转。

注意：请操作者慎用此开关并保管好钥匙，以免发生危险。

九、手动选刀

按下手动选刀按钮，刀架的刀盘松开，然后逆时针方向转位；释放选刀按钮后，刀架停在邻近的低号位上，然后刀架刀盘锁紧，数码显示器的右两位数显示出当前的刀位号。点动按下选刀按钮，可以实现按一次转一个刀位。按下选刀按钮不放，直到刀架转过所要的刀位后再释放，就可以一次选到任意刀位。

十、液压系统、液压卡盘、液压台尾及液压中心架

1. 液压启动

机床重新上电后，屏幕上显示报警信息 #2010（液压系统没有启动），此时必须首先启动液压系统，按下液压启动按钮，指示灯亮，液压泵启动。再按一下该按钮，指示灯灭，液压泵停止。

2. 液压卡盘

主轴停止时，任何方式下都可操作卡盘。液压卡盘的卡紧和松开可以用“卡盘夹

紧”完成，也可以用脚踏开关完成。按一次按钮（或踏一次开关），卡盘卡紧，指示灯亮，再按一次按钮（或再踏一次开关），卡盘松开，指示灯灭。液压卡盘的最低卡紧压力由压力继电器指示，实际卡紧压力由用户依据实际情况自行调节。液压卡盘的卡紧动作有外卡、内卡之分，卡爪向中心卡紧为外卡，卡爪往外涨卡紧为内卡。

3. 可编程台尾（卧车）

（1）台尾与 Z 轴连接。

手动方式下，按下台尾连接按钮，Z 轴向台尾方向移动。当撞到尾座挡块时，Z 轴停止运动，尾座体松开，同时台尾销插入，连接成功，此后尾座可与 Z 轴一起运动。再一次按下该按钮，尾座体锁紧，同时台尾销拔出，尾座体锁紧，取消连接。自动方式下，执行 G81 Z– 程序指令时（台尾体的目标绝对位置），Z 轴自动向台尾方向移动，连接成功后，带动台尾体到达目标位置，并自动取消连接状态。

（2）台尾芯顶紧退回操作

把台尾体移动到适当位置后，液压台尾芯（向前）顶紧和（退后）松开可以用台尾顶紧按钮或脚踏开关操作。按下台尾顶紧按钮或踩下脚踏开关，台尾芯伸出顶紧工件，达到一定压力后，指示灯亮；再按下此按钮或踩下脚踏开关，台尾芯退回，退回到位后，指示灯灭。

（3）液压中心架

液压中心架的卡紧和松开可以用按钮中心架完成。按一次按钮，中心架卡紧，指示灯亮，再按一次按钮，中心架松开，指示灯灭。液压中心架的卡紧的最低压力由压力继电器指示，卡紧压力由用户依据实际情况自行调节。

十一、排屑器

在任何方式下都可以操作排屑器。

按下排屑器正转按钮时，排屑器正转，指示灯亮。

按下排屑器反转按钮时，排屑器反转，指示灯亮。

按下排屑器停止按钮时，排屑器停止，排屑器正转、反转指示灯灭。

在 MDI 或自动运行时，执行 M75 指令，排屑器正转；执行 M76 指令，排屑器停止。

注意：排屑器堵塞时，先停止排屑，然后再按排屑器反转按钮，使排屑器反转，把堵塞的废屑自动清除后，排屑器便可正常排屑。

十二、冷却和冷却水枪

按下冷却液开闭按钮，按钮指示灯亮，冷却液泵通电工作，打开冷却液阀门，冷却液喷出。再按一下此按钮，按钮指示灯灭，冷却液泵断电，冷却液关闭。在自动或 MDI 方式下，如果执行了冷却液开指令（M08），该指示灯亮。执行了冷却液关指令（M09），或再按一下该按钮，则该指示灯灭，冷却液关闭。

十三、润滑

机床采用集中式润滑。每次机床上电后，润滑装置自动润滑 30 s，然后停止润滑。在机床运行过程中，润滑装置按照进给轴的累计行程间隔润滑，每次润滑时间为 1~5 s。操作者也可以通过操作面板上的手动润滑按钮起动润滑装置。按住此按钮，润滑启动，指示灯亮。松开此按钮，停止润滑，指示灯灭。

十四、机床照明

机床采用交流灯光照明，它可以通过面板上的自锁按钮来控制，按下此按钮，照明灯亮，再按一下此按钮，照明灯灭。

任务 2　车削中心基本指令介绍

◇任务简介◇

本任务主要讲解车削中心的基本指令。

◇学习目标◇

掌握车削中心的基本指令。

◇知识要点◇

一、准备功能指令

表 5-2-1 为 G 指令代码表。

表 5-2-1　为 G 指令代码表

代码	组别	功能
◤ G00	01	快速移动定位
G01		直线插补
G02		顺圆弧插补
G03		逆圆弧插补
G04	00	暂停
G20	06	英制输入
G21		公制输入
G27	00	参考点返回检查
G28		参考点返回
G30		第二参考点返回
G32	01	螺纹切削
◤ G40	07	刀尖半径补偿取消
G41		刀尖半径左补偿
G42		刀尖半径右补偿
G50	00	坐标系设定 / 主轴限速设定

续表：

代码	组别	功能
G70	00	精加工循环
G71		外圆粗车循环
G72		端面粗车循环
G73		封闭切削循环
G74		端面深孔加工循环
G75		外圆、内圆切槽循环
G76		螺纹切削复合循环
G90	01	横向固定循环切削
G92		螺纹固定循环切削
G94		端面固定循环切削
G96	02	恒线速控制
◤ G97		恒线速撤销
G98	05	每分钟进给，单位：mm/min
◤ G99		每转进给，单位：mm/r

注释：

（1）00 组的 G 代码是非模态的，只在指定它们的程序段有效。

（2）若指定了未列在上表的 G 代码，即产生报警。

（3）在同一程序段内能够指定若干个不同组别的代码。若指定了多个同组的代码，最后的代码有效。

（4）◤表示通电时，系统处于此 G 代码状态。

二、辅助功能指令

表 5-2-2 为 M 指令代码表。

表 5-2-2　M 指令代码表

代码	功能	代码	功能
M00	程序无条件停止	M32	尾芯前进
M01	程序条件停止	M33	尾芯后退
M02	程序结束	M34	卡盘高压
M03	主轴正转	M35	卡盘低压
M04	主轴反转	M41	主轴 1 挡
M05	主轴停止	M42	主轴 2 挡

续表：

代码	功能	代码	功能
M06	刀具交换	M46	工件测量有效
M07	第二冷却液开	M47	工件测量无效
M08	冷却液开	M57	自动门打开
M09	冷却液关	M58	自动门关闭
M10	卡盘夹紧	M75	排屑器运转
M11	卡盘松开	M76	排屑器停止
M13	第二主轴正转	M77	中心架锁紧
M14	第二主轴反转	M78	中心架松开
M15	第二主轴停止	M88	台尾体松开
M19	主轴定位	M89	台尾体锁紧
M20	车削方式（*C* 轴无效）	M92	台尾体前进
M21	铣削方式（*C* 轴有效）	M93	台尾体后退
M26	*C* 轴锁紧	M96	用户宏程序中断有效
M28	*C* 轴松开	M97	用户宏程序中断无效
M29	刚性攻丝	M98	调用子程序
M30	程序结束并返回程序开头	M99	子程序返回

三、刀具功能指令

1. T 指令代码

T 指令是刀具选择和刀具补偿的综合指令，由 T+4 位数字组 成。格式：T▲▲●●

▲▲两位代表刀号，从 01 开始，到刀盘内最大刀位号为止，不许超过。

●●两位代表刀具补偿单元号，从 01 开始，到 64 为止，若指定 00，表示撤消刀补。刀号和刀补号可以随意组合，每个刀具都可以使用多组刀补单元。

2. T 指令代码形式

（1）（例）T0100：选第一号刀，无刀补值或撤消刀补值。

（2）（例）T0103：选第一号刀，及第三组刀补值。

四、坐标系的规定

为了描述刀尖的运动位置和运动轨迹，必须首先在装夹到机床的工件某个点上建立一个工件坐标系，然后以刀具运动轨迹中若干个点的坐标按一定的规则编写工件加工程序。工件坐标系的两个轴分别平行于机床的两个进给轴。平行于纵向进给轴的叫做 *Z*（坐标）轴，平行于横向进给轴的叫做 *X*（坐标）轴，并以远离工件的方向为正方向。点的坐标（*X*/*Z*）叫做绝对坐标，以绝对坐标 r 编程称为绝对编程。采用绝对编程时，首先必须进行坐标系设定，也就是将坐标系的原点定在一个指定的位置上。

◇思考与练习◇

1. 什么叫车削中心?
2. 车削中心的特点有哪些?
3. 车削中心能完成哪些工序?

模块六　四轴加工中心

◇模块介绍◇

四轴加工中心主要用于复杂零件的加工，一次装夹可完成多个面的加工。节省装夹时间，提高工作效率。

四轴联动加工中心是指一般工件在空间未定位时，有 6 个自由度，*X*、*Y*、*Z* 三个线性位移自由度和与其对应的 *A*、*B*、*C* 三个旋转位移自由度。六个自由度通常用笛卡尔直角坐标系的 *X*、*Y*、*Z* 来表达三个线性轴，用与其对应的 *A*、*B*、*C* 来表达三个旋转轴。通俗一点来讲，就是在普通三轴立式加工中心的基础上加装一个四轴的分度盘就可以实现四轴联动的功能。

任务 1　四轴加工中心面板基本操作

◇任务简介◇

本任务主要介绍 HEIDENHAON TNC620 四轴加工中心的基本概念，四轴数控加工的面板操作功能；使初学者了解 HEIDENHAON TNC620 四轴加工中心系统的基本操作，为下一步学习奠定基础。

◇学习目标◇

1. 了解 HEIDENHAON TNC620 四轴加工中心。
2. 掌握 HEIDENHAON TNC620 四轴加工中心面板的按键功能。
3. 了解 HEIDENHAON TNC620 四轴加工中心的基本操作。

◇知识要点◇

一、HEIDENHAON TNC620 显示单元和操作面板

HEIDENHAON TNC620 四轴加工中心面板分为两部分，分别为控制面板和显示屏，如图 6-1-1 和图 6-1-2 所示。

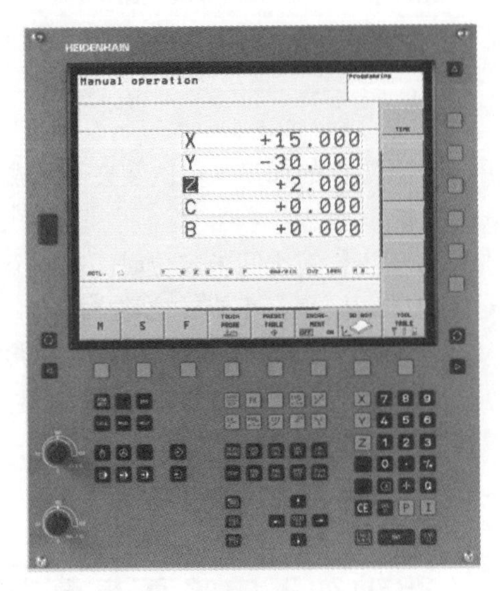

图 6-1-1

1. 显示屏（图 6-1-2）

TNC 系统配有 19 英寸 TFT 彩色纯平显示器。

（1）标题区。

TNC 开机启动时，页面的顶部显示所选操作模式，右侧为编程模式。当前有效操作操作模式用大框显示，同时也会显示对话提示和 TNC 信息。

（2）软键区。

在屏幕底部，TNC 用软键行提供系统的更多功能。可通过其正下方的按键选择这些功能。软键行上方的细条表示软键行数，用显示器左侧和右侧的按键切换软键。代表当前有效的软键行高亮显示。

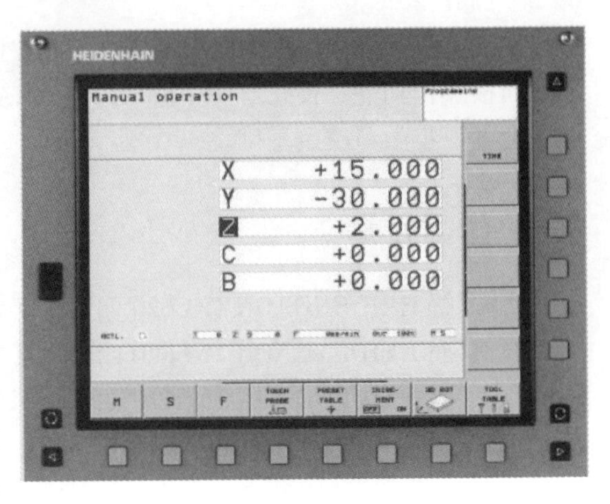

图 6-1-2

（3）软键选择键。

（4）切换软键的按键。

（5）设置屏幕布局。

（6）加工和编程模式切换键。

（7）USB 端口。

2. 控制面板

TNC 620 操作面板，操作面板的各操作件如图 6-1-3 所示。

（1）输入文字和文件名及 ISO 格式编程的字符键盘

（2）文件管理。

（3）编程模式。

（4）机床操作模式。

（5）启动编程对话。

（6）浏览键和 GOTO 跳转命令。

（7）数字输入和轴选择。

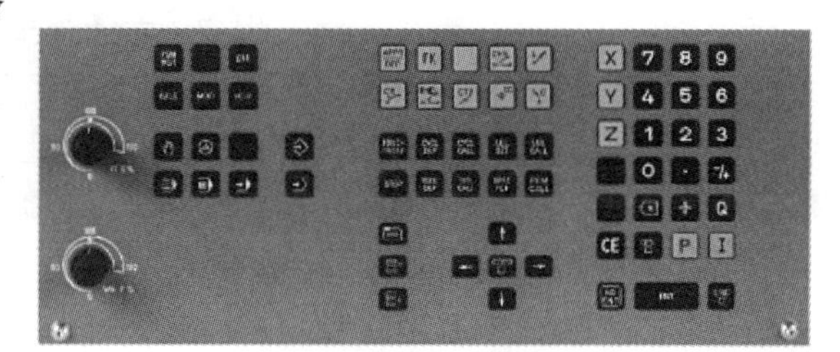

图 6-1-3

3. HEIDENHAON TNC620 显示屏及控制面板按键功能

表 6-1-1　显示器按键表

按键	功能说明
	切换屏幕布局
	切换显示加工模式和编程模式
	显示屏上选择功能的软键
◁ ▷ △	软键行翻页键

表 6-1-2　机床操作模式按键表

按键	功能说明
	手动操作
	电子手轮
	用 MDI 模式定位
	程序运行——单段运行
	程序运行——全自动

表 6–1–6　编程模式按键表

按键	功能说明
	程序编辑
	测试运行

表 6–1–4　程序 / 文件管理，TNC 系统功能表

按键	功能说明
PGM MGT	选择或删除程序和文件，外部数据传输
PGM CALL	定义程序调用，选择远点和点表
MOD	选择 MOD 功能
HELP	显示 NC 出错信息的帮助信息，调用 TNCguide
ERR	显示当前全部出错信息
CALC	显示计算器
	程序运行——全自动

表 6–1–5　导航按键表

按键	功能说明
	移动高亮条
GOTO □	直接跳转至程序、循环和参数功能上

（6）进给速度倍率和主轴转速的倍率 调节电位器（图 6–1–4）

（a）进给速度倍率

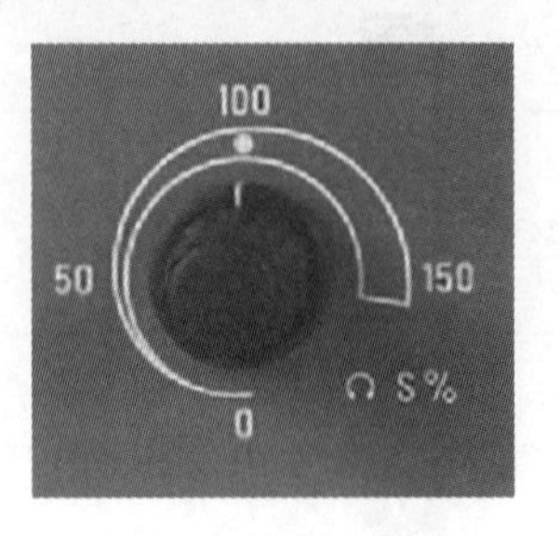

（b）主轴转速倍率

图 6–1–4

表 6–1–6　循环、子程序和程序块重复按键表

按键	功能说明
TOUCH PROBE	定义测头探测循环
CYCL DEF　CYCL CALL	定义和调用循环
LBL SET　LBL CALL	输入和调用子程序和程序块重复的标记
STOP	在程序中终端程序运行

表 6–1–7　刀具功能按键表

按键	功能说明
TOOL DEF	定义程序中所用刀具数据
TOOL CALL	调用刀具数据

表 6–1–8　程序编程路径运动按键表

按键	功能说明
APPR DEP	接近 / 离开轮廓
FK	FK 自由轮廓编程
L	直线
C	已知圆心圆
CR	已知半径圆
CT	相切圆弧
CHF　RND	倒角 / 倒圆角

表 6–1–9　特殊功能按键表

按键	功能说明
SPEC FCT	显示特殊功能
	选择窗体中的下个选项卡

(按键图标)	向上 / 向下移动一个对话框或按钮

表 6-1-10　坐标轴和数字编号、输入及编辑按键表

按键	功能说明
X……Z	选择坐标轴或输入到程序中
0……9	数字
· -/+	小数点 / 正负号
Q	Q 参数编程 /Q 参数状态
-‡-	保存当前位置或计算器值
NO ENT	忽略对话提问、删除字
ENT	确认输入信息并继续对话
END	结束程序段，退出输入
CE	清除数字输入或清除 TNC 出错信息
DEL	中断对话，删除程序块

二、HEIDENHAON TNC620 机床基本操作

1. 开机

（1）打开主电源开关（在电气柜上）；

（2）等待机床面板上电：按下控制面板上的 CE 按钮。

（3）打开紧急停止按钮（2 处）；

（4）防护门测试：按住控制面板上的开门按钮（DOOR RELEASE），打开防护门后再关闭。

（5）急停开关测试（测试其中一个就行）：按下控制面板上的急停或手摇脉冲器（手轮），急停后再次打开。

（6）坐标轴参考点（参考点回零）：①按下循环启动按钮（等待各坐标轴返回到参考点）；

②如果上一个步骤没有完成，则需要在手动模式下完成回零（显示器下方的拓展键中找到回零标志，并点击）；

③检查轴的实际位置是否与表中显示的值相对应，如果是，则在“USER”列中的对应字段放置一个标志。

注意：如果各轴没有返回参考点，则运行程序时会出现报警。

2. 关机

（1）按下“急停按钮”；

（2）选择手动模式 ，再按下 按钮，选择显示屏下方关机按钮 ，在出现的对话框点击“确定”；

（3）关闭机床总电源。

3. 主轴预热

机床在闲置超过一定时间后，需要重新预热，闲置时间越长，预热时间也就越长。

注意：预热时，主轴上必须安装刀具，而且此刀具必须平衡。

（1）打开机床通电，设置参考点；

（2）选择手动模式 ；

（3）按下“M”软键；

（4）在其他 M 功能中输入“334”；

（5）按下“循环启动”键，启动加热循环，根据之前停机时间，加热周期可以为 4~15min。预热结束后主轴停止转动。

4. 手动装载＼卸载刀具

（1）将钥匙开关调至手动状态，选择模式 ；

（2）打开机床防护门；

（3）按下“刀具松脱”键（TOOL RELEASE）之后，刀具夹持松开，就可以卸下刀具；

（4）将刀具装入主轴，装到底之后按下“刀具松脱”键，此时刀具被夹持。注意，握住刀具直至刀具夹紧循环完全运行完毕。

三、HEIDENHAON TNC620 数控机床安全操作规程

数控机床一定做到规范操作，以避免发生人身、设备、刀具等安全事故。

1. 机床操作前的安全操作

（1）加工零件前，可以通过试切削的办法检查机床运行是否正常；

（2）操作机床前，仔细检查输入的数据，以免引起误操作；

（3）确保指定的进给速度与操作所需要的进给速度相适应；

（4）CNC 与 PMC 参数都是机床厂家设置的，通常不需要修改，如果必须修改参数，必须对参数进行深入全面的了解。

2. 机床操作过程中的安全操作

（1）手动操作。

手动操作机床时，要确定刀具与工件的当前的位置，保证正确指定了运动轴及方向和进给速度。

（2）返回参考点。

机床通电后，请务必先执行返回参考点。

（3）手轮进给。

在使用手轮进给时，一定要选择正确的手轮进给倍率，过大的手轮进给倍率容易使刀具或机床损坏。

任务2　四轴加工中心 A 轴介绍

◇任务简介◇

本任务是掌握海德汉加工中心 TNC620 系统（A 轴）的相关附件，掌握海德汉加工中心（A 轴）的基本概念及应用，为进一步学习打下基础。

◇学习目标◇

熟练掌握海德汉加工中心（A 轴）的概念、加工对象及海德汉加工中心 A 轴的基本工作原理。

◇知识要点◇

一、加工中心多轴（A 轴）及特点

1. 多轴机床

数控加工技术作为现代机械制造的基础，使得机械制造过程发生显著地变化。我们熟悉的数控机床有 X、Y、Z 三个直线坐标轴，多轴是指在一台机床上至少具备第四轴。通常所说的多轴数控加工是四轴以上的数控加工，其中具有代表性的为五轴数控加工。

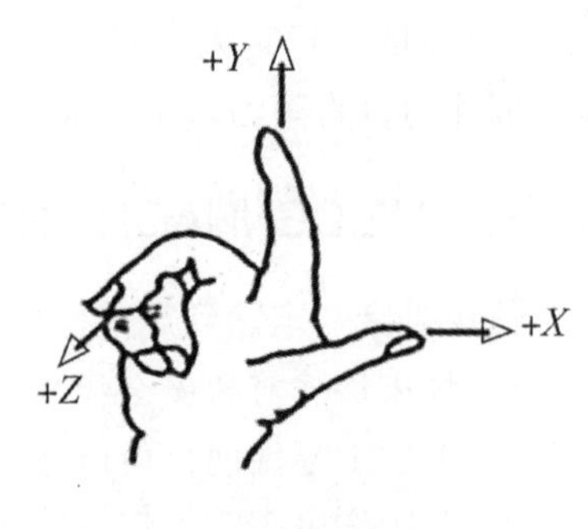

图 6-2-1

2. 加工中心 A 轴

（1）坐标轴。

为简化编程和保证程序的通用性，对数控机床的运动和方向制定了统一的标准，规定直线进给用 X、Y、Z 轴表示，三个直线坐标轴常称为基本坐标轴，用右手定则确定，如图 6-2-1 所示。

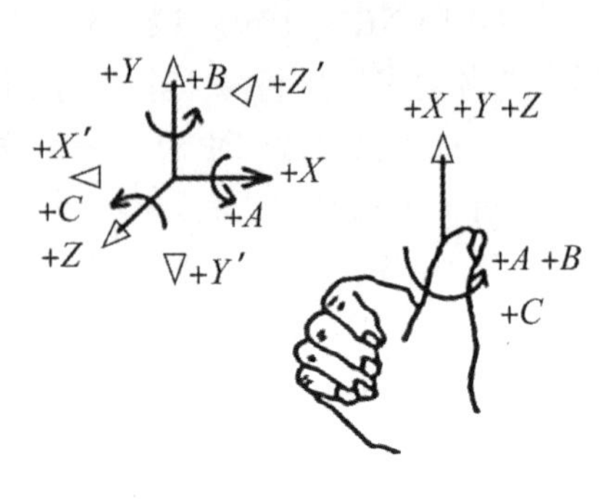

图 6-2-2

（2）加工中心 A 轴概念及特点。

① A 轴概念。

围绕机床坐标轴 *X*、*Y*、*Z* 做旋转运动的轴，通常为 *A*、*B*、*C* 轴，其中围绕 *X* 轴旋转的轴就是所谓的 *A* 轴，如图 6–2–2 所示。

② *A* 轴的特点。

A 轴可以完成 *X*、*Y*、*Z* 三轴机床不能一次性加工完成的任务，它通过旋转可以使产品实现多面的加工，大大提高了加工效率，减少了装夹次数。该系统尤其适合圆柱类零件的加工。

二、加工中心 *A* 轴附件

在机床 *X* 轴方向上安装一个数控分度头，称之为 *A* 轴，如图 6–2–3 所示。

1. 数控分度头

（1）数控分度头工作原理。

数控分度头是数控铣、加工中心等机床的主要附件之一。数控分度头与相应的 CNC 控制装置或机床本身特有的控制系统连接，并与 4~6 Mp 的压缩空气连通，可自动完成对被加工件的加紧、松开及任意角度的的圆周分度工作。

（2）数控分度头种类。

① 0.001° 连续头。

0.001° 连续分度头采用涡轮副结构，工作台气压锁紧，工件自动气压夹紧、松开，能完成等分和任意角度的圆周分度工作，最小角度为 0.001°。中心高为 110 mm、125 mm、140 mm、145 mm、150 mm。如图 6–2–4 所示。

图 6–2–3

图 6–2–4

②数控气动等分分度头。

数控气动等分分度头采用三联齿盘作为分度元件，靠气动驱动分度，完成 5° 为基数的整数倍数的回转等分分度工作，最大等分数 72 次，气动锁紧，松开主轴。中心高 φ160 mm、200 mm。如图 6–2–5 所示。

③数控等分分度头。

数控等分分度头采用三联齿盘作为分度元件，靠伺服电机驱动分度，完成 5° 为基数的整数倍数的回转等分分度工作，最大等分数 72 次，气动锁紧，松开主轴。中心高 140 mm、160 mm、200 mm。如图 6–2–6 所示。

④电动等分分度头。

电动等分分度头采用三联齿盘作为分度元件，采用经济型电动刀架的原理，分度工位由机械编码器或者传感器控制。普通力矩电机驱动，电机正转旋转，反转反靠锁紧。分度头锁紧、松开无需气压和液压，转位速度快，经济可靠。如图 6-2-7 所示。

图 6-2-5

图 6-2-6

图 6-2-7

（3）数控分度头的作用。

①把工件安装成需要的角度，以便进行切削加工（如斜面的加工）

②铣螺旋槽时，数控分度头与 CNC 控制装置连接，并与压缩空气连通，当工作台移动时，分度头上的工件即可分度。

③数控分度头还可以跟独立分度头控制器一起完成工作，用分度头控制器控制数控分度头工作。

2. 加工中心尾座

加工中心尾座用来顶紧工件和起到支撑工件的作用。

（1）加工中心尾座种类。

①手动尾座（图 6-2-8）。

②液压尾座（图 6-2-9）。

③气压尾座（图 6-2-10）。

图 6-2-8

图 6-2-9

图 6-2-10

（2）手动尾座和液压、气压尾座的特点。

手动尾座很容易控制顶紧工件的力度，而液压、气压尾座控制顶紧工件的力度不

是很好控制。

（3）加工中心尾座的作用。

尾座跟数控分度头的轴线必须是同轴的，中心高度是等高的。尾座上面装有顶尖，当加工较长或教细的工件时就会用到尾座，从而顶紧工件。

三、加工中心 *A* 轴加工对象

1. 复杂的箱体类零件

复杂的箱体类零件一般都需要进行多工位孔系及平面加工，公差要求高，特别是对形位公差要求较为严格；通常要经过铣、钻、扩、镗绞等工序，需要的刀具较多。在普通机床上加工难度大、工装套数多、费用高、加工周期长、需多次装夹找正、工艺难制定、精度难保证。加工中心 *A* 轴一次装夹，通过旋转角度进行加工，零件的精度得以控制。

2. 盘、套类零件

带有键槽、径向孔、曲面的盘套或轴类零件，如带键槽或方头的轴类零件。

3. 螺旋槽的加工及特殊的曲面轮廓

油槽、特殊螺旋线、简单叶片零件以及轴类浮雕零件。

四、加工中心 *A* 轴的重要性

A 轴的添加，可以使刀具加工的平面更为广泛，并且可以减少工件的反复装夹，提高工件的整体加工精度，利于简化工艺、提高生产效率、缩短生产时间。

◇思考与练习◇

1. 什么是四轴加工中心？
2. 四轴加工中心有什么特点？
3. 加工中心 *A* 轴、*B* 轴、*C* 轴相对应的坐标轴是哪几个轴？？
4. 四轴加工中心主要加工什么零件？
5. 四轴加工中心分度头的作用是什么？

模块七　五轴数控加工

◇模块介绍◇

随着中国制造2025战略的提出，在制造业领域，数字制造技术不断创新。五轴加工作为数控技术应用于当今制造领域的高层次技术，应用范围不断扩大，尤其是以高档数控机床等为代表的十大重点领域尤为突出，与航空航天、海洋工程装备及高技术船舶等直接相关。五轴加工在很大程度上解决了三轴数控机床无法实现的特殊功能，弥补了传统加工工艺的不足，有效地提高了产品零件加工的精度和效率。

任务1　多轴数控加工概述

◇任务简介◇

本任务主要介绍多轴加工的基本概念、多轴数控加工的功能和特点、多轴数控加工的应用、五轴数控加工机床简介、多轴加工与CAM软件等方面的知识，使初学者了解多轴数控加工的基础知识，为下一步学习奠定基础。

◇学习目标◇

1. 了解多轴数控加工领域内的基本概念。
2. 了解多轴数控加工的特点、应用领域。
3. 掌握五轴数控加工机床的分类及应用。
4. 了解常用多轴加工CAM软件。

◇知识要点◇

一、多轴数控加工的基本概念

多轴数控加工是指在具有三根以上联合运动轴的机床上，实现三根以上轴运动进行切削的一种加工方式，这些运动轴可以是全部联动的，也可以是一部分运动轴联动而另一部分轴固定在某个空间位置。

为了便于理解多轴数控加工的概念，下面将进一步阐述数控机床运动轴的基本概念。

1. 数控机床运动轴配置及方向定义

要深入理解多轴加工的概念，应该首先了解数控机床运动轴的配置及名称的相关规定。根据《工业自动化系统子集成　机床数值控制坐标系和运动命名》（GB/T 19660—2005）的规定，数控机床坐标系采用右手笛卡尔坐标系，如图 7-1-1 所示。基本坐标轴为 *X* 轴、*Y* 轴、*Z* 轴三根直线轴，对应每一根直线轴的旋转轴分别用 *A* 轴、*B* 轴和 *C* 轴来表示。

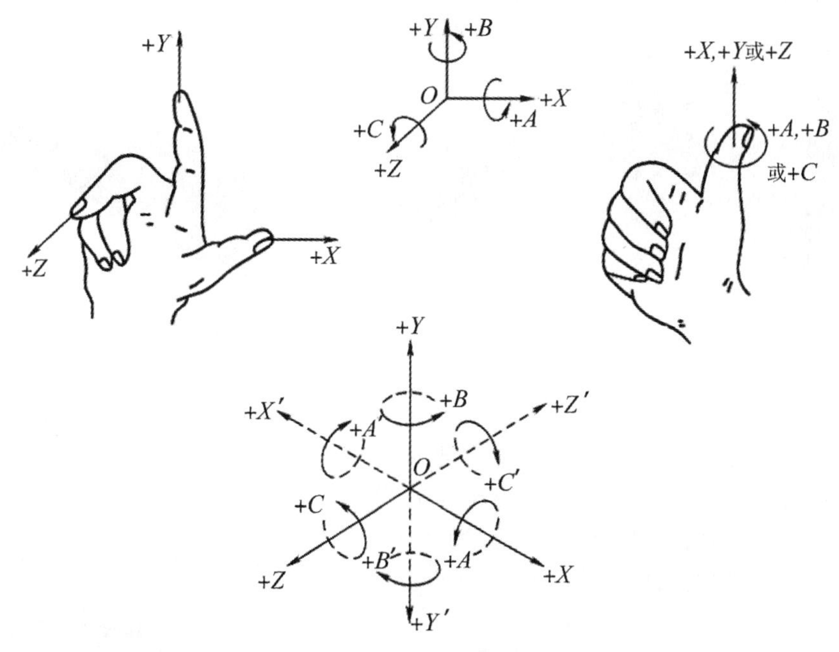

图 7-1-1　机床坐标轴及方向定义

一般规定，*Z* 轴为平行于传递切削动力的机床主轴的坐标轴，*Z* 轴的正方向是增大工件与刀具距离的方向；*X* 轴是作为水平的、平行于工件装夹平面的轴，平行于主要的切削方向，且以此为正方向；*Y* 轴的运动则根据 *X* 轴和 *Z* 轴按右手法则确定。

如图 7-1-1 所示，绕双 *Y* 轴和 *Z* 轴做旋转运动的旋转轴分别被命名为 *A* 轴、*B* 轴

和 C 轴。A 轴、B 轴和 C 轴的正方向相应地表示在 X 轴、Y 轴和 Z 轴坐标轴正方向上，按照右手螺旋前进方向确定。

根据需要，机床可以还具有除 X 轴、Y 轴和 Z 轴三个直线轴，A 轴、B 轴和 C 轴三个旋转轴以外的附加轴。对于直线运动，把平行于 X 轴、Y 轴和 Z 轴以外的第二组直线轴，分别指定为 U 轴、V 轴和 W 轴，如果还有第三组直线轴，分别指定为 P 轴、Q 轴和 R 轴。对于旋转轴，如果机床具备第一组旋转运动 A 轴、B 轴和 C 轴的同时，还有平行于 A 轴和 B 轴的第二组旋转运动，则指定为 D 轴或 E 轴。

2. *多轴数控加工的方式*

根据多轴机床运动轴配置形式的不同，多轴加工机床可以使用不同的加工方式进行切削。归纳起来，可以将多轴数控加工分为以下几种方式：

（1）四轴联动加工：指在四轴机床（比较常见的机床运动轴配置是 X 轴、Y 轴、Z 轴、A 轴四轴）上进行四根运动轴同时联合运动的一种加工形式。四轴加工能完成图 7–1–2 所示的零件以及类似零件的加工。

（2）3+1 轴加工：也可以说是四轴定位加工。通常是指在四轴机床上，实现三根运动轴同时联合运动，另一根运动轴固定在某一位置的一种加工形式。图 7–1–3 所示方形零件可以通过“3+1”轴加工来完成。

图 7–1–2　四轴机床及其产品

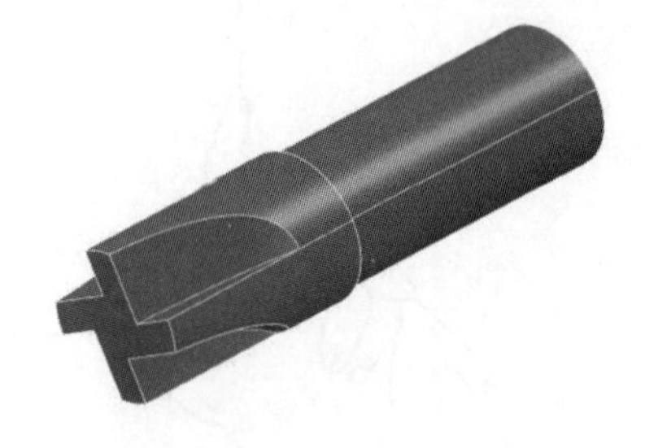

图 7–1–3　“3+1”轴产品

（3）五轴联动加工：也叫连续五轴加工。它是指在五轴联动机床上进行五根运动轴同时联合运动的切削加工形式。五轴联动加工能加工出诸如发动机整体叶轮、整体车模一类形状复杂的零部件，如图 7–1–4 所示。

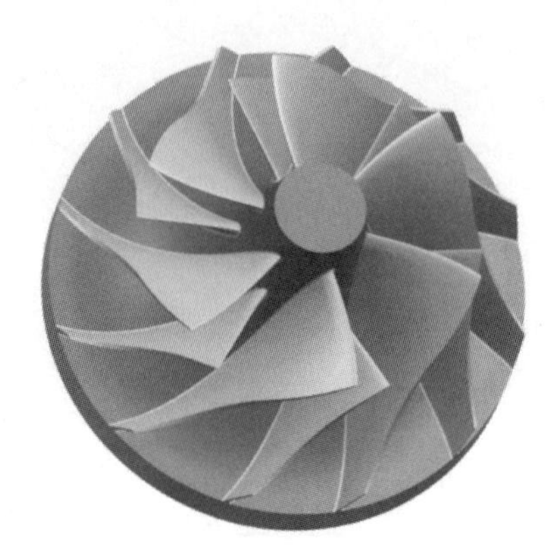

图 7–1–4　五轴联动加工整体叶轮

（4）五轴定轴加工：也叫定位五轴加工或五轴定位加工，可分为“3+2”轴加工和“4+1”轴加工两种方式。

① 3+2 轴加工是指在五轴机床（比如 X 轴、Y 轴、Z 轴、A 轴、C 轴五根运动轴）上进行 X 轴、Y 轴、Z 轴三轴联合运动，另外

两根旋转轴（如 A 轴、C 轴）固定在某一角度位置的加工方式。“3+2”轴加工是五轴加工中最常采用的加工方式，使用这一加工方式能完成零部件大部分侧面结构的加工。另外，市面上所谓的“五面体加工机床”实现的就是“3+2”轴加工方式。

②“4+1”轴加工是指在五轴机床上，实现四根运动轴同时联合运动，另一根运动轴固定在某一空间位置的一种加工方式。

二、多轴数控加工的功能和特点

由于刀具相对于工件（或工件相对于刀具）能形成各种角度位置关系，所以多轴数控加工机床在具备三轴数控机床的全部功能的同时，解决了三轴数控加工不能完成的难题。具体如下：

1. 加工复杂自由曲面

可以加工一般三轴数控机床所不能加工或很难一次装夹完成加工的连续、平滑的自由曲面，如航空发动机和汽轮机的叶片、舰艇用的螺旋推进器以及许多具有特殊曲面和复杂型腔、孔位的壳体和模具等。

图 7–1–5 所示为汽轮机整体叶片零件。这一类零部件如果用三轴数控机床加工，由于其刀具相对于工件的位姿角在加工过程中不能变（图 7–1–6），加工空间自由曲面时，刀具和工件就有可能发生干涉或者出现欠加工（即型面加工不到位，如图 7–1–6 所示，叶片根部刀具就切不进去）。而用五轴联动机床加工时，由于刀具相对于工件的位姿角在加工过程中可随时调整，如图 7–1–7 所示，可以避免刀具与工件间的干涉，并能在一次装夹中完整地加工出全部型面及其他特征。

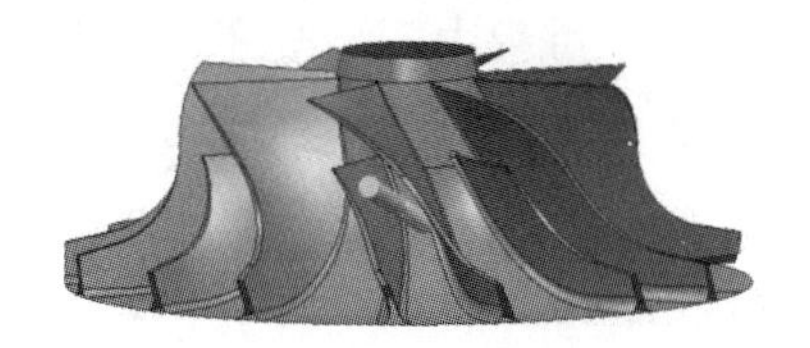

图 7–1–5　汽轮机整体叶片零件

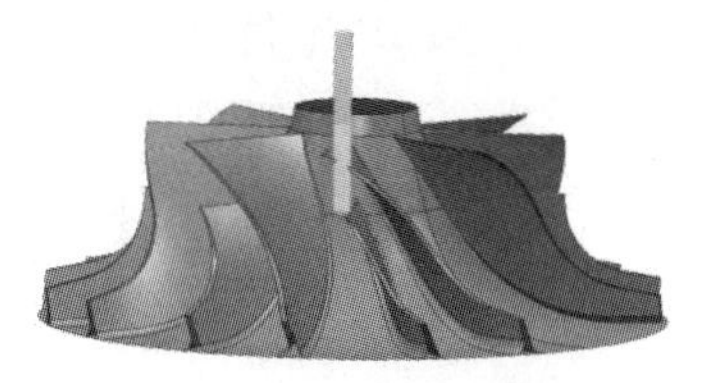

图 7–1–6　整体叶片零件与刀轴

图 7–1–7　整体叶片零件五轴联动加工

2. 使用更短的刀具加工深长型腔零件和高陡峭壁的凸模零件

在零件加工过程中，使用的刀具悬伸出机床主轴越长，刀轴的旋转偏摆量增大的趋势就越明显，容易导致凸模欠切、凹模过切，零件加工精度就会显著降低。如图 7–1–8 所示，对于带深长侧壁的零件，在三轴机床上，必须选用刀柄和切削刃都足够长的刀具才能切削成型。而使用五轴加工机床能在加工相同对象时，通过摆动刀轴避开刀柄与侧壁的碰撞，从而实现使用短刀具加工出深长型腔或高陡峭壁的表面，如图 7–1–9 所示。

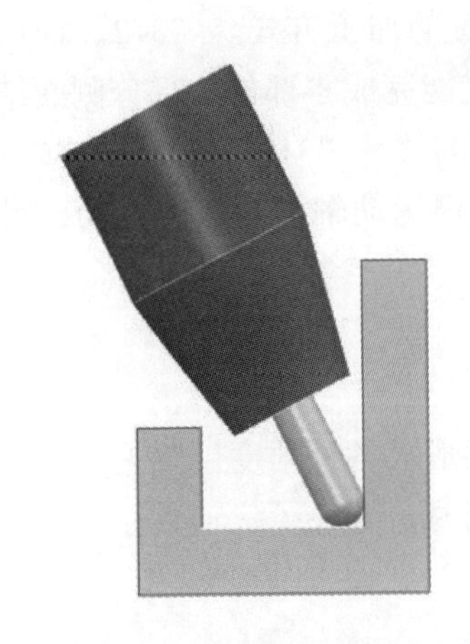

图 7–1–8　使用长刀具加工零件

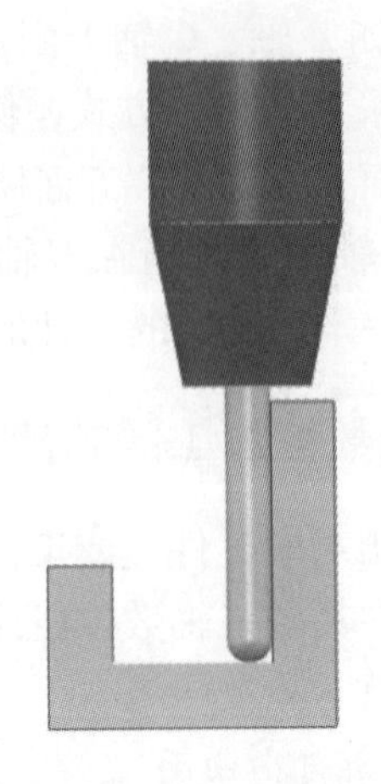

图 7–1–9　使用短刀具加工零件

3. 加工大型模型、模具零件的必需技术

在加工诸如 1 : 1 整体车模、1 : 1 风力发电机叶片（分段）等大型零部件时，由于模型侧壁往往较深且带有成形特征，必须使用五轴机床才能加工出产品。例如，整体车模的高度一般都超过 1 m，并且车模侧围不是简单的平面，而是具有凹凸不平的成形曲面特征。因此，在一次装夹中，使用三轴机床是不能完整加工出来的，必须使用五轴机床通过调整刀具与工件的角度位置进行加工。

4. 可以提高加工空间自由曲面的尺寸精度和表面质量

使用三轴机床加工复杂曲面时，通常采用球头铣刀。球头铣刀是以点接触成形的，不仅切削效率低，而且由于刀具与工件间的位姿角在加工过程中不能改变，一般很难保证用球头铣刀上的最佳切削点（即球头上线速度最高点）进行切削，反而经常出现切削点落在球头铣刀上线速度等于零的旋转轴尖点上的情况（即所谓的静点切削）。从图 7–1–10 中可以清楚地看出刀具与工件表面的接触点位置。

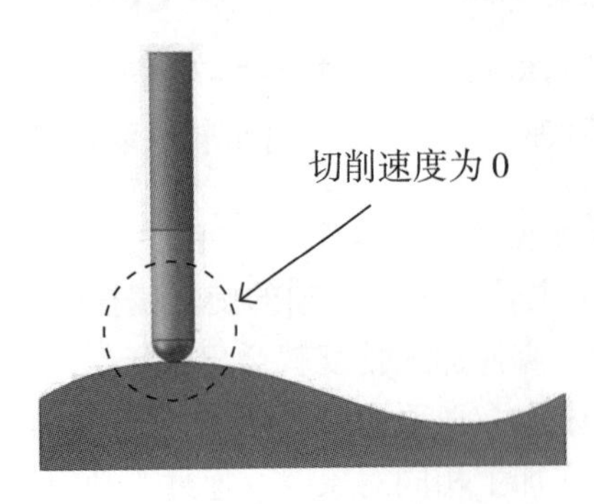

图 7–1–10　球头铣刀静点切削

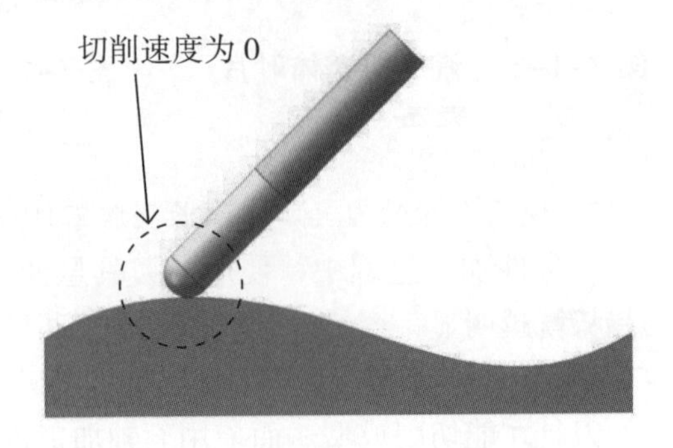

图 7–1–11　球头铣刀非静点切削

静点切削不仅会造成切削效率低，加工表面质量严重恶化，而且往往需要采用手动修补，因此也就可能丧失加工精度。采用五轴机床加工时，由于刀具与工件间的位姿角随时可调，如图 7-1-11 所示，不仅可以避免这种情况的发生，而且还可以时时充分利用刀具的最佳切削点来进行切削，甚至可以用线接触成形的螺旋立铣刀来代替点接触成形的球头铣刀进行三维自由曲面的铣削加工，可获得更高的切削速度、侧吃刀量，从而也就获得了更高的切削效率和更好的加工表面质量。

5. 为模具零件加工带来更高的加工效率

这一功能突出表现在带角度的侧曲面铣削加工方面。如图 7-1-12 所示，对于圆锥台零件锥面的加工，使用五轴机床切削时，通过动态地改变刀轴位姿角，可以使用圆柱立铣刀的侧刃来加工，从而代替使用球头铣刀来加工。一方面大大提高了加工效率；另一方面，这种工艺也可以消除由于球头铣刀加工所造成的肋骨状纹路，可达到较为理想的表面质量，减少因清理表面而增加的人工铣削和手工作业量。

图 7-1-12　五轴加工圆锥台

6. 提高刀具寿命

五轴加工通过改变刀具切削工作部位来延长刀具的使用寿命。虽然使用高速加工机床可以获得快速的切削效率，并缩短工时，但在刀尖会出师刀具磨损，使得刀具的有效寿命缩短。使用五轴加工机床进行加工时，刀具除了刀尖切削外，更多时候是使用刀具侧刃来切削，所以刀具利用率提高了很多，因此也提高了刀具的整体寿命。

多轴加工虽然具备上述优势，但到目前为止，却尚未得到广泛普及，仍局限于一些资金雄厚和技术先进的企业和部门，这主要是因为多轴加工还存在以下一些问题。

（1）五轴数控编程较烦琐，操作要复杂。

首先，五轴加工程序（NC 代码）不具备通用性，只能针对特定机床使用，这是每一个数控编程人员都感触颇深的问题。三轴机床只有直线坐标轴，而五轴机床结构形式多样，旋转轴可以是 A 轴、C 轴轴组合，B 轴、C 轴组合或 A 轴、B 轴组合，同一段 NC 代码可以在不同的三轴数控机床上获得同样的加工效果，但某一种五轴机床的 NC 代码却不能适用于其他类型的五轴机床。其次，为了编制零件侧面的倒勾结构的五轴加工程序，往往要从不同的视角来建立编程条件（如创建坐标系、设置安全高度等）或者采用一些较抽象的编程策略，增加了编程的工作量。

（2）五轴加工效率以及刚性有待提高。

五轴联动加工时，由于要完成五个坐标同时运动，其实际进给率往往远低于设定的进给率，导致加工效率不高。另外，同时运动的五个坐标在加工过程中，机床刚性比三轴加工时要低，这也会影响工件的加工精度和加工表面质量。

（3）采购与使用成本高。

五轴机床和三轴机床之间的价格差距较大。大体上，五轴机床的价格要比三轴机床的价格高出 30%~50%。除了机床本身的投资之外，还必须对 CAD/CAM 系统软件和后处理选项文件进行升级，对编程人员和操作人员进行专门培训，才能适应五轴加工的要求。运动坐标数目的增加，常导致机床故障率的提高，需要更多的维护成本。

三、多轴数控加工的应用

虽然多轴加工机床的普及应用还有一些局限因素，但在下面一些加工领域，已经普遍应用了多轴数控加工技术来制造产品。

1. 模具制造业中的应用

模具制造中的五轴加工应用主要包括肋板加工、刨角、深孔或芯部加工等，同样在对槽加工、倒角、陡壁和五轴钻削的加工也充分发挥了五轴加工的优势。我们知道，模具加工常见的困难是过深的模具型腔、过高的模具型芯及很小的内 R 角。此时常用的解决方案是使用延长杆，降低切削量及转速来进行加工。此外，在传统加工中，还会用到的方法包括将三轴机床加工不出来的结构拆分，将零件分块加工，根据零件结构设计专用夹具，或者对深型腔零件采用特种设备（如电火花加工机床）来加工。这些处理方法均会影响加工质量和加工效率。采用五轴机床倾斜刀轴加工，不仅可以加工出整体的零件，更能显著提高产品加工质量和效率。

2. 应用于整体模型的加工

在新产品开发初期，要求短时间内把样品制作出来，评价其外观及结构的合理性，以利于及时进行修改。样品模型的加工讲求速度与效率这一突出特点，这使得大部分制造商会预先使用较容易加工的非金属材料如树脂（代木）、泡沫、工程塑料等材料进行轻切削，加工出该型产品来。模型加工与模具加工不同，如飞机模型、轮船模型、汽车模型的加工，它们制作的是产品原型而不是凸凹模具。使用五轴加工机床来加工产品，会避免耗费许多工时来对工件进行翻面及定位，从而提高样品加工效率。

3. 应用于叶轮、叶片加工

叶轮、叶片类零件通常包括复杂的空间自由曲面，要求加工过程中刀轴矢量能跟随曲面作变化以避免干涉。因此，涡轮叶片和螺旋叶片使用五轴联动加工是非常适用的。在大中型机组叶片制造中，长期以来采用的方法是砂型铸造 - 砂轮铲磨立体样板，这种制造技术生产效率非常低，产品制造精度不高。采用多轴联动数控加工技术，可以高效、精确、完整地加工出叶轮、叶片零件。

4. 航空、航天器零部件加工

由于功能和结构设计的特殊要求，很多航空和航天器零件是框架类零件，这些零件的毛坯件一般是锻件或整体铝合金块。零部件在结构上具有三维表面特征，有较多的薄壁加强肋结构，在三轴机床上无法加工出来，从而常常使用五轴加工。

5. 气缸、机座类零件加工

发动机气缸具有复杂的内部结构，一些气缸孔还具有弯曲弧度，无法使用三轴加工方式来进行精加工。因此，气缸孔的加工方式一般使用五轴机床来进行切削。与气缸零件类似，机座类零件往往也是具有复杂内部结构以及侧孔、槽等特征的，使用多轴机床来加工可以减少夹具数目、装夹定位工时，提高加工质量

6. 其他加工领域多轴机床的应用

多轴加工还广泛应用于日常生活用品的模型、模具生产中。

四、五轴数控加工机床、编程软件介绍

1. 五轴数控机床的种类、结构配置、特点及其用途

通常所说的多轴铣床包括四轴加工中心、五轴加工中心、五轴车铣复合机床，本模块主要介绍五轴加工中心机床的编程与操作技术。多轴机床种类很多，它们具有不同的机械结构，不同的加工特点。五轴数控机床配套的数控系统，常见的有海德汉、西门子、法那科、华中等系统。为适应多轴加工编程的需要，几乎所有的数控系统都开发了和多轴加工相适应的特殊循环指令或循环程序。对于五轴编程，熟悉这些特殊指令或循环程序，无论是手工编程还是 CAM 编程，都是非常必要与重要的工作。只有充分了解多轴机床的结构特点，熟悉数控系统编程指令，才能充分发挥多轴机床的加工特点，更好地完成加工任务。发达国家在数控加工领域已经大量采用多轴机床，即使在三轴铣床上可以加工的零件，为提高加工效率和加工精度，也要在五轴（或四轴）机床上加工。

（1）五轴双转台加工中心（图 7-1-13）。

五轴双转台加工中心适用于加工小型、轻型工件，工艺性较好，能较好地完成孔的钻、扩、铰、镗、攻螺纹等加工。其常用于复杂箱体、精密机械零件、模具的加工。经济型五轴双转台加工中心通常由三轴加工中心附加 *A*、*C* 轴回转工作台（图 7-1-14）组成，常用于加工精度要求不高的小型零件。

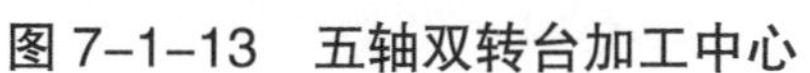

图 7-1-13　五轴双转台加工中心

图 7-1-14　回转坐台

（2）五轴双摆动主轴头（图 7-1-15）。

五轴双摆动主轴头：适用于大型、重型工件加工，其机床结构一般为龙门式，常用于大型模具、飞机机翼等的加工。

（3）五轴旋转工作台 + 摆动主轴头（图 7-1-16）。

五轴旋转工作台 + 摆动主轴头由于减少了旋转轴、摆动轴的叠加，提高了机床刚性，适合叶轮、支架类中小型零件加工。

图 7–1–15　五轴双摆动主轴头

图 7–1–16　五轴旋转工作台 + 摆动主轴头

（4）非正交五轴加工中心。

非正交五轴加工中心由于机床结构的特殊性，使得机床整体结构紧凑、操作灵活、刚性较好。常见的非正交机床有非正交五轴双转台加工中心，如图 7–1–17 所示；非正交五轴双摆头加工中心，如图 7–1–18 所示；非正交五轴 – 转台 – 摆头加工中心，如图 7–1–19 所示。这些特殊结构的五轴机床，都是为适应某一类产品的加工要求开发的。选择合适的机床，是多轴编程的第一步，熟悉每种机床的加工特点，是五轴加工的基础。

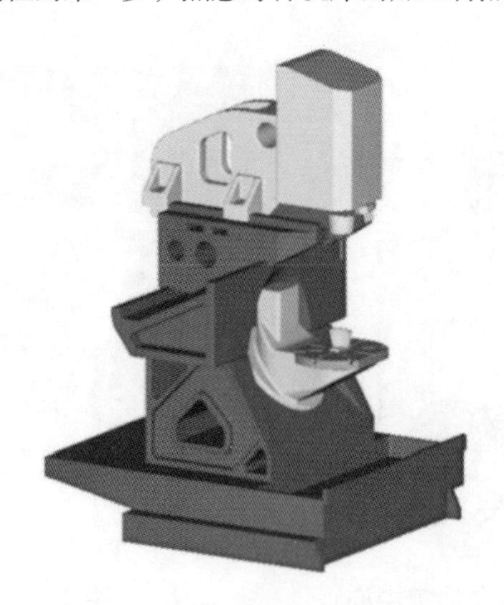

图 7–1–17　非正交五轴双转台加工中心

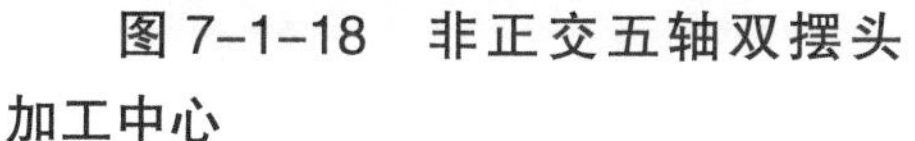

图 7-1-18　非正交五轴双摆头加工中心

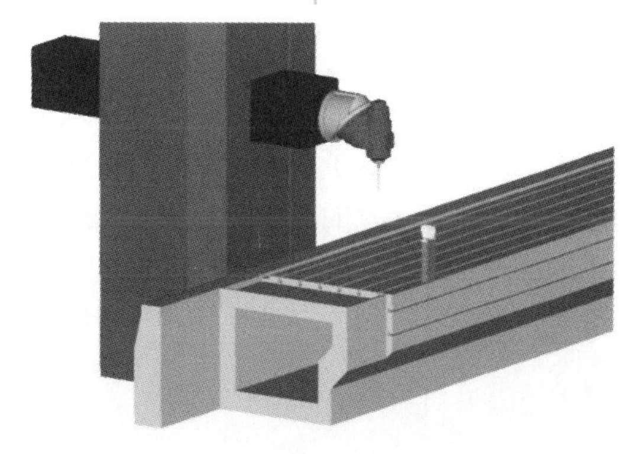

图 7-1-19　非正交五轴一转台一摆头加工中心

2. 多轴加工与 CAM 软件

除少数简单零件结构（如零件侧面上的一个孔）多轴加工可以手工编制数控程序外，绝大部分多轴加工程序需要借助计算机辅助加工系统（CAM 软件）来计算刀具路径，并通过合适的后处理系统将多轴加工刀具路径输出为适合该类型多轴加工机床使用的数控加工代码。目前，国内应用较广泛的多轴数控加工编程软件主要有英国 Delcam 公司的 PowerMILL 软件、德国 Siemens 公司的 NX 软件、美国 CNC 公司的 Mastercam 软件、以色列思美创公司的 Cimatron 软件、德国 OpenMIND 公司的 Hypermill 软件以及法国 DassaultSystem 公司的 Catia 软件等。

根据不同的加工对象，上述软件的性能发挥各有所长，比如在模具制造的五轴加工方面，英国 Delcam 公司的 PowerMILL 软件在刀具路径计算、后处理、干涉检查和仿真切削方面功能都比较强大，德国 OpenMIND 公司的 Hypermill 软件在五轴联动加工方面做得比较有特色。

面对市面上众多多轴加工 CAM 软件，选择的一般原则是什么呢？首先，要有这样一个概念，即大部分 CAM 软件在开发初期都是为了解决某行业内零件加工的困难点而逐步发展、完善起来的。因此，各种 CAM 软件具有显著的“功能各有所长”这个特点。其次，还要考虑以下几个方面：

（1）软件的可靠性。多轴数控加工机床设备往往非常昂贵，与三轴联动数控机床相比，增加了旋转轴，编程和加工的复杂性也提高了，因此碰撞和过切的检测与避免措施必须可靠，否则会造成昂贵设备的损坏。

（2）软件的易用性。在传统的加工观念里，五轴程序通常被认为是工序的难点，过程费时且具有很严重的干涉情况。因此，在实际生产中，就特别要求 CAM 软件易学、易用，操作过程简单，编程思路清晰。

（3）具备机床仿真模拟功能。编制五轴加工刀具路径时，用户要考虑该程序在五轴机床上运行的可行性和安全性。CAM 软件必须能模拟具体五轴机床在运行五轴程序时的切削运动，用户从中发现问题后及时调整刀具路径以避免运动到旋转极限，从而避免碰撞的发生。

另外，一些初学者还不容易分清多轴加工数控机床与数控系统的关系。它们之间的关系是硬件与软件的关系，正如计算机硬件与计算机软件的关系一样。多轴数控加工机床在结构上具备了多轴运动的可能性，要实现多轴联合运动并最终完成零件的切削，就需要机床配置能同时控制相应轴联合运动的数控系统。目前国内广泛使用的多轴机床数控系统有日本发那科公司的 FANUC 数控系统、德国西门子公司的 Siemens 数控系统以及德国海德汉公司的 HEIDENHAIN 数控系统等。

任务 2　五轴数控加工中心操作

◇任务简介◇

本任务主要以 Emco LinearMill 600HD（SIEMENS 840Dsl 系统）五轴加工中心为蓝本，介绍该机床的结构、操作方、辅助指令代码、维护保养知识等方面的内容，使读者对 Emco LinearMill 600HD 加工中心有初步的了解，并且能进行基本操作。

◇学习目标◇

1. 了解 Emco LinearMill 600HD 五轴加工中心结构、控制面板。
2. 掌握 Emco LinearMill 600HD 辅助功能代码。
3. 掌握 Emco LinearMill 600HD 五轴加工中心操作方法。
4. 了解 Emco LinearMill 600HD 五轴加工中心的维护与保养。

◇知识要点◇

一、LinearMill 600HD 五轴加工中心结构、控制面板

1. LinearMill 600HD 结构简介

LinearMill 600HD 主轴加工中心结构、控制面板如图 7-2-1 与图 7-2-2 所示。

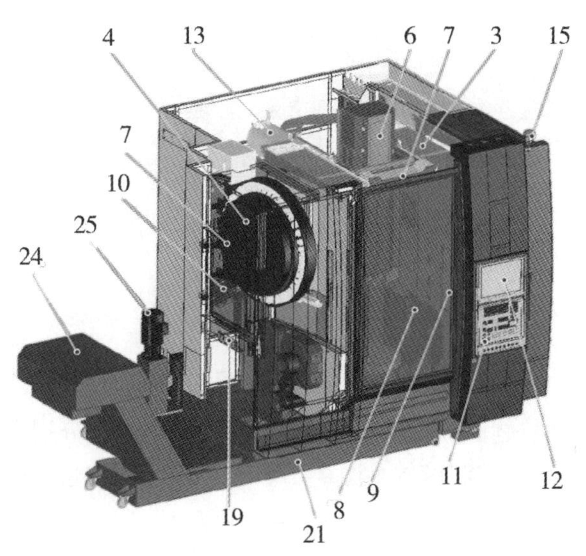

图 7-2-1　LinearMill 600HD 加工中心结构

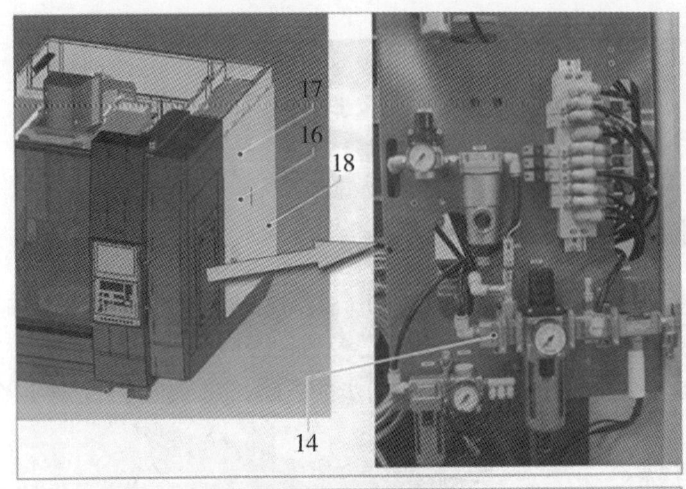

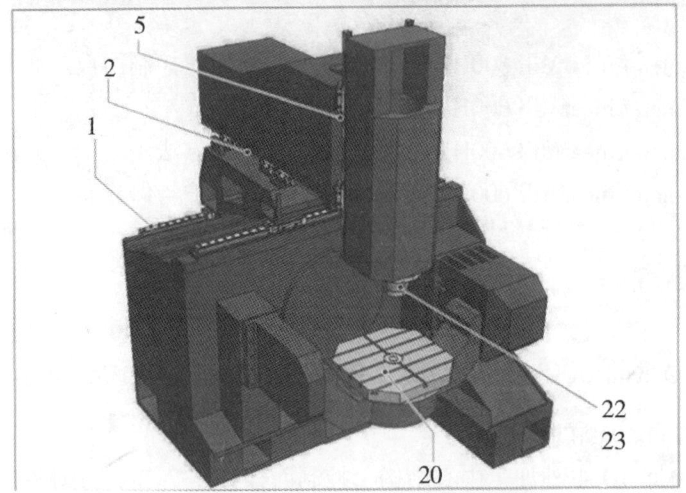

1—X 轴导轨；2—Y 轴导轨；3—工作区挡板；4—40 位刀库；5—Z 轴导轨以及防护罩；6—主轴；7—安全门锁；8—防护门；9—工作灯；10—刀库门；11—紧急停止按钮；12—siemens840D 控制系统；13—主轴平衡系统；14—气动系统；15—状态报警灯；16—电器柜开关；17—CE 板；18—交流电气柜；19—刀库手动控制按钮；20—旋转倾斜工作台；21—冷却液箱；22—主轴；23—冷却液喷嘴；24—排屑输送机；25—冷却液泵

图 7-2-2　LinearMill 600HD 加工中心结构

2. LinearMill 600HD 坐标轴

LinearMill 600HD 坐标轴如图 7-2-3 所示。

3. LinearMill 600HD 数控面板介绍

LinearMill 600HD 控制面板由 4 部分组成（图 7-2-4），分别为显示区域、拓展按键区域、数据输入区域、控制区域（图 7-2-5）。本书所讲述的操作方法以 SIEMENS 840D 数控系统为基础。

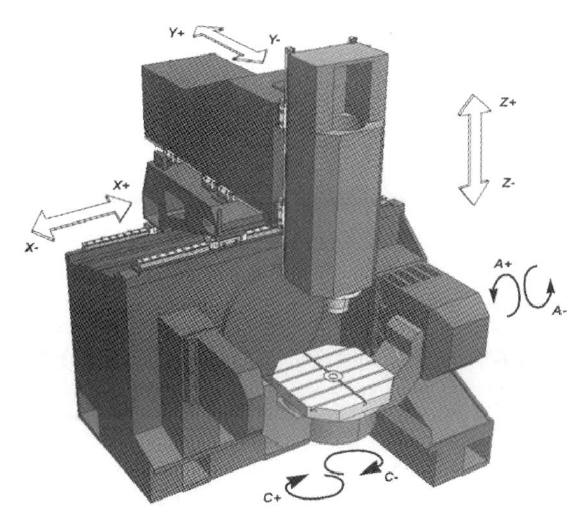

图 7-2-3　LinearMill 600HD 加工中心坐标轴

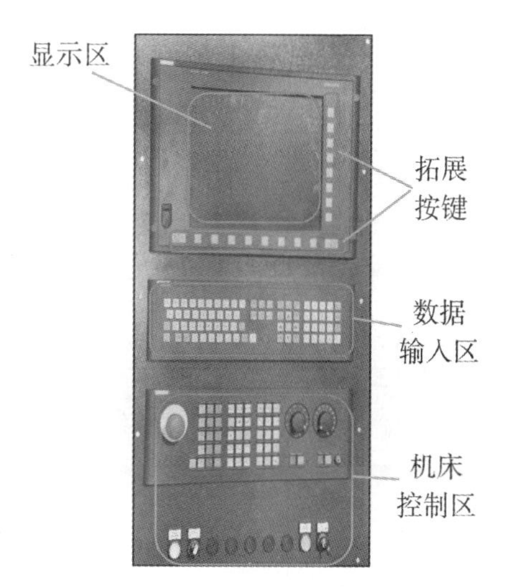

图 7-2-4　LinearMill 600HD 加工中心控制面板

4. LinearMill 600HD 加工中心控制面板按键说明

图为 LinearMill 600HD 加工中心控制区域。

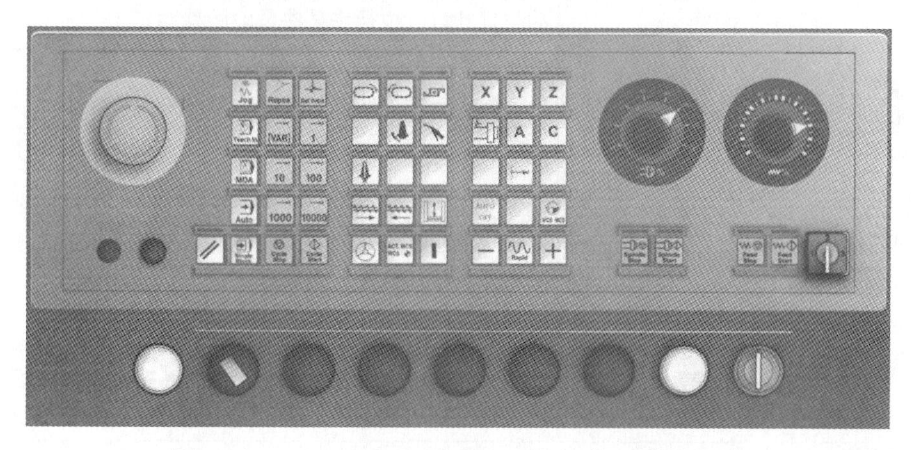

图 7-2-5　LinearMill 600HD 加工中心控制区域

Emco LinearMill 600HD 五轴加工中心按键说明见表 7-2-1。

表 7-2-1　Emco LinearMill 600HD 五轴加工中心按键说明

按　键	含　义	说　明
LED 指示灯		
	LED 灯关闭	相应功能不可使用
	LED 灯打开	相应功能被启用

续表

按　键	含　义	说　明
	LED 灯慢闪烁	相对应该键功能已被激活，但是由于控制状态不正确导致该功能未被运行
	LED 灯快速闪烁	相应功能出现故障
	按键	
	辅助驱动系统 开 / 关	此按键使机床辅助驱动系统处于准备就绪状态（液压系统、进给驱动、主轴驱动、润滑系统、排屑器、冷却液系统），此键必须按下超过一秒钟
DOOR RELEASE	门开启	要开启机床门必须按下该按键，执行开门操作必须先满足以下条件： ①所有的主轴驱动必须停止； ②必须没有程序在执行
AUTO MAN	钥匙开关	此钥匙开关可以被设定到“自动”和“设置”（手动）两个位置；此钥匙开关允许机床在切屑防护门及主轴滑动门打开时，执行许某些危险的移动。
Light	工作灯（LIGHT）	用于控制工作灯的开关
2 1 3	数据保护开关	位置 0，零件程序输入锁住，刀具磨损补偿能够设置； 位置 3，零件程序输入解锁，能够进一步输入零点偏置，刀具几何数据，设置数据； 位置 1 和 2 未启用
Jog	点动模式	通过方向键或手轮的增量进给控制各轴方向的连续运动，以实现机床的常规运动
Repos	重定位	在“JOG”模式下，重回外形轮廓
Ref Point	参考点	在“JOG”模式下，回参考点
MDA	MDA 模式 手动输入自动执行	通过执行一个输入的程序段或程序语句来控制机床，程序段用操作面板输入
1 10 100 1000 10000	增量进给	通过方向键或手轮的增量进给控制各轴方向的连续运动，以实现机床的常规运动
[VAR]	变量增量进给	以变量步进值（所设定的值）执行增量进给
Auto	自动模式	以自动执行程序的方式控制机床

续表

按　键	含　义	说　明
	培训模式	该模式下，所有操作都会出现文字提示
	手轮	激活或取消手轮的与机床链接
	复位	启动复位键会停止正在执行的程序，清除除电源打开和撤销报警之外的报警及信息提示。也就是说 NC 控制与机床同步的所有中间加工存储记忆被删除（工件程序内容驻留内存），控制系统回到基本设置，处于程序运行就绪状态
	刀具松脱键	按下这个按钮，可以将刀具卸下或者重新安装一把刀具 该按钮只有满足下面条件时才能使用： ①当铣床静止时 ②当门机器打开的时候
	单段运行模式	单段模式可以在“自动”和“MDA”模式下使用，一旦“单段”功能被激活，相关的 LED 警告灯亮起
	坐标系显示	此键实现机床坐标系及工件坐标系之间的装换 指示灯暗：显示机床坐标系 MCS 指示灯亮：显示工件坐标系 WCS
	刀库顺时针旋转	按下此键刀库顺时针旋转一个刀位的位置
	刀库逆时针旋转	按下此键刀库逆时针旋转一个刀位的位置
	手动换刀	按下此键，手动换刀开始夹在主轴上的刀具将被换下，换上的是刀架转到换刀位置的刀具 运行条件： ①在“JOG”的运行模式下 ②钥匙开关在“手动”位置上
	坐标系显示	按下此按钮，可以在定向坐标系内手动移动各轴
	循环开始	按下此按钮，所选择的程序将从当前段开始运行
	循环停止	按下此按钮，机床正在运行的程序加工将被立即停止；此后再按循环开始键继续加工
	进给停止	在自动操作模式下，此键使程序的轴进给停止
	进给开始	此键使被暂停的机床进给继续运行

续表

按　键	含　义	说　明
	标准冷却液	打开 / 关闭标准冷却系统
	通过主轴的冷却液	打开 / 关闭主轴孔高压冷却系统
	清洗枪	可用于紧固装置、覆盖件及工作空间的清洗；只有当机器门开着时，才能开启
Spindle Stop	主轴停止	此键使主轴停止转动，如果此时机床正在做进给运动，必须先停止机床的进给运动
Spindle Start	主轴转动	该按钮可以使主轴转动
X Y Z A C AUTO OFF MCS WCS − Rapid +	方向键	在 JOG 模式下，通过按轴选择键，开启各轴的轴向进给，按对应轴的方向键（+/–），实现被选择轴的进给
	快速进给	按下此键加上轴的方向键，相对应的轴可实现快速轴向进给；只有在切屑保护门关闭时才能实现快速进给
	排屑器	排屑器向前或向后运动，经过一段时间（时间长度由生产商确定），排屑器会自动关闭
	辊道门	该按钮可以控制辊道门的开和关；此门打开时可以使用吊绳安装零件，运行程序时，此门应关闭
	主轴调速	调速为 50%~120%
	进给调速	调速为 0~120%，在快速位移模式下，数值不会超过100%
	急停开关	急停开关解锁：旋转按钮 要继续机床操作，可按复位键、辅助驱动系统开启键、开门关门键
	机床主开关	功能： 0—机床关闭； 1—机床开启； 机床主开关没有急停功能，主开关驱动继续运行（不被阻断）；主开关可以锁上

二、Emco LinearMill 600HD（SIEMENS 840D 系统）M 指令概括

Emco LinearMill 600HD（SIEMENS 840D 系统）M 指令见表 7-2-2。

表 7-2-2　Emco LinearMill 600HD M 指令表

M0 程序停止	M17 子程序结束
M1 选择停止	M18 主轴高压冷却液开
M2 主程序结束	M19 主轴定位
M3 S…主轴正转	M30 程序结束
M4 S…主轴反转	M47 主轴内吹气打开
M5 主轴停止	M49 红外测量关闭
M6 换刀运行	M50 红外工件测量 开
M7 工作操作区冲洗开启	M51 红外刀具测量 开
M8 标准冷却液开启	M69 HXX 刀具库与内部计数器同步
M9 冷却液 / 冲洗关闭	M80 第 5 轴主轴分度 开
M10 第 4 轴解锁	M81 第 5 轴主轴分度 关
M11 第 4 轴锁住	M90 循环结束后机床自动关闭电源
M13 主轴正转，标准冷却液开	M234 主轴预热
M14 主轴反转，标准冷却液开	

三、LinearMill 600HD 五轴加工中心基本操作

1. 开机

（1）打开主开关（在电气柜上）。

（2）紧急停止按钮测试（机器完全启动后进行）。

按下控制面板上的紧急停机按钮，检查紧急停止开关操作。测试是由控制系统请求的，消息“紧急停止”会出现在屏幕上。

（3）打开紧急停止按钮（3 处）。

（4）按复位键消除紧急状态。

（5）按下辅助驱动按钮，至少要按下 1 s。

（6）机门重置。

使用开门按钮打开机床防护门，然后再关闭。

（7）检查和复位坐标轴参考点

①按下“REF.POINT”按钮 ；

②按下屏幕上的“用户许可”USER PERMISSIVE键。

③检查轴的实际位置是否与表中显示的值相对应，如果是，则在“USER”列中的对应字段放置一个标志。

2. 关机

（1）按下“急停按钮”。

（2）关闭机床总电源。

3. 主轴预热

机器在闲置超过 8 h 后，需要重新预热，闲置时间越长，预热时间也就越长。

（1）打开机器，设置参考点。

（2）选择“手动”模式。

（3）按下“T、S、M”软键。

（4）在其他 M 功能中输入“234”，按下“INPUT”键。

（5）按下“循环启动”键，启动加热循环。根据之前的停机时间，加热周期可为 4~15 min。预热结束后主轴停止转动。

4. 卸载铣刀

为了安装新的刀具，必须先将主轴上的刀具卸载或者放回刀具库。

（1）选择“手动”模式。

（2）按下“T、S、M”软键。

（3）在“T”参数中输入“0”，并按下“INPUT”键。

（4）按下“循环启动”按钮，主轴上的刀具被卸载。

5. 手动装载\卸载刀具

（1）将钥匙开关调至“手动”状态，选择“JOG”模式。

（2）打开机床门。

（3）按下“刀具松脱”键之后，刀具夹持松开，就可以卸下刀具。

（4）将刀具装入主轴，装到底之后按“刀具松脱”键，此时刀具被夹持。注意握住刀具直至刀具夹紧循环完全运行完毕。

6. 定义新刀具

（1）将一把新刀手动装到主轴上。

（2）按下“T、S、M”键和“Tools”软键。

（3）用光标选择所需的刀库位置。

（4）按下软件“新刀具”。

（5）选择对应的刀具类型。

（6）在对应的刀具表中填入几何数据。

（7）按下“手动模式”键。

（8）按下“循环启动”键，新刀具就会存放到机床中。

7. 卡刀处理

当出现报警或者装刀按下急停开关之后，刀架或旋转换刀手臂停在非正常定义的停止位置上，或者刀具被卡死，这些错误的位置可以通过诊断区域的控制来纠正。

注意：当出现卡刀时不要试着强行把刀具拔下，或强行转动换刀手臂，这样操作会被砸伤或割伤。只有当急停开关按下时才能取下刀具，并且在操作时要戴手套。

（1）打开机床门。

（2）抓住卡住的刀具（图 7-2-6 中 5），用另一只手按下可调节臂（图 7-2-6 中 7）上的插销（图 7-2-6- 中 6）。

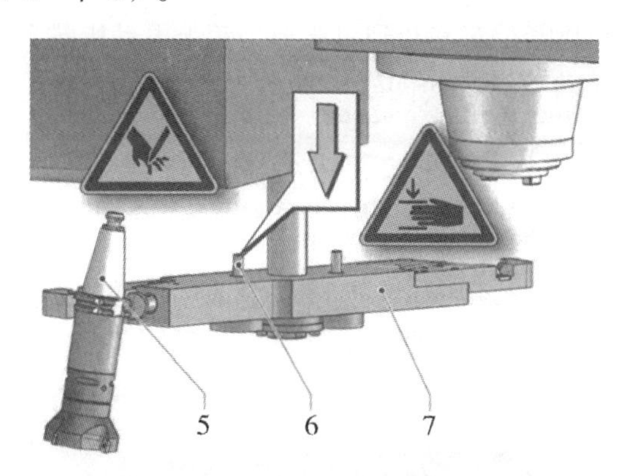

图 7-2-6　卡刀处理示意图

（3）刀具夹爪松开后就可以取下刀具。

如果刀具被卡位置正好有部分在主轴或刀具杯罩上，导致刀具不能取下时，就要先手动旋转机械臂（图 7-2-7）操作如下：

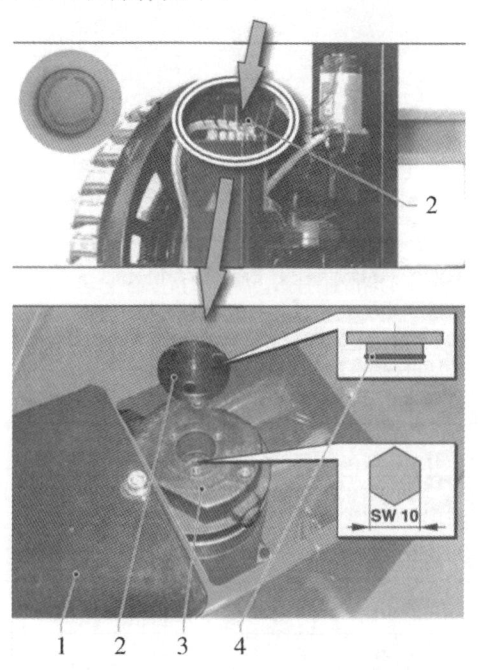

图 7-2-7　卡刀处理示意图

（1）关闭机床门。

（2）按下紧急停止按钮。

（3）把盖子 1 上的锁紧螺丝松开，将机床盖 1 移开。

（4）移除电动机 3 的法兰盖 2（法兰盖上有密封圈 4）。

（5）用 SW10 的六角扳手，就可以转动马达 3 的轴，旋转电动机轴直到换刀机械手臂 7 到达刀具不干涉的位置。

（6）从机械臂上去下刀具。

（7）将法兰 2 及密封圈重新安装到机床上，盖上电动机防尘盖。

（8）通过控制系统将机械臂转回到正常位置。

三、LinearMill 600HD 五轴加工中心的维护与保养

1. 导轨润滑

每年需要对 X 轴、Y 轴、Z 轴导轨进行润滑油脂加注，加注位置如图 7-2-8 所示的 1 处，加注时使用油脂枪，每个油孔加注 10 g 润滑脂。

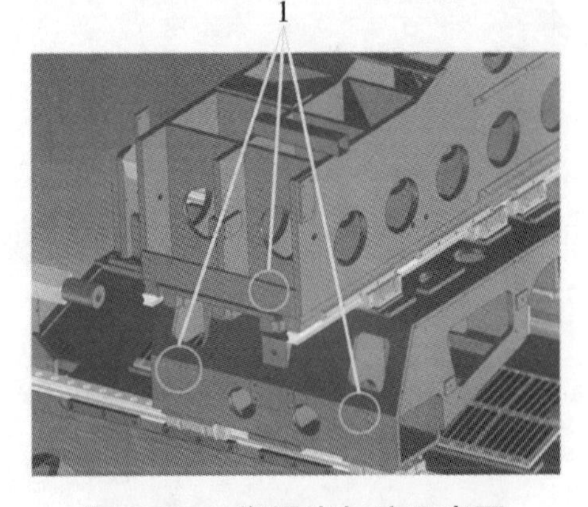

图 7-2-8 润滑脂加注示意图

2. 维护内容（见表 7-2-3）

注意：所有维修和保养工作都是在机器关闭状态下进行的。

表 7-2-3 检查和维修内容表

序号	检查和维护对象	操作	间隔时间
1	机床防护门 / 刀库门玻璃是否损坏	检查	8 h
2	气动系统：冷凝液分离器	检查	8 h
3	冷却润滑液位	检查	8 h
4	刀库油位	检查	40 h
5	运屑器	清洁	40 h

续表

序号	检查和维护对象	操作	间隔时间
6	工作区域	清洁	40 h
7	机器裸露部分	清洁 / 加油	40 h
8	所有管路和线路	检查	500 h
9	工作区域护板	检查	500 h
10	防护门导轨	清洁 / 加油	500 h
11	工作灯	清洁	500 h
12	气动系统过滤器	清洁	500 h
13	电柜箱过滤网	清洁 / 更换	500 h
14	冷却箱	检查	500 h
15	紧急停止按钮	清洁	500h
16	冷却液箱：密封、腐蚀、损坏	清洁	500h
17	冷却液	更换	1000h
18	*X* 轴、*Y* 轴、*Z* 轴、*A* 轴电机：状态	检查 / 更换	1000h
19	换刀机械臂：操作	换油	1 年
20	刀库：操作	润滑	1 年
21	*X* 轴、*Y* 轴、*Z* 轴导轨	润滑	1 年
22	工作区域 / 刀库门玻璃	更换	2 年
23	电池	更换	如果有必要
24	刀库：刀具杯	清洁	如果有必要
25	制冷剂	检查	如果有必要

3. 润滑产品使用建议（见表 7–2–4）

表 7–2–4　润滑产品使用建议

使用部位	使用油	建议由类	
裸露部分 门轨道（下）	导轨油 CGLP DIN 51502 ISO VG 68	BP（英国石油） CASTROL（嘉实多） KLÜBER（克鲁勃） MOBIL（美孚） SHELL（壳牌）	Maccurat D68 Magnaglide D68 Lamora D68 Vactra 2 Glide 68

续表

使用部位	使用油	建议由类	
换刀机械臂	齿轮油 CLP DIN 51517–Tei13 ISO 6743/6–L–C VG150 API- GL3	CASTROL（嘉实多）	Alpha SP150
辊轨道 门轨道（上）	极压润滑脂 DIN 51818 NLG12	CASTROL（嘉实多）	Spheerol EPL2
刀库	润滑脂 DIN 51818 NLGIOO/OOO	KLÜBER（克鲁勃）	Microlube GB OO

◇思考与练习◇

1. 五轴加工中心按照结构可以分为哪几类？它们各有什么特点？
2. 简述多轴加工的应用领域有哪些。
3. 简述 CAM 软件应具备哪些特点。
4. 简述 LinearMill 600HD 五轴加工中心保养的注意事项。

模块八　3D 打印技术

◇模块介绍◇

3D 打印，即快速成型技术的一种，它是一种以数字模型文件为基础，运用粉末状金属或塑料等可黏合材料，通过逐层打印的方式来构造物体的技术。其常在模具制造、工业设计等领域被用于制造模型，逐渐并于一些产品的直接制造，现今已经有使用这种技术打印而成的零部件。该技术在珠宝、鞋类、工业设计、建筑、工程和施工（AEC）、汽车，航空航天、牙科和医疗产业、教育、地理信息系统、土木工程以及其他领域都有所应用。

任务 1　3D 打印的原理和应用知识

◇任务简介◇

本任务主要熟悉当前 3D 打印机的技术原理和工作特点，了解当前 3D 打印机在各个领域的具体应用。通过本任务的学习，使学生初步掌握 3D 打印机的打印加工基础知识，懂得 3D 打印机的打印功能和打印范围。

◇学习目标◇

1. 了解 3D 打印机的技术原理。
2. 了解 3D 打印机的工作特点。
3. 了解 3D 打印机的应用范围。

◇知识要点◇

一、3D 打印机技术原理

3D 打印机（3D printers）简称 3DP，是一位名为恩里科·迪尼（Enrico Dini）的发明家设计的一种打印机，20 世纪 80 年代后期，美国科学家们将可打印出三维效果的打印机成功推向市场，3D 打印技术发展成熟并被广泛应用。普通打印机能打印一些报告等平面纸张资料，而这种最新发明的打印机，它不仅可以“打印”一幢完整的建筑，甚至可以在航天飞船中给宇航员打印任何所需的物品的形状。

3D 打印机是一种累积制造技术（增材制造技术），即快速成形技术的一种机器，它以数字模型文件为基础，运用特殊蜡材、粉末状金属或塑料等可黏合材料，通过打印一层层的黏合材料来制造三维的物体（图 8–1–1）。

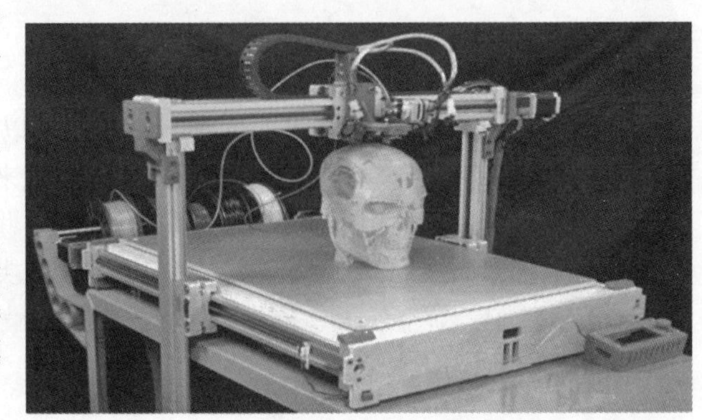

图 8–1–1

3D 打印机与传统打印机最大的区别在于，它使用的“墨水”是实实在在的原材料，堆叠薄层的形式有多种多样，可用于打印的介质种类多样，如塑料、金属、陶瓷以及橡胶类物质等。有些 3D 打印机还能结合不同介质，使打印出来的物体一头坚硬而另一头柔软。

（1）一些 3D 打印机使用“喷墨”的方式，即打印机喷头将一层极薄的液态塑料物质喷涂在铸模托盘上，此涂层将会被置于紫外线下进行处理。之后铸模托盘下降极小的距离，以供下一层堆叠上来。

（2）一些 3D 打印机使用一种叫做“熔积成型”的技术，整个流程是在喷头内熔化塑料，然后通过沉积塑料纤维的方式形成薄层。

（3）一些 3D 打印机使用一种叫做“激光烧结”的技术，以粉末微粒作为打印介质。粉末微粒被喷撒在铸模托盘上，从而形成一层极薄的粉末层，熔铸成指定形状，然后由喷出的液态粘合剂进行固化。

（4）有的 3D 打印机则是利用真空中的电子流熔化粉末微粒，当遇到包含孔洞及悬臂这样的复杂结构时，介质中就需要加入凝胶剂或其他物质以提供支撑或用来占据空间。这部分粉末不会被熔铸，最后只需用水或气流冲洗掉支撑物便可形成孔隙。

二、3D 打印机的主要特点

1. 实现零技能零工厂制造

传统工匠需要当几年学徒才能掌握所需要的技能。批量生产和计算机控制的制造机器降低了对技能的要求，然而传统的制造机器仍然需要熟练的专业人员进行机器调整和校准。3D 打印机从设计文件里获得各种指示，做同样复杂的物品，3D 打印机所需要的操作技能比注塑机少。非技能制造开辟了新的商业模式，并能在远程环境或极端情况下为人们提供新的生产方式。3D 打印使得人们可以在一些电子产品商店购买到这类打印机，工厂也在进行直接销售。科学家们表示，三 D 打印机的使用范围还很有限，不过在未来的某一天，人们一定可以通过 3D 打印机打印出更实用的物品。

3D 打印与传统的通过模具生产有很大的不同；3D 打印最大的优点是无需机械加工或任何模具；就能直接从计算机图形数据中生成出任何形状的零件；从而极大地缩短产品的研制周期；提高生产效率和降低生产成本。同时 3D 打印还能够打印出一些传统生产技术无法制造出的外型；3D 打印技术还能够简化整个生产流程；具有快速、有效的特点。

2. 制造复杂物品不增加成本

就传统制造而言，物体形状越复杂，制造成本越高。对 3D 打印机而言，制造形状复杂物品的成本不会增加，制造一个华丽的形状复杂的物品并不比打印一个简单的方块消耗更多的时间、技能或成本。3D 打印带来了制造业的革命，以前是部件设计完全依赖于生产工艺能否实现，而 3D 打印机的出现，颠覆了这一生产思路。这使得企业在生产部件的时候不再考虑生产工艺问题，任何复杂形状的设计均可以通过 3D 打印机来实现。

3D 打印无需机械加工或模具，就能直接从计算机图形数据中生成任何形状的物体，从而极大地缩短了产品的生产周期，提高了生产效率。尽 3D 打印机管仍有待完善，但 3D 打印技术市场潜力巨大，势必成为未来制造业的众多突破技术之一。

三、3D 打印机应用领域

3D 打印技术可用于珠宝、鞋类、工业设计、建筑、工程和施工（AEC）、汽车、航空航天、牙科和医疗产业、教育、地理信息系统、土木工程及许多其他领域。通过 3D 打印机也可以打印出食物，这也是 3D 打印机未来的发展方向之一。

图 8-1-2

1. 航天领域

GE 中国研发中心的工程师们

用 3D 打印机成功“打印”出了航空发动机的重要零部件（图 8–1–2）。与传统制造相比，这一技术将使该零件成本缩减 30%、制造周期缩短 40%。工程师 Jim Smith 又通过 3D 打印技术造出了世界首艘 3D 打印皮划艇（图 8–1–3），并且成功下水。这艘皮划艇是他花费了 42 天时间，使用一台自制大型3D打印机打造出来的。它由 28 块彩色 ABS 塑料组装而成，每个部件都是由 3D 打印机制作，然后再用螺栓固定在一起。制造的过程看似简单，其实颇费功夫。从开始规划到制造完成，花了 Smith 近 6 年的时间，下水前的最后调整也花费了 40 天。这艘成品长 5.08 m，宽 0.52 m，总重量为 29.29 kg，中 ABS 部分重 26.48 kg，黄铜螺纹部件重 0.86 Kg，螺栓重 2.068 kg，总造价只有 500 美元。

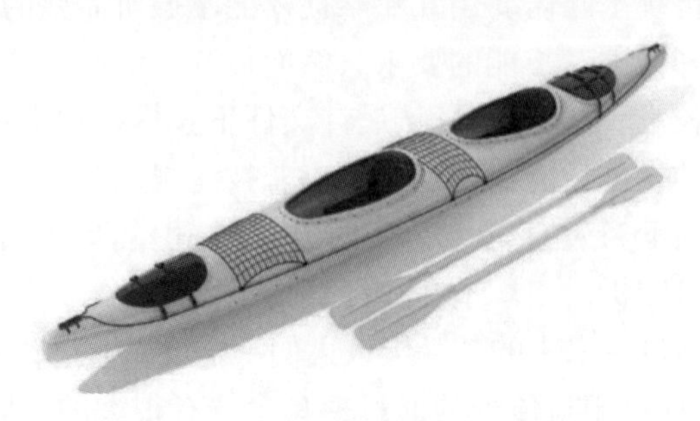

图 8–1–3

2015 年 6 月 22 日报道，俄罗斯技术集团公司使用 3D 打印技术制造出一架无人机样机，重 3.8 kg，翼展 2.4 m，飞行时速可达 90~100 km，续航能力 1~1.5 h。

公司发言人弗拉基米尔·库塔霍夫介绍，公司用两个半月实现了从概念到原型机的飞跃，实际生产耗时仅为 31 h，制造成本不到 20 万卢布（约合 3700 美元）。

2016 年 2 月 3 日，中国科学院福建物质结构研究所 3D 打印工程技术研发中心林文雄课题组，在国内首次突破了可连续打印的三维物体快速成型关键技术，并发明出了一款超级快速的连续打印的数字投影（DLP）3D 打印机。该 3D 打印机的速度达到了 600 mm/s，可以在短短 6 min 内，从树脂槽中“拉”出一个高度为 60 mm 的三维物体，而同样物体采用传统的立体光固化成型工艺（SLA）来打印则需要约 10 h，速度提高了足足有 100 倍。

2. 音乐领域（图 8–1–4）

为了探索 3D 打印机更多的应用，Rickard Dahlstrand 使用 Lulzbot 3D 打印机创造出独特的艺术。在 2013 斯德哥尔摩艺术黑客节上，Lulzbot 3D 打印机不仅为参加的艺术家和黑客们打印出艺术节的 LOGO，而且作为一个表演项目，它还一边播放古典音乐一边相应地打印出可视化的音乐作品。Lulzbot 3D 打印机打印可视化音乐的原理是：该步进电机的运动进行控制可以以不同的速度运行，声音的音调决定速度，从而音乐控制了打印过程。三台电机

图 8–1–4

分别代表一个音轨，它们使用独特的模式运动。两个马达控制 Z 轴移动。

3. 医疗领域

将来外科医生们或许就可以在手术中现场利用打印设备，打印出各种尺寸的骨骼用于临床使用（图 8-1-5）。这种神奇的 3D 打印机已经被制造出来了，而用于替代真实人体骨骼的打印材料也正在测试之中。

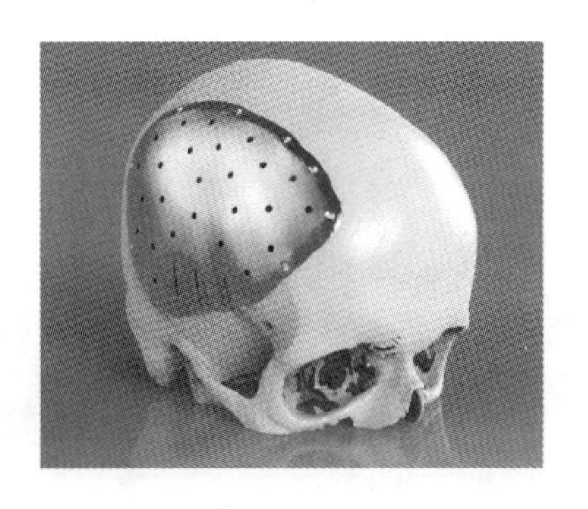

图 8-1-5

在实验室测试中，这种骨骼替代打印材料已经被证明可以支持人体骨骼细胞在其中生长，并且其有效性也已经在老鼠和兔子身上得到了验证。未来数年内，打印出的质量更好的骨骼替代品或将帮助外科手术医师进行骨骼损伤的修复，用于牙医诊所，甚至帮助骨质疏松症患者恢复健康。

为了打印骨骼材料，博斯和她的同事们使用了一台商业销售的 ProMetal 3D 打印机进行测试。这种 3D 打印机最初的设计目的是为了打印金属件。它会逐层喷洒塑料胶粒在一层粉末基底之上，并逐层成型。每一层的厚度仅相当于人的头发丝宽度的一半。

这种骨骼支架材料的主要成分是磷酸钙，其中还额外添加了硅和锌以便增强其强度。当它被植入人体内之后，可以暂时起到骨骼的支撑作用，在此过程中帮助正常骨骼细胞生长发育并由此修复之前的损伤，随后这种材料可以在人体内自然溶解。科学家们花费 4 年时间才找出这种材料的合适配方，其中涉及化学、材料学、生物学和工艺科学等学科。

4. 文物领域（图 8-1-6）

美国德雷塞尔大学的研究人员通过对化石进行 3D 扫描，利用 3D 打印技术做出了适合研究的 3D 模型。此 3D 模型不但保留了原化石所有的外在特征，同时还做了比例缩减，更适合研究。

图 8-1-6

博物馆里常常会用很多复杂的替代品来保护原始作品不受环境或意外事件的伤害，同时复制品也能将艺术或文物的影响传递给更多的人。史密森尼博物馆就因为原始的托马斯·杰弗逊像要放在弗吉尼亚州展览，所以博物馆用了一个巨大的 3D 打印替代品放在了原来雕塑的位置。

5. 建筑领域（图 8-1-7）

在建筑业里，工程师和设计师们已经接受了用 3D 打印机打印的建筑模型，这种方法快速、成本低、环保，同时制作精美。完全合乎设计者的要求，同时又能节省大量材料。

荷兰 DUS 公司的 3D 打印展览馆目前正在利用 3D 打印技术准备打印全球最大的

3D 打印房屋。该公司使用的 3D 打印机为 KamerMaker，其高达 6 m，可安置在废弃集装箱内。KamerMaker 的功能与桌面 3D 打印机相似，可在连续层次中挤压出热塑料。它还可以用来打印较小物件，比如板凳等。

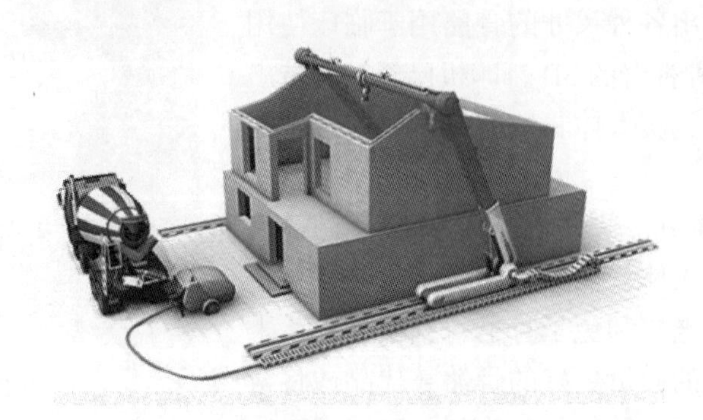

图 8–1–7

6. 制造业

制造业也需要很多 3D 打印产品，因为 3D 打印无论是在成本、速度和精确度上都要比传统制造好很多。而 3D 打印技术本身非常适合大规模生产，所以制造业利用 3D 打印技术能带来很多好处，甚至连质量控制也许都不再是问题。

比如微软公司的 3D 模型打印车间，在产品设计出来之后，通过 3D 打印机打印出模型，能够让设计制造部门更好的改良产品，打造出更出色的产品。汽车行业在进行安全性测试等工作时，会将一些非关键部件用 3D 打印的产品替代，在追求效率的同时降低成本。

7. 汽车行业

2014 年 10 月 10 日，世界首款 3D 打印汽车终成现实。这辆由本地汽车公司打造的 3D 打印汽车只有两个座位，名字叫斯特拉迪（图 8–1–8）。它的制作周期为 44h，并且最高时速可以达到 80 km。斯特拉迪全身由碳纤维及塑料组成，利用 3D 打印技术制造而成。据悉，全车只使用了 40 个零件，且依靠电动能源，充一次电花费 3.5 h，可以行驶大约 100 km。

图 8–1–8

8. 食品产业

2013 年 5 月 22 日，NASA 选中总部位于得克萨斯州的系统和材料研究公司，向其投资 12.5 亿美元，研发能为宇航员制造“营养可口”食品的 3D 打印机。

3D 食物打印机的概念设计方案中，打印机的“墨盒”——也就是装载食物的部分使用寿命长达 30 年。这款产品的实验版本已经可以成功“打印”出巧克力，而比萨饼将是它的下一个目标。据透露，食物打印机制造比萨饼的步骤如下：首先，打印一层面饼，并在打印的同时烤好；然后机器会将使用装载番茄的“墨盒”和水、油混合，打印出番茄酱；最后将酱料和奶油打印在比萨饼的表面。

一位名叫 Luiza Silva 的学生就设计了一个 3D 概念打印机 Atomium，它能够打印分子级的材料，几乎能够打印各种形状。如果这个概念得以实现，它将会改变我们与食物间的关系。

Atomium 的工作原理是这样的：用户事先注册基本信息，比如医疗数据（对什么过敏等）和饮食偏好等；然后，用户可以简单勾画出他们喜欢的形状与类型，Atomium 就会分析这些指令并创造出相应的食物。

西班牙巴塞罗那的自然机器公司向市场推出了首款 3D 食物打印机 Foodini（图 8–1–9）。Foodini 像是将食物打印出来一样，可以制作出甜品、汉堡、面包、巧克力或意大利面。自然机器公司对于这款特殊“打印机”的销售前景十分乐观。

9. 生活用品（图 8–1–10）

在未来，不管是你的个性笔筒，还是有你的半身浮雕的手机外壳，抑或是你和伴侣拥有的世界上独一无二的戒指，都有可能是通过 3D 打印机打印出来的。

图 8–1–9

图 8–1–10

10. 美容护肤行业

3D 打印技术未来也可能会帮助爱美人士进行整容，说不定未来最有效果的青春痘的治疗方法就是通过 3D 打印技术来实现的。不仅青春痘，甚至祛斑、美白等领域都有希望使用到 3D 打印技术的。

任务2 RAISE（N2 plus）3D 打印机的操作

◇任务简介◇

本任务主要了解当前 3D 打印机的打印过程，了解 RAISE（N2 plus）3D 打印机的外形结构和部件。能安装材料和打印玻璃底板，能对打印机进行简单操作，并能对实体图像进行切片编辑处理，最后能在 RAISE（N2 plus）3D 打印机上打印出三维实物作品。

◇学习目标◇

1. 了解 3D 打印机的打印过程。
2. 了解 RAISE（N2 plus）3D 打印机的外形结构和部件。
3. 能在 RAISE（N2 plus）3D 打印机上进行打印操作。
4. 能对实体图像进行切片编辑处理。

◇知识要点◇

一、3D 打印机打印过程

3D 打印机工作步骤如下：先通过计算机建模软件建模，如果用户有现成的模型也可以直接使用，比如动物、人物或者微缩建筑模型等；通过软件把模型进行切片处理，然后通过 SD 卡或者 U 盘把模型拷贝到 3D 打印机中，进行打印设置后，打印机就可以把它们打印出来。

非金属的 3D 打印机的工作原理和传统打印机基本一样，都是由控制组件、机械组件、打印喷头、耗材和介质等架构组成的，打印原理也是一样的。3D 打印机主要是在打印前在电脑上设计了一个完整的三维立体模型，然后再进行打印输出。打印机喷嘴通过加温把 PLA 或者 ABS 等材料融化喷射到每个切片图形的切面上，由下至上层层“堆积”起来，最终把实物“堆积”出来。

金属的 3D 打印与激光成型技术一样，采用了分层加工、叠加成型来完成 3D 实体打印。每一层的打印过程分为两步：首先在需要成型的区域喷洒一层特殊胶水，胶水液滴本身很小，且不易扩散；然后喷洒一层均匀的粉末，粉末遇到胶水会迅速固化黏结，而没有胶水的区域仍保持松散状态。这样在一层胶水一层粉末的交替下，实体模型将会被“打印”成型。打印完毕后只要扫除松散的粉末即可“刨”出模型，而剩余

粉末还可以循环利用。

打印机通过读取文件中的横截面信息，用液体状、粉状或片状的材料将这些截面逐层地打印出来，再将各层截面以各种方式黏合起来，从而制造出一个实体。这种技术的特点在于其几乎可以造出任何形状的物品。

打印机打出的截面的厚度（即 Z 方向）以及平面方向即 X–Y 方向的分辨率是以 dpi（像素每英寸）或者微米来计算的。一般的厚度为 100 μm，即 0.1 mm，本书中的 RAISE（N2 plus）3D 打印机可以打印出 20 μm 薄的一层。而平面方向则可以打印出跟激光打印机相近的分辨率。打印出来的“墨水滴”的直径通常为 50~100 μm。用传统方法制造出一个模型通常需要数小时到数天，根据模型的尺寸以及复杂程度而定。而用 3D 打印的技术则可以将时间缩短为数个小时，当然这也是由打印机的性能以及模型的尺寸和复杂程度而定的。

传统的制造技术如注塑法可以以较低的成本大量制造聚合物产品，而 3D 打印技术则可以以更快、更有弹性以及更低成本的办法生产数量相对较少的产品。一个桌面尺寸大小的 3D 打印机就可以满足设计者或概念开发小组制造模型的需要。

二、RAISE（N2 plus）3D 打印机外形简介

（1）打印机部件名称（图 8–2–1）。

（2）打印机部分硬件的安装。

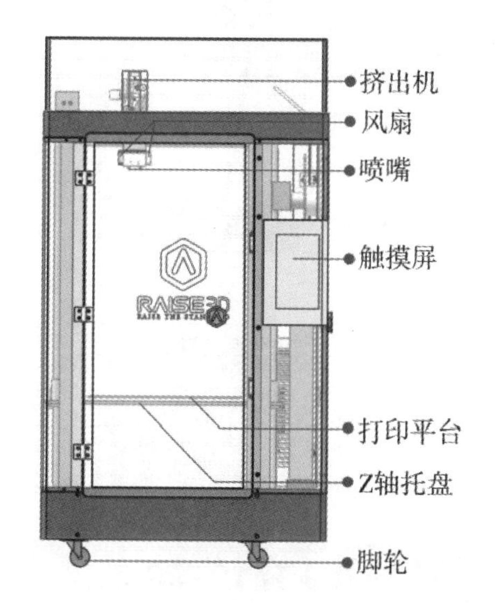

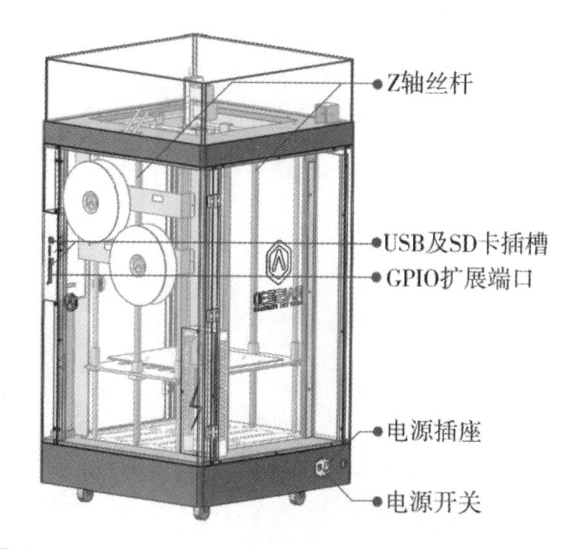

图 8–2–1

①安装电源线（图 8–2–2）。

②安装材料架子和耗材（图 8–2–3）。

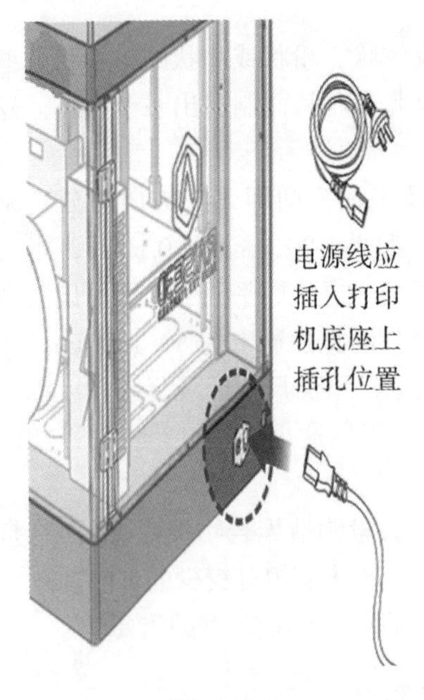

图 8-2-2

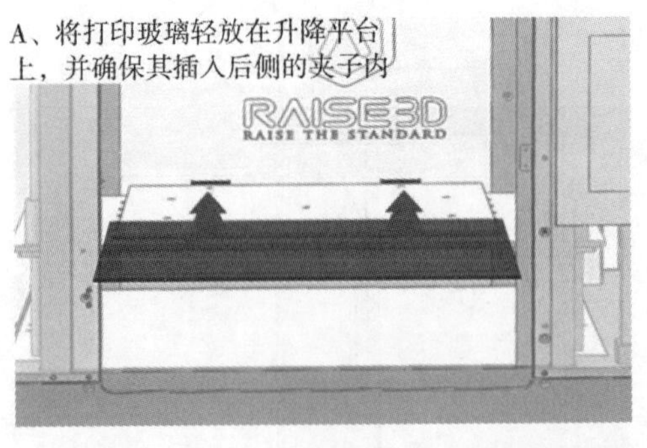

图 8-2-3

③正确安装打印线形耗材（图 8-2-4）。

④正确安装打印底板（图 8-2-5）。

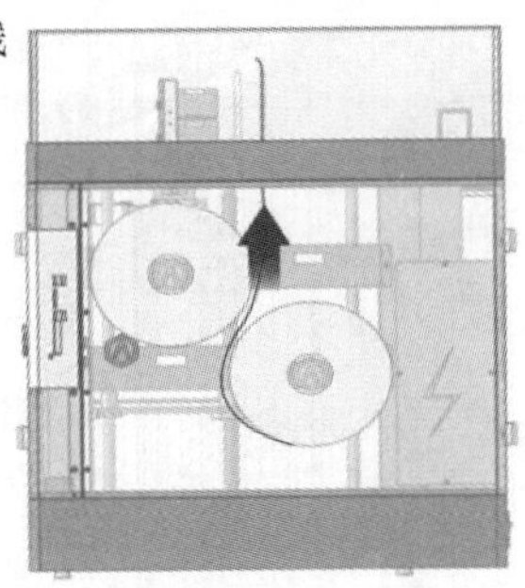

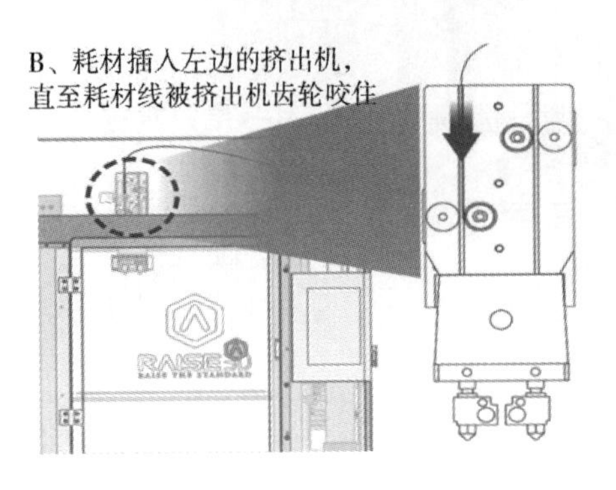

图 8-2-4

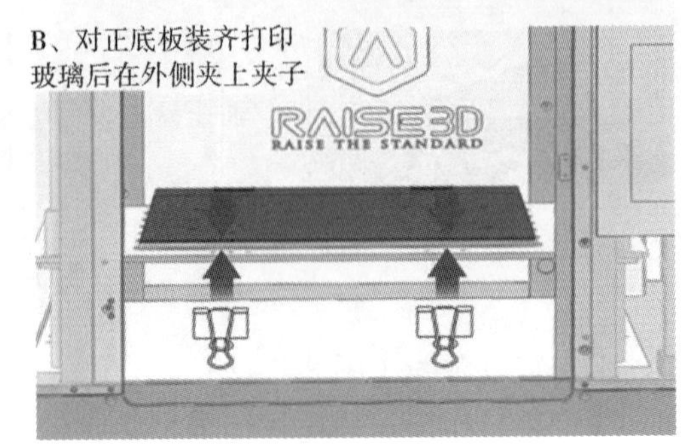

图 8-2-5

三、RAISE3D 打印机（N2 plus）的操作

1. 打印机的用户界面

（1）首页（图 8–2–6）。

（2）参数调节界面（模态的一般不更改，如图 8–2–7 所示）。

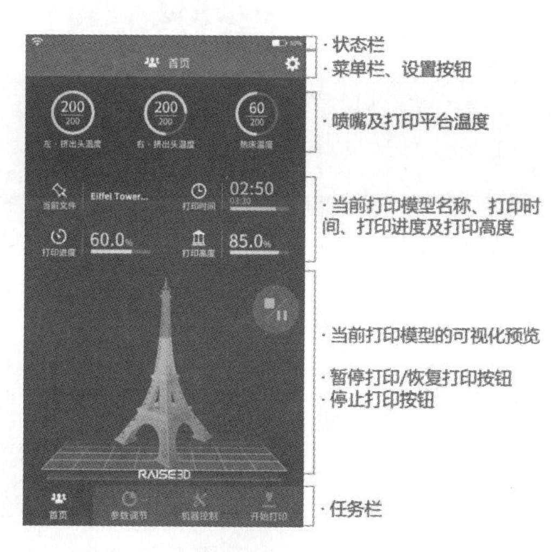

图 8–2–6

· 打印参数及参数调节

图 8–2–7

（3）机器控制和开始打印界面（图 8–2–8）。

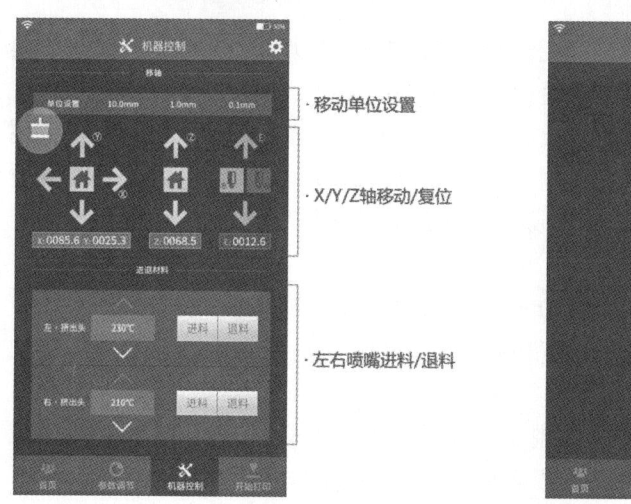

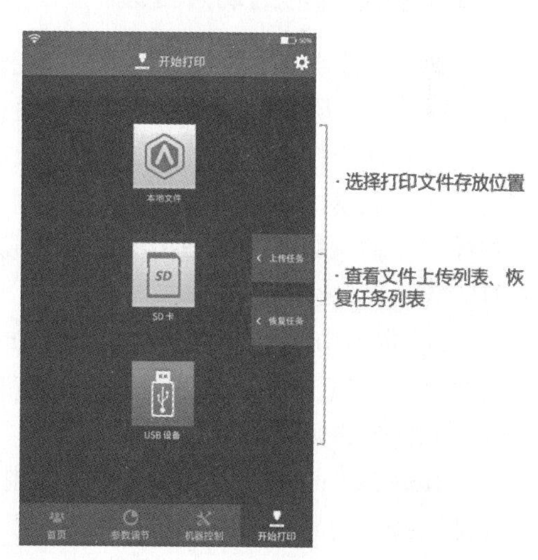

图 8–2–8

2. 打印图形的操作

（1）将存有切片图形文件的 U 盘插入触摸屏一侧的 USB 插槽内。

（2）点开屏幕下方的“开始打印”页面，选择“USB 设备”，点击测试文件缩略

图，即可选择“开始打印”（图 8-2-9）。

（3）在打印过程中，可通过触摸屏的首页，实时了解打印的喷嘴温度、底板温度等一些打印机的当前状态、打印剩余时间以及其他参数（图 8-2-10）。

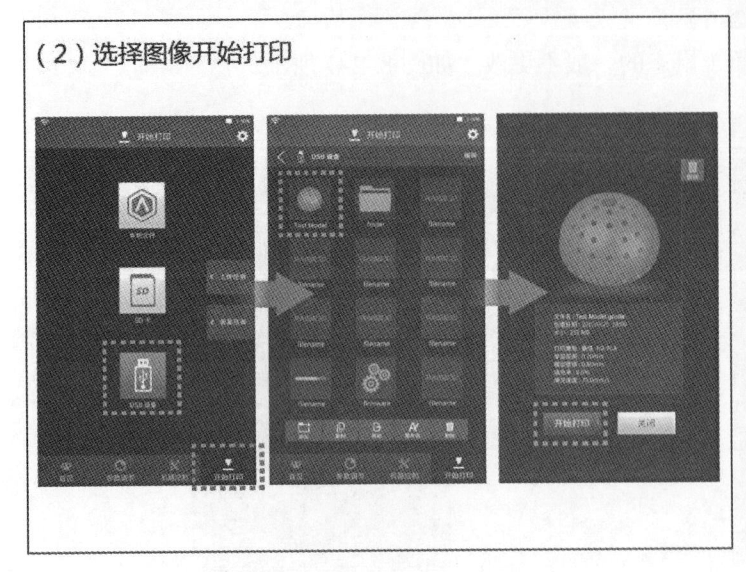

图 8-2-9

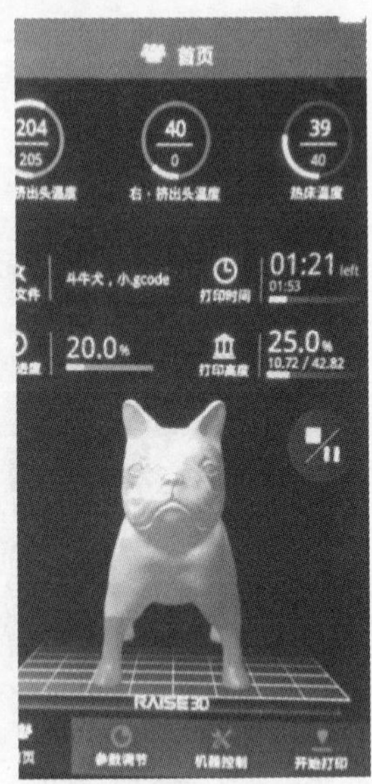

图 8-2-10

四、打印图形的切片处理

（1）3D 打印图形的设计过程是先通过计算机建模软件建模，再将建成的三维模型“分区”成逐层的截面，即切片，从而指导打印机逐层打印。

设计软件和打印机之间协作的标准文件格式是 STL 文件格式。一个 STL 文件使用三角面来近似模拟物体的表面。三角面越小其生成的表面分辨率越高。PLY 是一种通过扫描产生的三维文件的扫描器，其生成的 VRML 文件或者 WRL 文件经常被用作全彩打印的输入文件。

（2）本书中的 RAISE（N2 plus）3D 打印机配套的是 IdeaMaker 模型切片系统，此模型切片系统是一个针对 RAISEE（N2 plus）3D 打印机使用的、将三维模型转化为 .gcode 指令的切片软件。

3、IdeaMaker 模型切片系统安装在电脑上以后，打开此软件，点击“+”按钮或“添加”按钮，导入一个 .stl 模型。如果发现右下角的提示框中出现错误信息，用户可以点击 IdeaMaker 模型切片系统界面工具栏中“修复”按钮为模型进行一次自动修复（图 8-2-11）。

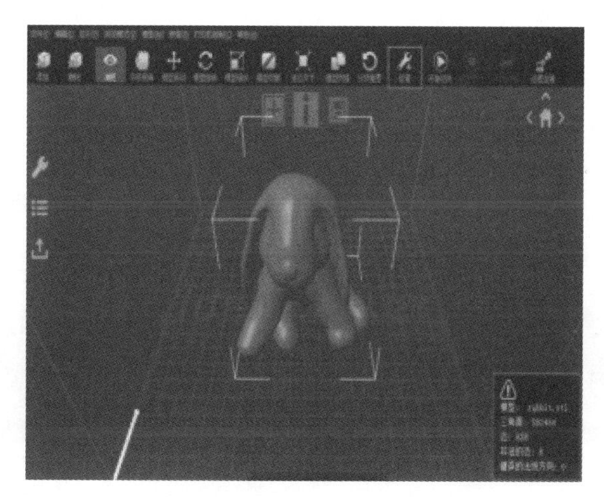

图 8-2-11

（4）添加了 .stl 模型后，在 IdeaMaker 模型切片系统界面工具栏中点击“开始切片”，此时会出来一个对话界面，一般选择“均衡 -N2-PIA”（材料为 PIA），然后点击“编辑”（图 8-2-12）。

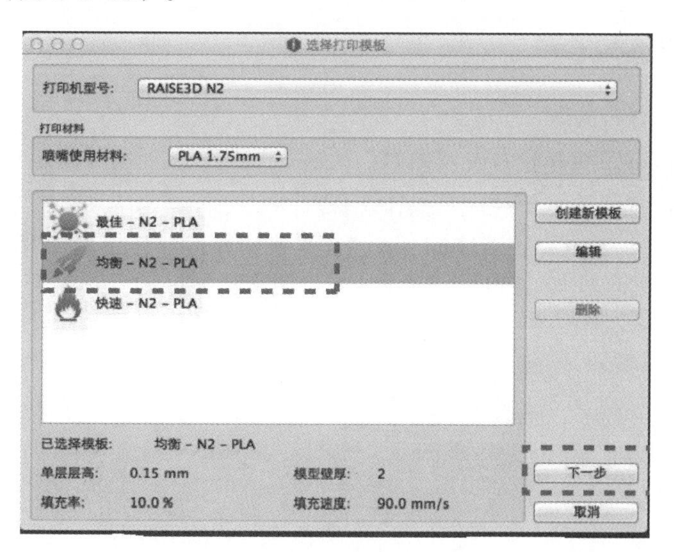

图 8-2-12

（5）编辑界面中主要是在“高级设置”中进行编辑，重点是图形缩放和移动情况以及图形支撑情况，喷嘴温度设为 215℃，底板温度设为 42℃（PLA 材料）。设置好“高级设置”后点击“保存”并退出，然后点击“切片”键（图 8-2-13）。

（6）切片后可以进行切片预览，切片预览没有问题后即可保存切片文件。通过 U 盘或者无线传输给 RAISE（N2 plus）3D 打印机，即可完成图形的切片处理工作。

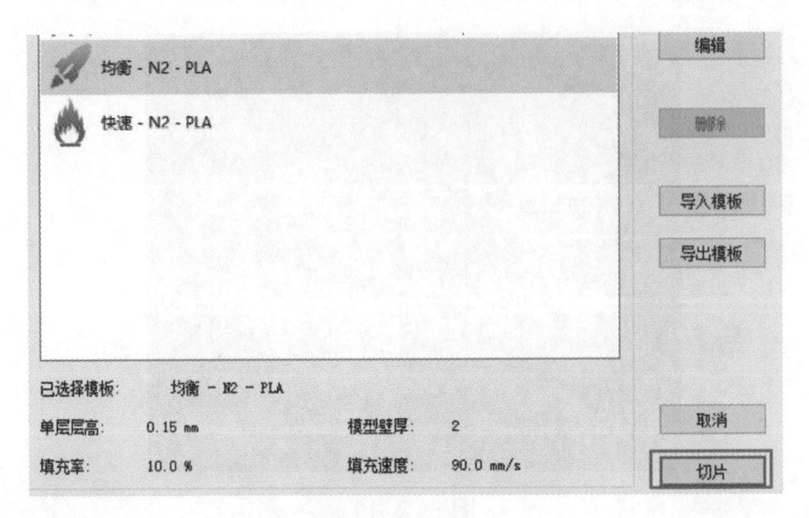

图 8–2–13

（7）将切片后的图形文件导入 RAISE（N2 plus）3D 打印机后，通过对该打印机的正确操作即可完成 3D 打印实物工作。

◇思考与练习◇

1. 什么是 3D 打印?
2. 简述 3D 打印的现状及发展前景。
3. 简述 3D 打印的工作原理及操作步骤。
4. 结合自己所学内容，谈谈你对先进制造和快速成型技术的理解和认识。

参考文献

[1] 曹凤国.《激光加工》[M].北京：化学工业出版社，2015.

[2] 王朝琴，王小荣.《数控电火花线切割加工实用技术》[M].北京：化学工业出版社，2019.

[3] 刘晋春.《特种加工》[M].北京：机械工业出版社，1997.

[4] 韩鸿鸾，孙翰英.《数控编程》[M].济南：山东科学技术出版社，2009.

[5] 张喜江.《多轴数控加工中心编程与加工》[M].北京：化学工业出版社，2020.

[6] 参照《Emco LinearMill 600HD 用户手册》《Emco MC1200 用户手册》《CALYPSO 培训手册》.